中文版

AutoCAD 2025

机械制图
从入门到精通

星耀博文　编著

化学工业出版社

·北京·

内 容 简 介

本书主要介绍使用中文版 AutoCAD 2025 进行机械制图的方法和技巧。全书共 19 章，主要内容包括机械制图基础、AutoCAD 界面介绍、绘图辅助工具的使用、创建和编辑二维机械图形、使用 AutoCAD 在机械图中添加文字和尺寸标注、AutoCAD 三维模型的创建与修改，最后以减速器作为综合案例进行设计讲解。本书内容由浅入深，从易到难。每一章的知识点都配有操作实例，帮助读者加深理解并掌握相关内容，借以巩固本章所学知识，提高综合运用能力。

本书较为全面地介绍了 AutoCAD 2025 的使用方法，并通过案例紧密联系机械工程制图实例，具有较强的专业性和实用性，特别适合作为读者自学和相关专业师生的学习教材。同时也可供从事机械设计的工程技术人员学习和参考。

图书在版编目（CIP）数据

中文版 AutoCAD 2025 机械制图从入门到精通 ／ 星耀博文编著. --北京 ： 化学工业出版社，2024. 11.
ISBN 978-7-122-46169-8

Ⅰ. TH126

中国国家版本馆 CIP 数据核字第 2024J109T4 号

责任编辑：金林茹
责任校对：李雨晴　　　　　　　　　　装帧设计：王晓宇

出版发行：化学工业出版社
　　　　　（北京市东城区青年湖南街 13 号　邮政编码 100011）
印　　装：高教社（天津）印务有限公司
787mm×1092mm　1/16　印张 31　字数 787 千字
2025 年 3 月北京第 1 版第 1 次印刷

购书咨询：010-64518888　　　　售后服务：010-64518899
网　　址：http://www.cip.com.cn
凡购买本书，如有缺损质量问题，本社销售中心负责调换。

定　　价：99.80 元　　　　　　　　版权所有　违者必究

AutoCAD 是美国 Autodesk 公司开发的专门用于计算机绘图和设计工作的软件，由于其具有简便易学、精确高效等优点，一直深受广大工程设计人员的青睐。相较于之前的版本，AutoCAD 2025 极大程度地提高了二维制图功能的易用性和三维建模功能。

本书较为全面地介绍了 AutoCAD 2025 的使用方法，并通过案例紧密联系机械工程制图实例，具有较强的专业性和实用性。为了让读者更好地学习本书的知识，本书将内容划分为了五篇共 19 章。第一篇为入门篇（第 1~4 章），主要介绍机械行业的基本知识与制图规范，以及 AutoCAD 软件的简单操作，包括软件入门、文件管理、设置绘图环境、图形坐标系、图形的绘制与编辑等。第二篇为精通篇（第 5~9 章），内容包括图形标注、文字与表格、图层、图块、图形信息查询、打印设置等 AutoCAD 高级功能。第三篇为机械制图篇（第 10~13 章），主要通过标准件、轴类、盘盖类、箱体类 4 大类机械图形的详细讲解来帮助读者了解机械制图。第四篇为综合实战篇（第 14~16 章），主要通过减速器这一个经典机械设计实例，从零开始进行设计，并最终绘制其主要的零件图与装配图，让读者完整地体验机械设计制图过程。第五篇为三维绘图篇（第 17~19 章），讲解如何使用 AutoCAD 进行三维建模，最后介绍了减速器的三维建模与装配。

本书具有以下特色：

① 软件与行业标准相结合　本书内容均采用新版的 AutoCAD 2025 进行编写，每个重要的知识点都有实例配合讲解，案例画法符合机械制图国家标准，读者可以边学边练，将制图知识与软件学习结合起来。

② 附赠标准图库与制图标准　随书附赠标准图库以及与机械制图有关的 18 份制图国家标准文件，让读者绘制的图纸更加规范。

由于笔者水平有限，书中疏漏之处在所难免。在感谢您选择本书的同时，也希望您能够把对本书的意见和建议告诉我们。

星耀博文

（扫码获取配套资源）

第一篇　入门篇

第 3 章

图形绘制命令详解
052~120

第 **4** 章

图形编辑命令详解
121~177

第二篇 精通篇

第四篇　综合实战篇

第五篇　三维绘图篇

第一篇

入 门 篇

第1章

机械制图的基本知识

（扫码获取配套资源）

　　为了统一机械制图规则，保证制图质量，提高制图效率，做到图面清晰、简明，符合设计、施工、审查、存档的要求，适应工程建设，需要了解机械制图基础知识。

　　本章主要对机械制图与机械设计的相关基础知识进行讲解，包括认识机械制图标准和国家制图标准，认识机械工程图，了解机械图纸各要素、常见机械加工工艺、机械材料等。

1.1 机械制图标准

　　机械制图是用图样确切表达机械的结构形状、尺寸大小、工作原理和技术要求的学科。图样由图形、符号、文字和数字等组成，是表达设计意图和制造要求以及交流经验的技术文件，常被称为工程界的语言。

1.1.1 认识机械制图标准

　　工程图样是工程技术人员表达设计思想、进行技术交流的工具，也是指导生产的重要技术资料。因此，对于图样的内容、格式和表达方法等必须作出统一的规定。

　　为使人们对图样中涉及的格式、文字、图线、图形简化和符号含义有一致的理解，逐渐制定出统一的规格，并发展成为机械制图标准。各国一般都有自己的国家标准，国际上有国际标准化组织制定的标准。

1.1.2 认识国家制图标准

　　我国国家标准（简称国标），代号为 GB。我国的国家标准通过审查后，需由国务院标准化行政管理部门审批、给定标准编号并批准发布。

　　现行机械制图国家标准如表 1-1 所示。

表 1-1　现行机械制图国家标准

	现行标准编号	现行标准名称
基本规定	GB/T 14689—2008	技术制图　图纸幅面及格式
	GB/T 14690—1993	技术制图　比例
	GB/T 14691—1993	技术制图　字体
	GB/T 17450—1998	技术制图　图线

续表

	现行标准编号	现行标准名称
基本规定	GB/T 4457.4—2002	机械制图 图样画法 图线
	GB/T 17453—2005	技术制图 图样画法 剖面区域的表示方法
	GB/T 4457.5—2013	机械制图 剖面符号
基本表示法	GB/T 17451—1998	技术制图 图样画法 视图
	GB/T 4458.1—2002	机械制图 图样画法 视图
	GB/T 17452—1998	技术制图 图样画法 剖视图和断面图
	GB/T 4458.6—2002	机械制图 图样画法 剖视图和断面图
	GB/T 16675.1—2012	技术制图 简化表示法 第1部分：图样画法
	GB/T 4457.2—2003	技术制图 图样画法 指引线和基准线的基本规定
	GB/T 4458.2—2003	机械制图 装配图中零、部件序号及其编排方法
	GB/T 4458.3—2003	机械制图 轴测图
	GB/T 4458.4—2003	机械制图 尺寸注法
	GB/T 16675.2—2012	技术制图 简化表示法 第2部分：尺寸注法
	GB/T 4458.5—2003	机械制图 图样画法 尺寸公差与配合注法
	GB/T 15754—1995	技术制图 圆锥的尺寸和公差注法
	GB/T 131—2006	机械制图 表面粗糙度符号、代号及其注法
特殊表示法	GB/T 4459.1—1995	机械制图 螺纹及螺纹紧固件表示法
	GB/T 4459.2—2003	机械制图 齿轮表示法
	GB/T 4459.3—2000	机械制图 花键表示法
	GB/T 4459.4—2003	机械制图 弹簧表示法
	GB/T 4459.5—1999	机械制图 中心孔表示法
	GB/T 4459.7—2017	机械制图 滚动轴承表示法
	GB/T 19096—2003	技术制图 图样画法 未定义形状边的术语和标注
	GB/T 4460—2013	机械制图 机构运动简图符号
	GB/T 4459.8—2009	机械制图 动密封圈 第1部分：通用简化表示法
	GB/T 4459.9—2009	机械制图 动密封圈 第2部分：特征简化表示法

标准的编号和名称，如图1-1所示。

图1-1 标准编号及名称

➤ GB——标准级别，一般分为国家标准（GB）、行业标准、地方标准、团体标准和企业标准。

➤ T——标准属性，"T"表示"推荐性标准"，无"T"时表示"强制性标准"。

- 17451——发布顺序号。
- 1998——颁布年号。

1.2 认识机械工程图

在设计和生产中，各种机器、设备和工程设施都是通过工程图样来表达设计意图和制造要求的。本节介绍机械工程图的分类、绘制程序等相关基础知识。

1.2.1 机械工程图概述

机械图样主要有零件图和装配图，此外还有布置图、示意图和轴测图等。零件图表示零件的形状、大小以及制造和检验零件的技术要求；装配图表示机械中所属各零件与部件间的装配关系和工作原理；布置图表达机械设备在厂房内的位置；示意图表达机械的工作原理，如表达机械传动原理的机构运动简图、表达液体或气体输送线路的管道示意图等，示意图中的各机械构件均用符号表示。轴测图是一种立体图，直观性强，是常用的一种辅助用图样。

一套完整的机械工程图如图 1-2 所示，通常包含以下各项。

图 1-2 完整的工程图效果

- 图纸：说明机件各部位形状的全图。
- 尺寸：说明机件各部位的尺寸数字。
- 注释：用以规定材料、热处理或加工制造等细节。
- 图框和标题栏：每张图纸都应配合尺寸而有适当的图框和说明性标题，如图名、图号、生产单位、设计者、绘图者、比例、日期等。

> ➤ 组装图纸：说明机件各部位的装配关系。

> ➤ 另附部件表和材料表。

此外，如果零件属于批量生产的，则需要工具设计部门另制工程图和程序图来描述制造的步骤，并说明所使用的特殊工具以及钻模、夹具和量规的类别，以供制造部门使用。

1.2.2　绘制机械工程图的程序

当一位机械工程师要设计新的机件或新的机器时，其图纸生产相关程序如下。

> ➤ 将原有思想、设想、规划和发明绘制成草图的图样。

> ➤ 加上精密计算来证明所设计的机件或机器是实用且可行的。

> ➤ 根据自己画出的草图和进行的相关计算准确画出设计图，要尽可能使用实际比例来表示各零部件的形状和位置；制定出主要尺寸，并注明材料，以及热处理、加工、间隙或干涉配合等一般规范和绘制各零件图时所需要的资料，以此来证明制造的可能性。

> ➤ 根据设计图和注解说明来绘制零部件图，包括说明形状和大小所需要的图纸，以及标注必要的尺寸和注解等。

> ➤ 绘制部件装配的组装图。

> ➤ 编订零部件表和材料表，完成全部工程图。

1.3　机械制图的表达方式

前面说过，机械设计是一项复杂的工作，设计的内容和形式也有很多种，但无论是其中的哪一种，机械设计体现在图纸上的结果都只有两个，即装配图和零件图。

1.3.1　装配图

装配图是表达产品、部件中部件与部件、零件与部件，或零件之间连接的图样，应包括装配（加工）与检验所必需的数据和技术要求，如图 1-3 所示。其中，产品装配图也称为总装配图，产品装配图中具有总图所要求的内容时，可作为总图使用。

在产品或部件的设计过程中，一般是先画出装配图，然后根据装配图进行零件设计，画出零件图；在产品或部件的制造过程中，先根据零件图进行零件加工和检验，再依据装配图所制定的装配工艺规程将零件装配成机器或部件；在产品的使用、维护及维修过程中，需要通过装配图来了解工作原理及构造。

一般情况下，设计或制作一个产品都需要用到装配图，一张完整的装配图应该包括以下内容。

（1）一组视图

一组视图能正确、完整、清晰地表达产品或部件的工作原理、各组成零件间的相互位置和装配关系及主要零件的结构形状。

画装配图时，部件大多按工作位置放置。主视图方向应选择反映部件主要装配关系及工作原理的方位，主视图的表达多采用剖视的方法；其他视图的选择以进一步准确、完整、简便地

图1-3　装配图效果

表达各零件间的结构形状及装配关系为原则，多采用局部剖、拆去某些零件后的视图、断面图等表达方法。

　　装配图的视图表达方法和零件图基本相同，在装配图中也可以使用各种视图、剖视图、断面图等表达方法。但装配图的侧重点是将结构、工作原理和零件图的装配关系正确、清晰地表达清楚。由于表达的侧重点不同，国家标准对装配图的画法又作了一些规定。

❑ **装配图的规定画法**

　　在实际绘图过程中，国家标准对装配图的绘制方法进行了一些总结性的规定。

➢ 相邻两零件的接触表面和配合表面只画出一条轮廓线，不接触的表面和非配合表面应画两条轮廓线，如图1-4所示。如果距离太近，可以按比例放大并画出。

图1-4　接触表面和不接触表面画法

图1-5　相邻零件的剖切面画法

➤ 相邻两零件的剖面线，倾斜方向应尽量相反，当不能使其相反时，则剖面线的间距不应该相等，或者使剖面线相互错开，如图 1-5 所示的机座与轴承、机座与端盖、轴承与端盖。

➤ 同一装配图中的同一零件的剖面方向、间隔都应一致。

➤ 在装配图中，对于紧固件及轴、球、手柄、键、连杆等实心零件，当沿纵向剖切且剖切平面通过其对称平面或轴线时，这些零件均按不剖切绘制，如需表明零件的凹槽、键槽、销孔等结构，可用局部剖视表示。

➤ 在装配图中，宽度小于或等于 2mm 的窄剖面区域，可全部涂黑表示，如图 1-6 所示。

❏ **装配图的特殊画法**

➤ 拆卸画法：在装配图的某一视图中，为表达一些重要零件的内、外部形状，可假想拆去一个或几个零件后绘制该视图。如图 1-7 所示为轴承装配图中，俯视图的右半部为拆去轴承盖、螺栓等零件后画出的。

图 1-6　宽度小于等于 2mm 的剖切画法

➤ 假想画法：在装配图中，为了表达与本部件存在装配关系但又不属于本部件的相邻零部件，可用双点画线画出相邻零部件的部分轮廓，当需要表达运动零件的运动范围或极限位置时，也可用双点画线画出该零件在极限位置处的轮廓。

➤ 单独表达某个零件的画法：在装配图中，当某个零件的主要结构在其他视图中未能表示清楚，而该零件的形状对部件的工作原理和装配关系的理解起着十分重要的作用时，可单独画出该零件的某一视图。如图 1-8 所示为转子油泵的 B 向视图。

图 1-7　拆卸画法　　　　　　　　图 1-8　单独表示画法

➤ 简化画法：在装配图中，对于若干相同的零部件组，可详细地画出一组，其余只需用点画线表示其位置即可；零件的工艺结构，如倒角、圆角、退刀槽、拔模斜度、滚花等均可不必画出。

（2）必要的尺寸

装配图的尺寸标注和零件图不同，零件图要清楚地标注所有尺寸，确保能准确无误地绘制出零件图，而装配图上只需标注出与机械或部件的性能、安装、运输、装配有关的尺寸，包括以下尺寸类型。

➤ 特征尺寸：表示装配体的性能、规格或特征的尺寸，它常常是设计或选择使用装配体的依据。

> 装配尺寸：表示装配体各零件间装配关系的尺寸，包括配合尺寸和相对位置尺寸。
> 安装尺寸：表示装配体安装时所需要的尺寸。
> 外形尺寸：装配体的外形轮廓尺寸（如总长、总宽、总高等）是装配体在包装、运输、安装时所需的尺寸。
> 其他重要尺寸：是经计算或选定的不能包括在上述几类尺寸中的重要尺寸，如运动零件的极限位置尺寸。

（3）技术要求

装配图中的技术要求就是采用文字或符号来说明机器或部件的性能、装配、检验、使用、外观等方面的要求。技术要求一般注写在明细表的上方或图纸下部空白处，如果内容很多，也可另外编写成技术文件作为图纸的附件，如图1-9所示。

技术要求

1.采用螺母及开口垫圈手动夹紧工件。

2.非加工内表面涂红防锈漆，外表面喷漆应光滑平整，不应有脱皮、凸起等缺陷。

3.对刀块工作平面对定位键工作平面平行度0.05/100mm。

4.对刀块工作平面对夹具底面垂直度0.05/100mm。

5.定位轴中心线对夹具底面垂直度0.05/100mm。

图1-9　技术要求

技术要求的内容应简明扼要、通俗易懂。技术要求的条文应编写顺序号，仅有一条时不写顺序号。装配图技术要求的内容如下。

> 装配体装配后所达到的性能要求。
> 装配图装配过程中应注意的事项及特殊加工要求。
> 检验、实验方面的要求。
> 使用要求。

（4）零部件序号、标题栏和明细栏

按国家标准规定的格式绘制标题栏和明细栏，并按一定格式将零部件进行编号，填写标题栏和明细栏。

❑ **零部件序号**

零部件序号是由圆点、指引线、水平线或圆（细实线）、数字组成，序号写在水平线上侧或小圆内，如图1-10所示。

在机械制图中，序号的标注形式有多种，序号的排列也需要遵循一定的原则，这些原则总结如下。

图1-10　零件序号的标注类型

➢ 在装配图中所有的零部件都必须编写序号。

➢ 装配图中一个部件可以只编写一个序号；同一装配图中相同的零部件只编写一次。

➢ 装配图中零部件序号，要与明细栏中的序号一致。

➢ 序号字体应与尺寸标注一致，字高一般比尺寸标注的字高大一至二号。

➢ 同一装配图中的零件序号类型应一致。

➢ 装配图中的每个零件都必须编写序号，相同零件只要编写一个序号。

➢ 指引线应由零件可见轮廓内引出，零件太薄或太小时建议用箭头指向，如图 1-11 所示。

➢ 如果是一组紧固件，以及装配关系清晰的零件组，可采用公共指引线，如图 1-12 所示。

图 1-11　箭头标注序号

图 1-12　公共指引线标注序号

➢ 指引线应避免彼此相交，也不用过长。若指引线必须经过剖面线，应避免引出线与剖面线平行。必要时可以画成折线，但是只能折一次。

➢ 序号应按水平或垂直方向排列整齐，并按顺时针或逆时针方向顺序编号。

❑ **标题栏和明细栏**

为了方便装配时零件的查找和图样的管理，必须根据零件编号，列出零件的明细栏。明细栏是装配体中所有零件的目录，一般绘制在标题栏上方，可以和标题栏相连在一起，也可以单独画出。明细栏序号按零件编号从下到上列出，以方便修改。明细栏中的竖直轮廓线用粗实线绘出，水平轮廓线用细实线绘制。如图 1-13 所示是明细栏的常用形式和尺寸。

图 1-13　装配图明细栏

总的来说，装配图是表达设计思想及技术交流的工具，是指导生产的基本技术文件。无论是设计机器还是测绘机器，都必须画出装配图。

1.3.2 零件图

零件图即装配图中各个零部件的详细图纸。零件图是制造和检验零件的主要依据，是设计部门提交给生产部门的重要技术文件，也是进行技术交流的重要资料。本节主要介绍零件图的相关知识。

零件图是生产中指导制造和检验该零件的主要图样，它不仅要把零件的内、外结构形状和大小表达清楚，还需要对零件的材料、加工、检验、测量提出必要的技术要求。零件图必须包含制造和检验零件的全部技术资料。因此，一张完整的零件图一般应包括图形、尺寸、技术要求和标题栏几项内容，如图 1-14 所示。

图 1-14 齿轮轴零件图

（1）完善的图形

零件图中的图形要求能正确、完整、清晰和简便地表达出零件内外的形状，其中包括机件的各种表达方法，如三视图、剖视图、断面图、局部放大图和简化画法等。

（2）详细的尺寸

零件图中应正确、完整、清晰、合理地标注出制造零件所需的全部尺寸。与装配图只需添加若干必要的尺寸不同，零件图中的尺寸必须非常详细，而且毫无遗漏，因为零件图是直接用于加工生产的，任何尺寸的缺失都将导致无法正常加工。因此，在一般的机械设计过程中，设计师出具零件图之后，还需要由其他 1~2 位人员进行检查，目的就是防止出现少尺寸的现象。

其实，零件图中的尺寸都可以分为定位尺寸和定形尺寸两大类，只要在绘图或者审图的过程中，按这两类尺寸去进行标注或者检查，就可以很容易做到万无一失。下面便对定位尺寸和定形尺寸进行详解。

❑ **定位尺寸**

定位尺寸即表示"在哪"，用来标记该零件或结构特征处于大结构中的具体位置。如在长方体上挖一个圆柱孔时，该孔中心轴与长方体边界的距离就是定位尺寸，如图1-15所示。

❑ **定形尺寸**

定形尺寸即表示"多大"，用来说明该零件中某一结构特征形状的具体大小。如前面那个圆柱孔的直径尺寸就是定形尺寸，如图1-16所示。

图1-15 定位尺寸

图1-16 定形尺寸

> **提示**
>
> 图1-15中零件的左侧边线，即尺寸25的左端起点，便是该尺寸的定位基准。

（3）技术要求

零件图中必须用规定的代号、数字、字母和文字注解说明制造和检验零件时在技术指标上应达到的要求。如表面粗糙度、尺寸公差、形位公差、材料和热处理、检验方法以及其他特殊要求等。技术要求的文字一般注写在零件图中的图纸空白处。

图1-17 零件图标题栏

（4）标题栏

零件图中的标题栏应配置在图框的右下角。它一般由更改区、签字区、其他区、名称以及代号区组成。填写的内容主要有零件的名称、材料、数量、比例、图样代号以及设计、审核、批准者的姓名、日期等。标题栏的尺寸和格式已经标准化，可参见有关标准，如图 1-17 所示为常见的零件图标题栏形式与尺寸。

1.4 了解机械图纸各要素

机械图纸的要素一般包括图纸的幅面、格式、字体、比例、图线线型、图样画法、标题及明细栏等。

1.4.1 了解机械图纸的幅面及图框格式

图纸以短边作为垂直边应为横式，以短边作为水平边应为立式。A0~A3 图纸宜横式使用；必要时，也可立式使用。在一个工程设计中，每个专业所使用的图纸，不宜多于两种幅面，不含目录及表格所采用的 A4 幅面。基本幅面如图 1-18 所示。

图 1-18　基本幅面

机械图纸图框的相应格式规定以及一些常用的图纸幅面的尺寸大小，如表 1-2、表 1-3 所示。

1.4.2 了解机械图纸的字体

图样上除了表达机件形状的图形外，还要用文字和数字说明机件的大小、技术要求和其他内容。书写字体必须做到：字体工整、笔画清楚、间隔均匀、排列整齐。

表 1-2　基本幅面的图框格式

图纸类型		X 型（横放）	Y 型（竖放）	说明
常用情况	装订型			① 图样通常应按此图例绘制。 ② 标题栏应位于图纸右下方
	非装订型			

表 1-3　图纸幅面（单位：mm）

幅面代号	A0	A1	A2	A3	A4
$B \times L$	841×1189	594×841	420×594	297×420	210×297
a	25				
c	10			5	
e	20		10		

字体的高度代表字号的号数，字号有 8 种，即字体的高度分别为：1.8、2.5、3.5、5、7、10、14、20（单位：mm）。如果需要书写更大的字，应按 $\sqrt{2}$ 的比例递增。汉字应写成长仿宋体字，并应采用中华人民共和国国务院正式公布推行的《汉字简化方案》中规定的简化字。汉字的高度 h 不应小于 3.5mm，其字宽一般为 $h/2$，如图 1-19 所示。

10号字

字体工整笔画清楚间隔均匀排列整齐

7号字

横平竖直注意起落结构均匀填满方格

5号字

技术制图机械电子汽车航舶土木建筑矿山井坑港口纺织服装

3.5号字

螺纹齿轮端子接线飞行指导驾驶舱位挖填施工引水通风闸阀坝棉麻化纤

图 1-19　长仿宋体汉字示例

字母和数字分 A 型和 B 型。A 型字体的笔画宽度 d 为字高 h 的 1/14，B 型字体的笔画宽度 d 为字高 d 的 1/10。一般采用 B 型字体。在同一图样上，只允许选用一种形式的字体。字母和数字可写成斜体或直体。斜体字字头向右倾斜，与水平基准线成 75°。用作指数、分数、极限偏差、注脚等的数字及字母，一般应采用小一号的字体。

图 1-20　字母与数字示例

如图 1-20 所示是字母和数字的书写示例。

1.4.3　了解机械图纸的比例

图样及技术文件中的比例，是指图形与其实物相应要素的线性尺寸之比，如表 1-4 所示。

表 1-4　常用绘图比例

种类	比例				
原值比例	1∶1				
放大比例	2∶1	5∶1	10∶1	（2.5∶1）	（4∶1）
缩小比例	1∶2	1∶5	1∶10	（1∶1.5）	（1∶3）

> 当表达对象的尺寸适中时，尽量采用原值比例 1∶1 绘制。
> 当表达对象的尺寸较大时，应采用缩小比例，但要保证复杂部位清晰可读。
> 当表达对象的尺寸较小时，应采用放大比例，使各部位清晰可读。
> 选用原则是：有利于图形的最佳表达效果和图面的有效利用，如图 1-21 所示。

(a)1∶1(原值比例)　　(b)1∶2(缩小比例)　　(c)2∶1(放大比例)

图 1-21　图纸的相关比例

1.4.4　了解机械图纸的图线线型

进行机械制图时，其图线的绘制也应符合机械制图的国家标准。

（1）线型

不同的线型起不同的作用，表达不同的内容。国家标准规定了在绘制图样时可采用的 15 种基本线型，如表 1-5 所示，给出了机械制图中常用的 8 种线型示例及其一般应用。

表 1-5　常用的图线名称及主要用途

线型名称	图线型式	一般应用
实线	——————	可见轮廓线
	————————	尺寸线、尺寸界线、剖面线、引出线等
虚线	- - - - - - - -	不可见轮廓线
点画线	— · — · — · — · —	轴线、对称中心线
	— · · — · · — · · —	特殊要求的线
双点画线	— · · — · · — · · —	极限位置线、假想位置线、中断线
双折线	———⋎———	断裂处的边界线
波浪线	∿∿∿	断裂处的边界线、视图与局部视图的分界线

（2）线宽

机械图样中的图线分粗线和细线两种。图线宽度应根据图形的大小和复杂程度在 0.13~2mm 之间选择。图线宽度的推荐系列为：0.13、0.18、0.25、0.35、0.5、0.7、1、1.4、2，单位为 mm。

（3）图线画法

用户在绘制图形时，应遵循以下原则。

➢ 同一图样中，同类图线的宽度应基本一致。

➢ 虚线、点画线及双点画线的线段长度和间隔应各自大致相等。

➢ 两条平行线（包括剖面线）之间的距离应不小于粗实线宽度的两倍，其最小距离不得小于 0.7mm。

➢ 点画线、双点画线的首尾，应是线段而不是短画；点画线彼此相交时应该是线段相交，而不是短画相交；中心线应超过轮廓线，但不能过长。在较小的图形上画点画线、双点画线有

图 1-22　图线画法示例

困难时，可采用细实线代替。

➢ 虚线与虚线、虚线与粗实线相交应以线段相交；若虚线处于粗实线的延长线上时，粗实线应画到位，而虚线在相连处应留有空隙。

➢ 当几种线条重合时，应按粗实线、虚线、点画线的优先顺序画出。

如图 1-22 所示为图线的画法示例。

1.5 机械制图的图样画法

机械图纸的图样一般包括三视图、剖视图、断面图、放大图等表达方法。下面分别进行介绍。

1.5.1 三视图

三视图是机械图样中最基本的图形，它是将物体放在三投影面体系中，分别向 3 个投影面作投射所得到的图形，即主视图、俯视图、左视图，如图 1-23 所示。

将三投影面体系展开在一个平面内，三视图之间满足三等关系，即"主俯视图长对正、主左视图高平齐、俯左视图宽相等"，如图 1-24 所示，三等关系这个重要的特性是绘图和读图的依据。

图 1-23 三视图形成原理示意图

图 1-24 三视图之间的投影规律

当机件的结构十分复杂时，使用三视图来表达机件就十分困难。国标规定，在原有的三个投影面上增加三个投影面，使得整个六个投影面形成一个正六面体，它们分别是：右视图、主视图、左视图、后视图、仰视图、俯视图，如图 1-25 所示。

➢ 主视图：由前向后投影的是主视图。
➢ 俯视图：由上向下投影的是俯视图。
➢ 左视图：由左向右投影的是左视图。
➢ 右视图：由右向左投影的是右视图。
➢ 仰视图：由下向上投影的是仰视图。
➢ 后视图：由后向前投影的是后视图。

各视图展开后都要遵循"长对正、高平齐、宽相等"的投影原则。

图 1-25　6 个投影面及展开示意图

1.5.2　向视图

有时为了便于合理地布置基本视图，可以采用向视图。

向视图是可自由配置的视图，它的标注方法为：在向视图的上方注写"*X*"（*X* 为大写的英文字母，如"*A*""*B*""*C*"等），并在相应视图的附近用箭头指明投影方向，同时注写相同的字母，如图 1-26 所示。

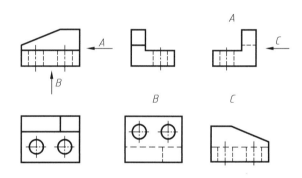

图 1-26　向视图示意图

1.5.3　局部视图

当采用一定数量的基本视图后，机件上仍有部分结构形状尚未表达清楚，而又没有必要再画出其他完整的基本视图时，可采用局部视图来表达。

局部视图是将机件的某一部分向基本投影面投影得到的视图。局部视图是不完整的基本视图，利用局部视图可以减少基本视图的数量，使表达简洁，重点突出。

局部视图一般用于下面两种情况。

➤ 用于表达机件的局部形状。如图 1-27 所示，画局部视图时，一般可按向视图（指定某个方向对机件进行投影）的配置形式配置。当局部视图按基本视图的配置形式配置时，可省略标注。

➤ 用于节省绘图时间和图幅，对称的零件视图可只画一半或四分之一，并在对称中心线画出两条与其垂直的平行细直线，如图 1-28 所示。

图1-27　向视图配置的局部视图　　　　　　　图1-28　对称零件的局部视图

画局部视图时应注意以下几点。

➢ 在相应的视图上用带字母的箭头指明所表示的投影部位和投影方向，并在局部视图上方用相同的字母标明"X"。

➢ 局部视图尽量画在有关视图的附近，并直接保持投影联系，也可以画在图纸内的其他地方。当表示投影方向的箭头标在不同的视图上时，同一部位的局部视图的图形方向可能不同。

➢ 局部视图的范围用波浪线表示。所表示的图形结构完整且外轮廓线又封闭时，则波浪线可省略。

1.5.4　斜视图

将机件向不平行于任何基本投影面的投影面进行投影，所得到的视图称为斜视图。斜视图适合于表达机件上的斜表面的实形。如图1-29所示是一个弯板形机件，它的倾斜部分在俯视图和左视图上的投影都不是实形。此时就可以另外加一个平行于该倾斜部分的投影面，在该投影面上则可以画出倾斜部分的实形投影，如"A"向所示。

图1-29　斜视图

斜视图的标注方法与局部视图相似，并且应尽可能配置在与基本视图直接保持投影联系的位置，也可以平移到图纸内的适当地方。为了画图方便，也可以旋转。此时应在该斜视图上方画出旋转符号，表示该斜视图名称的大写拉丁字面靠近旋转符号的箭头端。也允许将旋转角度标注在字母之后。旋转符号为带有箭头的半圆，半圆的线宽等于字体笔画的宽度，半圆的半径等于字体高度，箭头表示旋转方向。

画斜视图时增设的投影面只垂直于一个基本投影面，因此，机件上原来平行于基本投影面的一些结构，在斜视图中最好以波浪线为界而省略不画，以避免出现失真的投影。

1.5.5　剖视图

假想用剖切面剖开机件，将处在观察者和剖切面之间的部分移去，而将其余部分全部向投影面投影所得的图形，称为剖视图；在剖面区域内应画上剖面线，如图 1-30 所示。

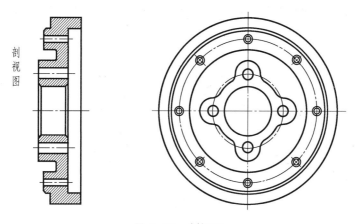

图 1-30　剖视图

全剖视图适用于机件外形比较简单，而内部结构比较复杂，图形又不对称时。

如果单一剖切平面通过机件的对称平面或基本对称平面，且剖视图按投影关系配置，中间又没有其他图形隔开时，可省略标注。

不同的材料有不同的剖面符号，有关剖面符号的规定如表 1-6 所示。在绘制机械图样时，用得最多的是金属材料的剖面符号。

表 1-6　剖面符号含义

金属材料 （已有规定剖面符号者除外）		胶合板 （不分层数）	
线圈绕组元件		基础周围的混土	
转子、电枢、变压器 和电抗器等的迭钢片		混凝土	
非金属材料 （已有规定剖面符号者除外）		钢筋混凝土	
型砂、填砂、砂轮、 陶瓷刀片、硬质合金刀片等		砖	
玻璃及供观察用的其他透明材料		格网 （筛网、过滤网等）	

木材	纵剖面		液体	
	横剖面			

1.5.6 断面图

假想用剖切平面将机件的某处切断，仅画出断面的图形，这样的图形称为断面图，如图1-31所示。

图1-31 断面图

❑ **移出断面图**

移出断面，就是将断面图配置在视图轮廓线之外。

其画法是：画在视图之外，规定轮廓线用粗实线绘制。尽量配置在剖切线的延长线上，也可画在其他适当的位置。

移出断面一般用剖切符号表示剖切的起止位置，用箭头表示投影方向，并注上大写拉丁字母，在断面图的上方用同样的字母标出相应的名称，如"*A—A*"，如图1-32所示。

图1-32 移出断面图

> **提示** 配置在剖切符号的延长线上的不对称移出断面，可省略名称（字母），若对称可不标注。配置不在剖切符号的延长线上的对称移出断面，可省略箭头。其余情况必须全部标注。

❑ **重合断面图**

重合断面，就是将断面图配置在剖切平面迹线处，并与原视图相重合。

其画法是：重合断面的轮廓线用细实线绘制，当视图中的轮廓线与重合断面的图形重叠时，视图中的轮廓线仍需完整、连续地画出，不可间断，如图 1-33 所示。

图 1-33　重合断面图

　　　配置在剖切线上的不对称的重合断面图，可不标注名称（字母），见图 1-33（a）；对称的重合断面图，可不标注，见图 1-33（b）。

1.5.7　局部放大图

将机件的部分结构，用大于原图形所采用的比例画出的图形称为局部放大图。它用于机件上较小结构的表达和尺寸标注。可以画成视图、剖视、断面等形式，与被放大部位的表达形式无关。

图形所用的放大比例应根据结构需要而定，与原图比例无关，如图 1-34 所示。

图 1-34　局部放大图

被放大部位用细实线圈出，用指引线依次注上罗马或阿拉伯数字；在局部放大图的上方用分数形式标注，如图 1-34 右下。

1.5.8　简化画法

轴、杆类较长的机件，当沿长度方向形状相同或按一定规律变化时，允许断开画出，如图

1-35 所示。

当图形不能充分表示平面时，可用平面符号。如图 1-36 所示机件的平面，可在轮廓线附近用平面符号（相交两细实线）来表示。

图 1-35　较长零件的简化画法

图 1-36　向模型的简化画法

第2章
初识 AutoCAD 2025

（扫码获取配套资源）

在深入学习 AutoCAD 绘图软件之前，本章首先介绍 AutoCAD 2025 的操作界面、工作空间等基本知识，使读者对 AutoCAD 及其操作方式有一个全面的了解和认识，为熟练掌握该软件打下坚实的基础。

2.1 AutoCAD 2025 操作界面

AutoCAD 的操作界面是 AutoCAD 显示、编辑图形的区域。AutoCAD 的操作界面具有很强的灵活性，根据专业领域和绘图习惯的不同，用户可以设置适合自己的操作界面。

AutoCAD 的默认界面为【草图与注释】工作空间的界面，关于【草图与注释】工作空间 2.4节中详细介绍，此处仅简单介绍界面中的主要元素。该工作空间界面包括应用程序按钮、快速访问工具栏、标题栏、交互信息工具栏、功能区、标签栏、十字光标、绘图区、坐标系、命令行、状态栏及文本窗口等，如图 2-1 所示。

图 2-1　AutoCAD 2025 默认的工作界面

➢ 应用程序按钮 ▲：单击该按钮，系统将弹出用于管理 AutoCAD 图形文件的应用程序菜单，包含【新建】【打开】【保存】【另存为】【输出】【打印】等选项，如图 2-2 所示。

➢ 快速访问工具栏：快速访问工具栏包含了文档操作常用的 9 个快捷按钮，依次为【新建】□、【打开】☞、【保存】🖫、【另存为】🖫、【从 Web 和 Mobile 中打开】🖵、【保存到 Web 和 Mobile】🗗、【打印】🖶、【放弃】⇦ 和【重做】⇨，此外还显示有工作空间，可以用来切换工作空间。单击最右侧的下拉按钮🔻将弹出下拉菜单，可以调出更多功能，包括菜单栏，如图 2-3 所示。

图 2-2　应用程序菜单

图 2-3　搜索功能

➢ 标题栏：标题栏显示了当前软件名称，以及显示当前新建或打开的文件的名称等。

➢ 交互信息工具栏：交互信息工具栏可以用来搜索命令信息或登录 AutoCAD 的账号。

➢ 功能区：功能区是主要的命令调用区域，它内含多个选项卡和功能面板，每个面板内都显示了大量相关的命令按钮，单击相应按钮即可调用命令，如图 2-4 所示就是【默认】选项卡的显示状态，下辖【绘图】【修改】等多个面板。

图 2-4　功能区选项卡

➢ 标签栏：标签栏位于功能区下方，每个打开的图形文件都会在标签栏中显示一个标签，单击文件标签即可快速切换至相应的图形文件窗口，如图 2-5 所示。单击标签上的❌按钮，可以快速关闭文件；单击标签栏右侧的➕按钮，可以快速新建文件。

图 2-5　标签栏

➢ 绘图区、十字光标：绘图区是 AutoCAD 的主要工作区域，用户进行的操作和所绘制的图形都会显示在该区域中。而十字光标则是鼠标指针在绘图区的显示效果。

➢ 坐标系：此图标始终表示 AutoCAD 绘图系统中的坐标原点位置，默认在左下角，是 AutoCAD 绘图系统的基准。

➢ 命令行：命令行是输入命令和显示命令提示的区域，在初学 AutoCAD 的时候，可以多注意命令行的显示信息，它将提示用户所执行的操作和接下来可进行的操作，如图 2-6 所示。单击右侧的三角按钮可查看命令历史区。

图 2-6　命令行

2.2　AutoCAD 2025 执行命令的方式

命令是 AutoCAD 用户与软件交换信息的重要方式，本节将介绍执行命令的方式，如何终止当前命令、退出命令及如何重复执行命令等。

2.2.1　命令调用的 3 种方式

AutoCAD 中调用命令的方式有很多种，这里仅介绍常用的 3 种。本书在后面的命令介绍章节中，将专门以【执行方式】的形式介绍各命令的调用方法，并按常用顺序依次排列。

（1）使用功能区调用

三个工作空间都是以功能区作为调整命令的主要方式。相比其他调用命令的方法，功能区调用命令更为直观，非常适合不能熟记绘图命令的 AutoCAD 初学者。

功能区使绘图界面无需显示多个工具栏，系统会自动显示与当前绘图操作相应的面板，从而使应用程序窗口更加整洁。因此，可以将进行操作的区域最大化，使用单个界面来加快和简化工作，如图 2-7 所示。

（2）使用命令行调用

使用命令行输入命令是 AutoCAD 的一大特色功能，同时也是最快捷的绘图方式。这就要

图 2-7　功能区面板

求用户熟记各种绘图命令，一般对 AutoCAD 比较熟悉的用户都用此方式绘制图形，因为这样可以大大提高绘图的速度和效率。

　　AutoCAD 绝大多数命令都有其相应的简写方式。如【直线】命令 LINE 的简写方式是 L，【矩形】命令 RECTANGLE 的简写方式是 REC，如图 2-8 所示。对于常用的命令，用简写方式输入将大大减少键盘输入的工作量，提高工作效率。另外，AutoCAD 对命令或参数输入不区分大小写，因此操作者不必考虑输入的大小写。

　　在命令行输入命令后，可以使用以下方法响应其他任何提示和选项。

　　➢ 要接受显示在"[　]"中的默认选项，则按 Enter 键。

　　➢ 要响应提示，则输入值或单击图形中的某个位置。

　　➢ 要指定提示选项，可以在提示列表（命令行）中输入所需提示选项对应的亮显字母，然后按 Enter 键。也可以使用鼠标单击选择所需要的选项，在命令行中单击选择"倒角（C）"选项，等同于在此命令行提示下输入"C"并按 Enter 键。

图 2-8　功能区面板

（3）使用工具栏调用

　　工具栏调用命令是 AutoCAD 的经典执行方式，如图 2-9 所示，也是旧版本 AutoCAD 最主要的执行方法。但随着时代进步，该种方式已不适合人们的使用需求，因此工具栏不显示在三个工作空间中，需要通过【工具】|【工具栏】|【AutoCAD】命令调出。单击工具栏中的按钮，即可执行相应的命令。用户可以在其他工作空间绘图，也可以根据实际需要调出工具栏，如 UCS、【三维导航】、【建模】、【视图】、【视口】等。

　　为了获取更多的绘图空间，可以按住快捷键 Ctrl+0 隐藏工具栏，再按一次即可重新显示。

图 2-9　通过 AutoCAD 工具栏执行命令

2.2.2　命令的重复、撤销与重做

　　在使用AutoCAD绘图的过程中，难免会需要重复用到某一命令或对某命令进行了误操作，

因此有必要了解命令的重复、撤销与重做方面的知识。

（1）重复执行命令

在绘图过程中，有时需要重复执行同一个命令，如果每次都重复输入，会使绘图效率大大降低。执行【重复执行】命令有以下几种方法。

  ➢ 快捷键：按 Enter 键或空格键。

  ➢ 快捷菜单：单击鼠标右键，系统弹出的快捷菜单中选择【最近的输入】子菜单选择需要重复的命令。

  ➢ 命令行：MULTIPLE 或 MUL。

如果用户对绘图效率要求很高，那可以将鼠标右键自定义为重复执行命令的方式。在绘图区的空白处单击右键，在弹出的快捷菜单中选择【选项】，打开【选项】对话框，然后切换至【用户系统配置】选项卡，单击其中的【自定义右键单击（I）】按钮，打开【自定义右键单击】对话框，在其中勾选两个【重复上一个命令】选项，即可将右键设置为重复执行命令，如图 2-10所示。

图 2-10　使用插件快速翻译文本

（2）放弃命令

在绘图过程中，如果执行了错误的操作，此时就需要放弃操作。执行【放弃】命令有以下几种方法。

  ➢ 菜单栏：选择【编辑】|【放弃】命令。

  ➢ 工具栏：单击【快速访问】工具栏中的【放弃】按钮。

  ➢ 命令行：Undo 或 U。

  ➢ 快捷键：Ctrl+Z。

（3）重做命令

通过重做命令，可以恢复前一次或者前几次已经放弃执行的操作，重做命令与撤销命令是一对相对的命令。执行【重做】命令有以下几种方法。

➢ 菜单栏：选择【编辑】|【重做】命令。

➢ 工具栏：单击【快速访问】工具栏中的【重做】按钮 ↷。

➢ 命令行：REDO。

➢ 快捷键：Ctrl+Y。

> **提示**　如果要一次性撤销之前的多个操作，可以单击【放弃】 ↶ ▾ 按钮后的展开按钮 ▾，展开操作的历史记录如图 2-11 所示。该记录按照操作的先后，由下往上排列，移动指针选择要撤销的最近几个操作，如图 2-12 所示，单击即可撤销这些操作。

图 2-11　命令操作历史记录

图 2-12　选择要撤销的最近几个命令

图 2-13　齿轮零件图

操作实例 2-1　绘制一个简单的图形

如图 2-13 所示，便是一幅完整的机械设计图纸。在一开始自然不会要求读者绘制如此复杂的图形，因此本例只需绘制其中的一个基准符号即可（右下角方框内部分），让读者结合上面几节的学习，进一步了解 AutoCAD 是如何进行绘图工作的。

① 启动 AutoCAD 2025，单击左上角【快速访问】工具栏中的【新建】按钮，自动弹出【选择样板】对话框，不做任何操作，直接单击【打开】即可，如图 2-14 所示。

图 2-14　【选择样板】对话框

② 自动进入空白的绘图界面，即可进行绘图操作。在【默认】选项卡下单击【绘图】面板中的【矩形】按钮，然后任意指定一点为角点，绘制一个 9×9 的矩形，如图 2-15 所示。完整的命令行提示如下。

```
命令：_rectang                          \\执行【矩形】命令
指定第一个角点或 [倒角（C）\标高（E）\圆角（F）\厚度（T）\宽度（W）]：
                                        \\在绘图区任意指定一点为角点
指定另一个角点或 [面积（A）\尺寸（D）\旋转（R）]：@9，9↙
                                        \\输入矩形对角点的相对坐标
```

提示　　在上面的命令提示中，"\\"符号及其后面的文字均是对步骤的说明；而"↙"符号则表示单击回车键或空格键，如上文的"@9，9↙"即表示"输入@9，9，然后单击回车键"。
"@9，9"是一种坐标定位法，在输入坐标时，首先需要输入@符号（该符号表示相对坐标，关于相对坐标的含义和用法请见本书 3.1 节），然后输入第一个数字（即 X 坐标），接着输入一个逗号（此逗号只能是英文输入法下的逗号），再输入第 2 个数字（即 Y 坐标），最后单击回车或空格键确认输入的坐标。本书大部分的命令均会给出这样的命令行提示，读者可以以此为参照，在 AutoCAD 软件中仿照着操作。

③ 绘制符号下方的竖直线。单击【绘图】面板中的【直线】按钮，然后选择矩形底边的中点作为直线的起点，垂直向下绘制一条长度为 7.5 的直线，如图 2-16 所示。命令行操作提示如下。

```
命令：_line                             \\执行【直线】命令
指定第一个点：                          \\捕捉矩形底边的中点为直线的起点
指定下一点或 [放弃（U）]：@0，-7.5↙     \\输入直线端点的相对坐标
```

指定下一点或［放弃（U）］： ↙   \\按 Enter 键结束命令

图 2-15   绘制的矩形   图 2-16   指定直线的起点与端点

> **提示**
> 把线段分为两条相等的线段的点，即叫做中点。中点在 AutoCAD 中的显示符号为△，因此当移动光标至上图中的位置，当光标出现该符号时，即捕捉到了底边直线上的中点，同时光标附近也会出现对应的提示。此时单击鼠标左键即可将直线的起点指定至该中点上。

④ 绘制符号底部的三角形。在【默认】选项卡下单击【绘图】面板中的【多边形】按钮（矩形按钮的下方），接着根据提示，输入多边形的边数为 3，指定上步骤绘制的直线端点为中心点，创建一内接于圆、半径值为 3 的正三边形，如图 2-17 所示。命令行操作提示如下。

命令: _polygon   \\执行【多边形】命令
输入侧面数<4>: 3↙   \\输入要绘制多边形的边数 3
指定正多边形的中心点或［边（E）］:   \\选择步骤(4)所绘制直线的端点
输入选项 ［内接于圆（I）\外切于圆（C）］<I>: ↙   \\单击回车键选择默认的"内接于圆"子选项
指定圆的半径: 3↙   \\输入半径值 3

图 2-17   指定直线的起点

> **提示**
> 命令行提示中，如果某些命令段在最后有使用尖括号框起来的字母，如上面步骤中"输入选项［内接于圆（I）\外切于圆（C）］<I>"中的<I>，此即表示该命令段的默认选项为"内接于圆（I）"，因此直接单击回车键即可执行，而不需输入"I"。

⑤ 对三角形区域进行黑色填充。直接输入"H"并单击回车，即可执行【图形填充】命令，此时功能区切换至【图案填充创建】选项卡，然后在【图案】面板中选择 SOLID（纯色）图案，如图 2-18 所示。

图 2-18 指定直线的起点

⑥ 将光标移动至三角形区域内，即可预览到填充图形，确认无误后单击左键放置填充，效果如图 2-19 所示。接着按 Enter 或空格键结束【图案填充】，功能区恢复正常。

⑦ 在符号内创建注释文字。在【默认】选项卡中单击【注释】面板上的【文字】按钮 A ，然后根据系统提示，在绘图区中任意指定文字框的第一个角点和对角点，如图 2-20 所示。

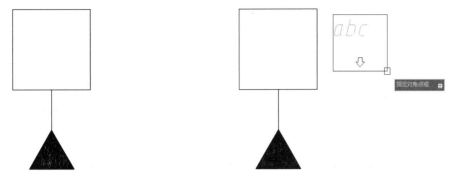

图 2-19 创建图案填充　　　　　　　　图 2-20 指定文字输入框的对角点

⑧ 在指定了输入文字的对角点之后，弹出如图 2-21 所示的【文字编辑器】选项卡和编辑框，用户可以在编辑框中输入、插入文字。

图 2-21 文字编辑器

⑨ 在左上角的【样式】面板中重新设置文本的文字高度为 9，接着输入注释文字"A"，如图 2-22 所示。

相关链接：有关创建文字的更多信息，请参见本书的第 6 章。

⑩ 将注释文本移动至圆图形内即可。在【默认】选项卡中单击【修改】面板中的【移动】按钮 ✥ ，然后选择文字为要移动的对象，将其移动至矩形框内，如图 2-23 所示。命令行操作提示如下。

图 2-22 输入注释文字

命令: _move	\\执行【移动】命令
选择对象: 找到1个	\\选择文字A为要移动的对象
指定基点或[位移(D)]<位移>:	\\可以任意指定一点为基点, 此点即为移动的参考点
指定第二个点或<使用第一个点作为位移>:	\\选取目标点, 放置图形

⑪ 至此, 已经完成了基准符号图形的绘制, 结果如图 2-24 所示。

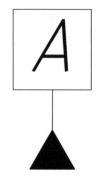

图 2-23 移动注释文字　　　　　　　　图 2-24 绘制完成的基准符号

相关链接: 有关【移动】命令和其他更多的编辑命令操作方法, 请参见本书的第4章。

本例仅简单演示了 AutoCAD 的绘图功能, 其中涉及的命令有图形的绘制(直线、矩形)、图形的编辑(图案填充、移动)、图形的注释(创建文字), 以及捕捉象限点、输入相对坐标等辅助绘图工具。AutoCAD 中绝大部分工作都基于这些基本的技巧, 本书的后续章节将会更加详细地介绍这些过程, 以及许多在本例中没有提及的命令。

2.3 AutoCAD 视图的控制

在绘图过程中, 为了更好地观察和绘制图形, 通常需要对视图进行平移、缩放、重生成等操作。本节将详细介绍 AutoCAD 视图的控制方法。

2.3.1 视图缩放

视图缩放命令可以调整当前视图大小, 既能观察较大的图形范围, 又能观察图形的细部而不改变图形的实际大小。视图缩放只是改变视图的比例, 并不改变图形中对象的绝对大小, 打印出来的图形仍是设置的大小。执行【视图缩放】命令有以下几种方法。

➤ 快捷操作: 滚动鼠标滚轮, 如图 2-25 所示。

➤ 功能区: 在【视图】选项卡中, 单击【导航】面板选择视图缩放工具。

➤ 菜单栏: 选择【视图】|【缩放】命令。

➤ 工具栏: 单击【缩放】工具栏中的按钮。

➤ 命令行: ZOOM 或 Z。

提示　本书在第一次介绍命令时，均会给出命令的执行方法，其中"快捷操作"是最为推荐的一种。

在 AutoCAD 的绘图环境中，如需对视图进行放大、放小，以便更好地观察图形，则可按上面给出的方法进行操作。其中滚动鼠标的中键滚轮进行缩放是最常用的方法。默认情况下向前滚动是放大视图，向后滚动是缩小视图。

如果要一次性将图形布满整个窗口，以显示出文件中所有的图形对象，或最大化所绘制的图形，则可以通过双击中键滚轮来完成。

2.3.2　视图平移

视图平移不改变视图的大小和角度，只改变其位置，以便观察图形其他的组成部分。图形显示不完全，且部分区域不可见时，即可使用视图平移，很好地观察图形。执行【平移】命令有以下几种方法。

> 快捷操作：按住鼠标滚轮进行拖动，可以快速进行视图平移，如图 2-26 所示。
> 功能区：单击【视图】选项卡中【导航】面板的【平移】按钮🖐。
> 菜单栏：选择【视图】|【平移】命令。
> 命令行：PAN 或 P。

除了视图大小的缩放外，视图的平移也是使用最为频繁的命令之一。其中按住鼠标滚轮然后拖动的方式最为常用。必须注意的是，该命令并不是真正地移动图形对象，也不是真正地改变图形，而是通过位移视图窗口进行平移。

图 2-25　缩放视图的鼠标操作　　　　图 2-26　移动视图的鼠标操作

提示　AutoCAD 2025 中具备了三维建模的功能，三维模型的视图操作与二维图形是一样的，只是多了一个视图旋转，以供用户全方位地观察模型。方法是按住 Shift 键，然后按住鼠标滚轮进行拖动。

2.3.3　使用导航栏

导航栏是一种用户界面元素，是一个视图控制集成工具，用户可以从中访问通用导航工具和特定于产品的导航工具。单击视口左上角的"[-]"标签，在弹出菜单中选择【导航栏】选项，可以控制导航栏是否在视口中显示，如图 2-27 所示。

导航栏中有以下通用导航工具。

> ViewCube：指示模型的当前方向，并用于重定向模型的当前视图。

> SteeringWheels：用于在专用导航工具之间快速切换的控制盘集合。

> ShowMotion：用户界面元素，为创建和回放电影式相机动画提供屏幕显示，以便进行设计查看、演示和书签样式导航。

> 3Dconnexion：一套导航工具，用于使用 3Dconnexion 三维鼠标重新设置模型当前视图的方向。

导航栏中有以下特定于产品的导航工具，如图 2-28 所示。

图 2-27　使用导航栏

图 2-28　导航工具

> 全导航控制盘：单击该按钮即可显示出导航盘，然后在其中选择对应的视图操作即可。

> 平移：单击后可以沿屏幕平移视图。

> 缩放工具：用于增大或减小模型的当前视图比例的导航工具集。

> 动态观察工具：用于旋转模型当前视图的导航工具集。

> ShowMotion：同前面介绍的 ShowMotion 工具。

2.3.4　重画与重生成视图

在 AutoCAD 中，某些操作完成后，其效果往往不会立即显示出来，或者在屏幕上留下绘图的痕迹与标记。因此，需要通过刷新视图重新生成当前图形，以观察到最新的编辑效果。

视图刷新的命令主要有两个：【重画】命令和【重生成】命令。这两个命令都是自动完成的，不需要输入任何参数，也没有可选选项。

（1）重画视图

AutoCAD 常用数据库以浮点数据的形式储存图形对象的信息，浮点格式精度高，但计算时间长。AutoCAD 重生成对象时，需要把浮点数值转换为适当的屏幕坐标。因此对于复杂图形，重新生成需要花很长的时间。为此软件提供了【重画】这种速度较快的刷新命令。重画只刷新屏幕显示，因而生成图形的速度更快。执行【重画】命令有以下几种方法。

> 菜单栏：选择【视图】|【重画】命令。
> 命令行：REDRAWALL 或 RADRAW 或 RA。

在命令行中输入"REDRAW"并按 Enter 键，将从当前视口中删除编辑命令留下来的点标记；而输入"REDRAWWALL"并按 Enter 键，将从所有视口中删除编辑命令留下来的点标记。

（2）重生成视图

AutoCAD 使用时间太久或者图纸中内容太多，有时就会影响图形的显示效果，让图形变得很粗糙，这时就可以用到【重生成】命令来恢复。【重生成】命令不仅重新计算当前视图中所有对象的屏幕坐标，并重新生成整个图形，还重新建立图形数据库索引，从而优化显示和对象选择的性能。执行【重生成】命令有以下几种方法。

> 菜单栏：选择【视图】|【重生成】命令。
> 命令行：REGEN 或 RE。

【重生成】命令仅对当前视图范围内的图形执行重生成，如果要对整个图形执行重生成，可选择【视图】|【全部重生成】命令。重生成的效果如图 2-29 所示。

（a）重生成前

（b）重生成后

图 2-29　重生成前后的效果

2.4　AutoCAD 2025 工作空间

中文版 AutoCAD 2025 为用户提供了【草图与注释】、【三维基础】以及【三维建模】3 种工作空间。选择不同的空间可以进行不同的操作，例如在【草图与注释】工作空间下可以很方便地找到有关二维图形绘制和标注的命令，但却很难看到三维建模的相关命令；而切换到【三维建模】工作空间下，则提供了大量三维命令，可供用户进行更复杂的三维建模为主的操作。

2.4.1　草图与注释工作空间

AutoCAD 2025 默认的工作空间为【草图与注释】空间。其界面主要由【应用程序】按钮、功能区选项板、快速访问工具栏、绘图区、命令行窗口和状态栏等元素组成。在该空间中，可以方便地使用【默认】选项卡中的【绘图】、【修改】、【图层】、【注释】、【块】和【特性】等面板绘制和编辑二维图形，如图 2-30 所示。

图 2-30　【草图与注释】工作空间

2.4.2　三维基础空间

在【三维基础】空间中能非常简单方便地创建基本的三维模型，其功能区提供了各种常用的三维建模、布尔运算以及三维编辑工具按钮。【三维基础】空间界面如图 2-31 所示。

图 2-31　【三维基础】空间

2.4.3　三维建模空间

【三维建模】空间界面与【草图与注释】空间界面较相似，但侧重的命令不同。其功能区选项卡中集中了实体、曲面和网格的多种建模和编辑命令，以及视觉样式、渲染等模型显示工具，为绘制和观察三维图形、附加材质、创建动画、设置光源等操作提供了非常便利的环境，如图 2-32 所示。

图 2-32　【三维建模】空间

2.4.4　切换工作空间

在【草图与注释】空间中绘制出二维草图，然后转换至【三维基础】工作空间进行建模操作，再转换至【三维建模】工作空间赋予材质、布置灯光进行渲染，此即 AutoCAD 建模的大致流程，因此可见这三个工作空间是互为补充的。而切换工作空间则有以下几种方法。

➢ 快速访问工具栏：单击快速访问工具栏中的【切换工作空间】下拉按钮 ⚙草图与注释 ，在弹出的下拉列表中进行切换，如图 2-33 所示。

➢ 菜单栏：选择【工具】|【工作空间】命令，在子菜单中进行切换，如图 2-34 所示。

图 2-33　通过下拉列表切换工作空间

图 2-34　通过菜单栏切换工作空间

➢ 工具栏：在【工作空间】工具栏的【工作空间控制】下拉列表框中进行切换，如图 2-35 所示。

➢ 状态栏：单击状态栏右侧的【切换工作空间】按钮 ⚙，在弹出的下拉菜单中进行切换，如图 2-36 所示。

图 2-35　通过工具栏切换工作空间　　　　图 2-36　通过状态栏切换工作空间

2.4.5　工作空间设置

通过【工作空间设置】可以修改 AutoCAD 默认的工作空间。这样做的好处就是能将用户自定义的工作空间设为默认，这样在启动 AutoCAD 后即可快速工作，无需再进行切换。

执行【工作空间设置】的方法与切换工作空间一致，只需在给列表框中选择【工作空间设置】选项即可。选择之后弹出【工作空间设置】对话框，如图 2-37 所示。在【我的工作空间（M）=】下拉列表中选择要设置为默认的工作空间，即可将该空间设置为 AutoCAD 启动后的初始空间。

不需要的工作空间，可以将其在工作空间列表中删除。选择工作空间列表框中的【自定义】选项，打开【自定义用户界面】对话框，在不需要的工作空间名称上单击鼠标右键，在弹出的快捷菜单中选择【删除】选项，即可删除不需要的工作空间，如图 2-38 所示。

图 2-37　【工作空间设置】对话框

图 2-38　删除不需要的工作空间

操作实例 2-2　创建带【工具栏】的经典工作空间

从 2015 版本开始，AutoCAD 取消了【经典工作空间】的界面设置，结束了长达十余年之久的工具栏命令操作方式。但对于一些有基础的用户来说，相较于 2025，他们更习惯于 2005、2008、2012 等经典版本的工作界面，也习惯于使用工具栏来调用命令，如图 2-39 所示。

在 AutoCAD 2025 中，仍然可以通过设置工作空间的方式，创建出符合自己操作习惯的经典界面，方法如下。

图 2-39　旧版本 AutoCAD 的经典空间

① 单击快速访问工具栏中的【切换工作空间】下拉按钮，在弹出的下拉列表中选择【自定义】选项，如图 2-40 所示。

② 系统自动打开【自定义工作界面】对话框，然后选择【工作空间】一栏，单击右键，在弹出的快捷菜单中选择【新建工作空间】选项，如图 2-41 所示。

图 2-40　选择【自定义】

图 2-41　新建工作空间

③ 在【工作空间】树列表中新添加了一工作空间，将其命名为【经典工作空间】，然后单击对话框右侧【工作空间内容】区域中的【自定义工作空间】按钮，如图 2-42 所示。

图 2-42　命名经典工作空间

④ 返回对话框左侧【所有自定义文件】区域，单击 ➕ 按钮展开【工具栏】树列表，依次勾

选其中的【标注】、【绘图】、【修改】、【标准】、【样式】、【图层】、【特性】7 个工具栏，即旧版本 AutoCAD 中的经典工具栏，如图 2-43 所示。

⑤ 返回勾选上一级的整个【菜单栏】与【快速访问工具栏】下的【快速访问工具栏 1】，如图 2-44 所示。

⑥ 在对话框右侧的【工作空间内容】区域中已经可以预览到该工作空间的结构，确定无误后单击其上方的【完成】按钮，如图 2-45 所示。

图 2-43　勾选 7 个经典工具栏　　图 2-44　勾选菜单栏与快速访问　　图 2-45　完成经典工作空间的设置
　　　　　　　　　　　　　　　　　　工具栏

⑦ 在【自定义工作界面】对话框中先单击【应用】按钮，再单击【确定】，退出该对话框。

⑧ 将工作空间切换至刚刚创建的【经典工作空间】，效果如图 2-46 所示。

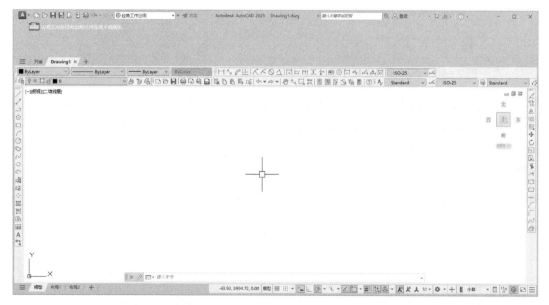

图 2-46　创建的经典工作空间

⑨ 可见在原来的【功能区】区域已经消失，但仍空出了一大块，影响界面效果。可以该处右击，在弹出的快捷菜单中选择【关闭】选项，即可关闭【功能区】显示，如图 2-47 所示。

图 2-47 创建的经典工作空间

⑩ 将各工具栏拖移到合适的位置，最终效果如图 2-48 所示。保存该工作空间后即可随时启用。

图 2-48 经典工作空间

2.5 AutoCAD 文件的基本操作

文件管理是软件操作的基础，在 AutoCAD 2025 中，图形文件的基本操作包括新建文件、打开文件、保存文件、另存为文件和关闭文件等。

2.5.1 新建文件

启动 AutoCAD 2025 后，系统将自动新建一个名为"Drawing1.dwg"的图形文件，该图形文件默认以 acadiso.dwt 为样板创建。如果用户需要绘制一个新的图形，则需要使用【新建】命令。启动【新建】命令有以下几种方法。

➢ 应用程序按钮：单击【应用程序】按钮 A，在下拉菜单中选择【新建】选项，如图 2-49

所示。

- 快速访问工具栏：单击【快速访问】工具栏中的【新建】按钮 。
- 菜单栏：执行【文件】|【新建】命令。
- 标签栏：单击标签栏上的 按钮。
- 命令行：NEW 或 QNEW。
- 快捷键：Ctrl+N。

用户可以根据绘图需要，在对话框中选择打开不同的绘图样板，即可以样板文件创建一个新的图形文件。单击【打开】按钮旁的下拉菜单可以选择打开样板文件的方式，共有【打开】、【无样板打开-英制（I）】、【无样板打开-公制（M）】三种方式，如图 2-50 所示。通常选择默认的【打开】方式。

图 2-49 【应用程序】按钮新建文件　　　　　　图 2-50 【选择样板】对话框

> **提示**　　默认情况下，AutoCAD 2025 新建的空白图形其文件名为 Drawing1.dwg，再次新建图形时则自动被命名为 Drawing2.dwg，稍后再创建的新文件则命名为 Drawing3.dwg，以此类推。

2.5.2　打开文件

AutoCAD 文件的打开方式有很多种，启动【打开】命令有以下几种方法。

- 快捷方式：直接双击要打开的.dwg 图形文件。
- 应用程序按钮：单击【应用程序】按钮 **A**，在弹出的快捷菜单中选择【打开】选项。
- 快速访问工具栏：单击【快速访问】工具栏【打开】按钮 。
- 菜单栏：执行【文件】|【打开】命令。
- 标签栏：在标签栏空白位置单击鼠标右键，在弹出的右键快捷菜单中选择【打开】选项。
- 命令行：OPEN 或 QOPEN。
- 快捷键：Ctrl+O。

执行以上操作都会弹出【选择文件】对话框，该对话框用于选择已有的 AutoCAD 图形，单击【打开】按钮后的三角下拉按钮，在弹出的下拉菜单中可以选择不同的打开方式，如图 2-51 所示。

图 2-51 【选择文件】对话框

对话框中各选项含义说明如下。

➤【打开】：直接打开图形，可对图形进行编辑、修改。

➤【以只读方式打开】：打开图形后仅能观察图形，无法进行修改与编辑。

➤【局部打开】：局部打开命令允许用户只处理图形的某一部分，只加载指定视图或图层的几何图形。

➤【以只读方式局部打开】：局部打开的图形无法被编辑修改，只能观察。

操作实例 2-3 打开图形文件

① 启动 AutoCAD 2025，进入开始界面。

② 单击开始界面左上角快速访问工具栏上的【打开】按钮，如图 2-52 所示。

③ 系统弹出【选择文件】对话框，在其中定位至"素材\第 2 章\2-3 打开图形文件.dwg"，如图 2-53 所示。

图 2-52 快速访问工具栏中打开文件

图 2-53 【选择文件】对话框

④ 单击【打开】按钮，即可打开所选的 AutoCAD 图形，结果如图 2-54 所示。

图 2-54　打开的 AutoCAD 图形

操作实例 2-4　局部打开图形

　　素材图形完整打开的效果如图 2-54 所示。本例使用局部打开命令即只处理图形的某一部分，只加载素材文件中指定视图或图层上的几何图形。当处理大型图形文件时，可以选择在打开图形时需要加载的尽可能少的几何图形，指定的几何图形和命名对象包括：块（Block）、图层（Layer）、标注样式（DimensionStyle）、线型（Linetype）、布局（Layout）、文字样式（TextStyle）、视口配置（Viewports）、用户坐标系（UCS）及视图（View）等，操作步骤如下。

　　① 定位至要局部打开的素材文件，然后单击【选择文件】对话框中【打开】按钮后的三角下拉按钮，在弹出的下拉菜单中，选择其中的【局部打开】项，如图 2-55 所示。

图 2-55　选择【局部打开】

　　② 系统弹出【局部打开】对话框，在【要加载几何图形的图层】列表框中勾选需要局部打开的图层名，如【轮廓线】和【剖面线】，如图 2-56 所示。

　　③ 单击【打开】按钮，即可打开仅包含【轮廓线】和【剖面线】图层的图形对象，如图 2-57 所示，同时文件名后添加有"（局部加载）"文字。

图 2-56　【局部打开】对话框　　　　　　　图 2-57　【局部打开】效果

④ 对于局部打开的图形，用户还可以通过【局部加载】将其他未载入的几何图形补充进来。在命令行输入"PartialLoad"并按 Enter 键，系统弹出【局部加载】对话框，与【局部打开】对话框主要区别是可通过【拾取窗口】按钮划定区域放置视图，如图 2-58 所示。

⑤ 勾选需要加载的选项，如【中心线】图层，单击【局部加载】对话框中【确定】按钮，即可得到加载效果，如图 2-59 所示。

图 2-58　【局部加载】对话框　　　　　　　图 2-59　【局部加载】效果

> **提示**　【局部打开】只能应用于当前版本保存的 CAD 文件。如果部分文件局部打开不能将文件全部打开，需要另存为最新的 CAD 版本即可。

2.5.3　保存文件

保存文件不仅是将新绘制的或修改好的图形文件进行存盘，以便以后对图形进行查看、使用或修改、编辑等，还包括在绘制图形过程中随时对图形进行保存，以避免意外情况发生而导致文件丢失或不完整。

（1）保存新的图形文件

保存新文件就是对新绘制还没保存过的文件进行保存。启动【保存】命令有以下几种方法。

> 应用程序按钮：单击【应用程序】按钮 A，在弹出的快捷菜单中选择【保存】选项。
> 快速访问工具栏：单击【快速访问】工具栏【保存】按钮 💾。
> 菜单栏：选择【文件】|【保存】命令。
> 快捷键：Ctrl+ S。
> 命令行：SAVE 或 QSAVE。

执行【保存】命令后，系统弹出如图 2-60 所示的【图形另存为】对话框。在此对话框中，可以进行如下操作。

> 设置存盘路径。单击上面【保存于】下拉列表，在展开的下拉列表内设置保存路径。
> 设置文件名。在【文件名】文本框内输入文件名称，如我的文档等。

图 2-60 【图形另存为】对话框

➢ 设置文件格式。单击对话框底部的【文件类型】下拉列表，在展开的下拉列表内设置文件的格式类型。

> **提示** 默认的存储类型为"AutoCAD 2018 图形（*.dwg）"。使用此种格式将文件保存后，文件只能被 AutoCAD 2018 及以后的版本打开。如果用户需要在 AutoCAD 早期版本中打开此文件，必须使用低版本的文件格式进行保存。

（2）手动保存文件

手动保存文件就是对新绘制还没保存过的文件进行保存。启动【保存】命令有以下几种方法。

➢ 应用程序按钮：单击【应用程序】按钮 <kbd>A</kbd>，在弹出的快捷菜单中选择【保存】选项。

➢ 快速访问工具栏：单击【快速访问】工具栏【保存】按钮 。

➢ 菜单栏：选择【文件】|【保存】命令。

➢ 快捷键：Ctrl+S。

➢ 命令行：SAVE 或 QSAVE。

（3）另存为其他文件

当用户在已存盘的图形基础上进行了其他修改工作，又不想覆盖原来的图形，可以使用【另存为】命令，将修改后的图形以不同图形文件进行存盘。启动【另存为】命令有以下几种方法。

➢ 应用程序：单击【应用程序】按钮 <kbd>A</kbd>，在弹出的快捷菜单中选择【另存为】选项。

➢ 快速访问工具栏：单击【快速访问】工具栏【另存为】按钮 。

➢ 菜单栏：选择【文件】|【另存为】命令。

➢ 快捷键：Ctrl+Shift+S。

➢ 命令行：SAVE As。

操作实例 2-5 将图形另存为低版本文件

在日常工作中，经常要与客户或同事进行图纸往来，有时就难免碰到因为彼此 AutoCAD 版本不同而打不开图纸的情况，如图 2-61 所示。原则上高版本的 AutoCAD 能打开低版本所绘制的图形，而低版本却无法打开高版本的图形。因此对于使用高版本的用户来说，可以将文件通过【另存为】的方式转存为低版本。

① 打开要【另存为】的图形文件。

② 单击【快速访问】工具栏的【另存为】按钮，打开【图形另存为】对话框，在【文件类型】下拉列表中选择【AutoCAD2000\LT2000 图形 （*.dwg）】选项，如图 2-62 所示。

图 2-61 因版本不同出现的 AutoCAD 警告

图 2-62 【图形另存为】对话框

③ 设置完成后，AutoCAD 所绘图形的保存类型均为 AutoCAD 2000 类型，任何高于 2000 的版本均可以打开，从而实现工作图纸的无障碍交流。

（4）自动保存图形文件

除了手动保存外，还有一种比较好的保存文件的方法，即自动保存图形文件，可以免去随时手动保存的麻烦。设置自动保存后，系统会在一定的时间间隔内实行自动保存当前文件编辑的文件内容，自动保存的文件后缀名为.sv$。

操作实例 2-6 设置定时保存

AutoCAD 在使用过程中有时会因为内存占用太多而造成崩溃，让辛苦绘制的图纸全盘付诸东流。因此除了在工作中要养成时刻保存的好习惯之外，还可以在 AutoCAD 中设置定时保存来减小意外造成的损失。

① 在命令行中输入 "OP"，系统弹出【选项】对话框。

② 单击选择【打开和保存】选项卡，在【文件安全措施】选项组中选中【自动保存】复选框，根据需要在文本框中输入适合的间隔时间和保存方式，如图 2-63 所示。

③ 单击【确定】按钮关闭对话框，定时保存设置即可生效。

> **提示** 定时保存的时间间隔不宜设置过短，这样会影响软件正常使用；也不宜设置过长，这样不利于实时保存，一般设置在 10 分钟左右较为合适。

2.5.4 保存为样板文件

如果将 AutoCAD 中的绘图工具比作设计师手中的铅笔，那么样板文件就可以看成是供铅笔涂写的纸。而纸，也有白纸、带格式的纸之分，选择合适格式的纸可以让绘图事半功倍，因此选择合适的样板文件也可以让 AutoCAD 变得更为轻松。

图 2-63　设置定时保存文件

样板文件存储图形的所有设置，包含预定义的图层、标注样式、文字样式、表格样式和视图布局、图形界限等设置及绘制的图框和标题栏。样板文件通过扩展名【.dwt】区别于其他图形文件。它们通常保存在 AutoCAD 安装目录下的 Template 文件夹中，如图 2-64 所示。

图 2-64　样板文件

在 AutoCAD 软件设计中我们可以根据行业、企业或个人的需要定制 dwt 的模板文件，新建时即可启动自制的模板文件，节省工作时间，又可以统一图纸格式。

AutoCAD 的样板文件中自动包含有对应的布局，这里简单介绍其中使用得最多的几种。

➤ Tutorial-iArch.dwt：样例建筑样板（英制），其中已绘制好了英制的建筑图纸标题栏。
➤ Tutorial-mArch.dwt：样例建筑样板（公制），其中已绘制好了公制的建筑图纸标题栏。
➤ Tutorial-iMfg.dwt：样例机械设计样板（英制），其中已绘制好了英制的机械图纸标题栏。
➤ Tutorial-mMfg.dwt：样例机械设计样板（公制），其中已绘制好了公制的机械图纸标题栏。

操作实例 2-7　设置默认样板

样板除了包含一些设置之外，还常常包括了一些完整的标题块和样板（标准化）文字之类的内容。为了适合自己特定的需要，多数用户都会定义一个或多个自己的默认样板，有了这些个性化的样板，工作中大多数的繁琐设置就不需要再重复进行了。

① 执行【工具】|【选项】菜单命令，打开【选项】对话框，如图 2-65 所示。

② 在【文件】选项卡下双击【样板设置】选项，然后在展开的目录中双击【快速新建的默认样板文件名】选项，接着单击该选项下面列出的样板（默认情况下这里显示"无"），如图 2-66 所示。

图 2-65 【选项】对话框

图 2-66 展开【快速新建的默认样板文件名】

③ 单击【浏览】按钮，打开【选择文件】对话框，如图 2-67 所示。

④ 在【选择文件】对话框内选择一个样板，然后单击【打开】按钮将其加载，最后单击【确定】按钮关闭对话框，如图 2-68 所示。

图 2-67 【选择文件】对话框

图 2-68 加载样板

⑤ 单击【标准】工具栏上的【新建】按钮，通过默认的样板创建一个新的图形文件，如图 2-69 所示。

2.5.5 不同图形文件之间的比较

通过该功能可重叠两个图形，并突出显示两者的不同之处。这样一来，很容易就能查看并了解图形的哪些部分发生了变化。下面具体通过一个操作案例来介绍图形比较功能的用法。

图 2-69　创建一个新的图形文件

操作实例 2-8　图形的比较

① 启动 AutoCAD 2025，打开素材文件"第 2 章\2-8 图形比较文件 1.dwg"，此即需要进行比较的源文件，如图 2-70 所示。

图 2-70　打开素材文件

② 单击【应用程序】按钮，展开应用程序菜单，在其中选择【图形实用工具】|【DWG 比较】选项，如图 2-71 所示。

③ 在打开的【选择要比较的图形】对话框中选择"第 2 章\2-8 图形比较文件 2.dwg"，如图 2-72 所示。

④ 单击【打开】按钮，AutoCAD 便会将两个 DWG 图形的不同之处以修订云线的方式标出，并以不同颜色突出显示两个图形的不同之处，如图 2-73 所示。

⑤ 在功能区的【更改集】面板中会显示出两个图形所存在的差异数量，单击其中的箭头可以在不同的比较效果对比之间进行切换 ⇐、⇒，如图 2-74 所示。

图 2-71 应用程序菜单中选择比较

图 2-72 【DWG 比较】对话框

图 2-73 图形比较效果

图 2-74 切换比较结果

第3章

图形绘制命令详解

（扫码获取配套资源）

要利用 AutoCAD 来绘制图形，首先就要了解坐标、对象选择和一些辅助绘图工具方面的内容。本章将深入阐述相关内容，并通过实例来帮助大家加深理解。

3.1　坐标系与辅助绘图工具

AutoCAD 的图形定位，主要是由坐标系统进行确定。要想正确、高效地绘图，必须先了解 AutoCAD 坐标系的概念和坐标输入方法。

3.1.1　坐标系及其 4 种表示方法

图 3-1　世界坐标系统图标
（WCS）

世界坐标系统（World Coordinate System，WCS）是 AutoCAD 的基本坐标系统。它由三个相互垂直的坐标轴 X、Y 和 Z 组成，X 轴正方向水平向右，Y 轴正方向垂直向上，Z 轴正方向垂直屏幕平面方向，指向用户，在 AutoCAD 中一般位于左下角，显示如图 3-1 所示。在绘制和编辑图形的过程中，它的坐标原点和坐标轴的方向是不变的。

在 AutoCAD 中，坐标有绝对直角坐标、绝对极坐标、相对直角坐标和相对极坐标 4 种方法表示。

（1）绝对直角坐标

绝对直角坐标是指相对于坐标原点（0，0）的直角坐标，要使用该指定方法指定点，应输入逗号隔开的 X、Y 和 Z 值，即用（X，Y，Z）表示。当绘制二维平面图形时，其 Z 值为 0，可省略而不必输入，仅输入 X、Y 值即可，如图 3-2 所示。

（2）相对直角坐标

相对直角坐标是基于上一个输入点而言，以某点相对于另一特定点的相对位置来定义该点的位置。相对特定坐标点（X，Y，Z）增加（nX，nY，nZ）的坐标点的输入格式为（@nX，nY，nZ）。相对坐标输入格式为（@X，Y），"@" 符号表示使用相对坐标输入，是指定相对于上一个点的偏移量，如图 3-3 所示。

> 提示　坐标分割的逗号 "，" 和 "@" 符号都应是英文输入法下的字符，否则无效。

图 3-2　绝对直角坐标

图 3-3　相对直角坐标

（3）绝对极坐标

该坐标方式是指相对于坐标原点（0，0）的极坐标。例如，坐标（12<30）是指从 X 轴正方向逆时针旋转 30°，距离原点 12 个图形单位的点，如图 3-4 所示。在实际绘图工作中，由于很难确定与坐标原点之间的绝对极轴距离，因此该方法使用较少。

（4）相对极坐标

以某一特定点为参考极点，输入相对于参考极点的距离和角度来定义一个点的位置。相对极坐标输入格式为（@A<角度），其中 A 表示指定与特定点的距离。例如，坐标（@14<45）是指相对于前一点角度为 45°，距离为 14 个图形单位的一个点，如图 3-5 所示。

图 3-4　绝对极坐标　　　　　　　　　　　　图 3-5　相对极坐标

> **提示**　这 4 种坐标的表示方法，除了绝对极坐标外，其余 3 种均使用较多，需重点掌握。以下便通过 3 个例子，分别采用不同的坐标方法绘制相同的图形来做进一步的说明。

操作实例 3-1　通过绝对直角坐标绘制图形

以绝对直角坐标输入的方法绘制如图 3-6 所示的图形。图中 O 点为 AutoCAD 的坐标原点，坐标即（0，0），因此 A 点的绝对坐标则为（10，10），B 点的绝对坐标为（50，10），C 点的绝对坐标为（50，40）。因此绘制步骤如下。

① 在【默认】选项卡中，单击【绘图】面板上的【直线】按钮，执行直线命令。

② 命令行出现"指定第一点"的提示，直接在其后输入"10，10"，即第一点 A 点的坐标，

如图 3-7 所示。

图 3-6　图形效果

图 3-7　输入绝对坐标确定第一点

③ 单击 Enter 键确定第一点的输入，接着命令行提示"指定下一点"，再按相同方法输入 B、C 点的绝对坐标值，即可得到最终图 3-6 的图形效果。完整的命令行操作过程如下。

```
命令：L✓ LINE                           //调用【直线】命令
指定第一个点：10，10                     //输入 A 点的绝对坐标
指定下一点或 [放弃(U)]：50，10          //输入 B 点的绝对坐标
指定下一点或 [放弃(U)]：50，40          //输入 C 点的绝对坐标
指定下一点或 [闭合(C)/放弃(U)]：c       //闭合图形
```

操作实例 3-2　通过相对直角坐标绘制图形

以相对直角坐标输入的方法绘制如图 3-6 所示的图形。在实际绘图工作中，大多数设计师都喜欢随意在绘图区中指定一点为第一点，这样就很难界定该点及后续图形与坐标原点（0，0）的关系，因此往往多采用相对坐标的输入方法来进行绘制。相比于绝对坐标的刻板，相对坐标显得更为灵活多变。

① 在【默认】选项卡中，单击【绘图】面板上的【直线】按钮 / ，执行直线命令。

② 输入 A 点。可按上例中的方法输入 A 点，也可以在绘图区中任意指定一点作为 A 点。

③ 输入 B 点。在图 3-6 中，B 点位于 A 点的正 X 轴方向、距离为 40 点处，Y 轴增量为 0，因此相对于 A 点的坐标为（@40，0），可在命令行提示"指定下一点"时输入"@40，0"，即可确定 B 点，如图 3-8 所示。

④ 输入 C 点。由于相对直角坐标是相对于上一点进行定义的，因此在输入 C 点的相对坐标时，要考虑它和 B 点的相对关系，C 点位于 B 点的正上方，距离为 30，即输入"@0，30"，如图 3-9 所示。

图 3-8　输入 B 点的相对直角坐标

图 3-9　输入 C 点的相对直角坐标

⑤ 将图形封闭即绘制完成。完整的命令行操作过程如下。

命令：L LINE	//调用【直线】命令
指定第一个点：10, 10	//输入 A 点的绝对坐标
指定下一点或 [放弃(U)]：@40, 0	//输入 B 点相对于上一个点（A 点）的相对坐标
指定下一点或 [放弃(U)]：@0, 30	//输入 C 点相对于上一个点（B 点）的相对坐标
指定下一点或 [闭合(C)/放弃(U)]：c	//闭合图形

操作实例 3-3　通过相对极坐标绘制图形

以相对极坐标输入的方法绘制如图 3-6 所示的图形。相对极坐标与相对直角坐标一样，都是以上一点为参考基点，输入增量来定义下一个点的位置。只不过相对极坐标输入的是极轴增量和角度值。

① 在【默认】选项卡中，单击【绘图】面板上的【直线】按钮，执行直线命令。

② 输入 A 点。可按上例中的方法输入 A 点，也可以在绘图区中任意指定一点作为 A 点。

③ 输入 C 点。A 点确定后，就可以通过相对极坐标的方式确定 C 点。C 点位于 A 点的 37° 方向，距离为 50（由勾股定理可知），因此相对极坐标为（@50<37），在命令行提示"指定下一点"时输入"@50<37"，即可确定 C 点，如图 3-10 所示。

④ 输入 B 点。B 点位于 C 点的-90° 方向，距离为 30，因此相对极坐标为（@30<-90），输入"@30<-90"即可确定 B 点，如图 3-11 所示。

图 3-10　输入 C 点的相对极坐标

图 3-11　输入 B 点的相对极坐标

⑤ 将图形封闭即绘制完成。完整的命令行操作过程如下。

命令：_line	//调用【直线】命令
指定第一个点：10, 10	//输入 A 点的绝对坐标
指定下一点或 [放弃(U)]：@50<37	//输入 C 点相对于上一个点（A 点）的相对极坐标
指定下一点或 [放弃(U)]：@30<-90	//输入 B 点相对于上一个点（C 点）的相对极坐标
指定下一点或 [闭合(C)/放弃(U)]：c	//闭合图形

3.1.2　对象捕捉辅助绘图

鉴于点坐标法与直接肉眼确定法的各种弊端，AutoCAD 提供了【对象捕捉】功能。在【对象捕捉】开启的情况下，系统会自动捕捉某些特征点，如圆心、中点、端点、节点、象限点等。因此，【对象捕捉】的实质是对图形对象特征点的捕捉，如图 3-12 所示。

(a) 捕捉点　　　　　　　　(b) 启用【对象捕捉】结果　　　　　(c) 不启用【对象捕捉】结果

图 3-12　对象捕捉

如果命令行没有提示输入点位置，则【对象捕捉】功能是不会生效的。因此，【对象捕捉】实际上是通过捕捉特征点的位置来代替命令行输入特征点的坐标。

开启和关闭【对象捕捉】功能的方法如下。

➢ 菜单栏：选择【工具】|【草图设置】命令，弹出【草图设置】对话框。选择【对象捕捉】选项卡，选中或取消选中【启用对象捕捉】复选框，也可以打开或关闭对象捕捉，但这种操作太烦琐，实际中一般不使用。

➢ 快捷键：按 F3 键可以切换开、关状态。

➢ 状态栏：单击状态栏上的【对象捕捉】按钮 ，若亮显则为开启，如图 3-13 所示。

➢ 命令行：输入 OSNAP，打开【草图设置】对话框，单击【对象捕捉】选项卡，勾选【启用对象捕捉】复选框。

在设置对象捕捉点之前，需要确定哪些特征点是需要的，哪些是不需要的。这样不仅可以提高效率，也可以避免捕捉失误。使用任何一种开启【对象捕捉】的方法之后，系统弹出【草图设置】对话框，在【对象捕捉模式】选项区域中勾选用户需要的特征点，单击【确定】按钮，退出对话框即可，如图 3-14 所示。

图 3-13　状态栏中开启【对象捕捉】功能

图 3-14　【草图设置】对话框

在 AutoCAD 2025 中，对话框共列出 14 种对象捕捉点和对应的捕捉标记，含义分别如下。

➢【端点】：捕捉直线或曲线的端点。

➢【中点】：捕捉直线或是弧段的中心点。

➢【圆心】：捕捉圆、椭圆或弧的中心点。

➢【几何中心】：捕捉多段线、二维多段线和二维样条曲线的几何中心点。

➢【节点】：捕捉用【点】、【多点】、【定数等分】、【定距等分】等 POINT 类命令绘制的点对象。

➢【象限点】：捕捉位于圆、椭圆或是弧段上 0°、90°、180° 和 270° 处的点。

➢【交点】：捕捉两条直线或是弧段的交点。

➢【延长线】：捕捉直线延长线路径上的点。

➢【插入点】：捕捉图块、标注对象或外部参照的插入点。

➢【垂足】：捕捉从已知点到已知直线的垂线的垂足。

➢【切点】：捕捉圆、弧段及其他曲线的切点。

➢【最近点】：捕捉处在直线、弧段、椭圆或样条曲线上，而且距离光标最近的特征点。

➢【外观交点】：在三维视图中，从某个角度观察两个对象可能相交，但实际并不一定相交，可以使用【外观交点】功能捕捉对象在外观上相交的点。

➢【平行】：选定路径上的一点，使通过该点的直线与已知直线平行。

启用【对象捕捉】功能之后，在绘图过程中，当十字光标靠近这些被启用的捕捉特殊点后，将自动对其进行捕捉，效果如图 3-15 所示。这里需要注意的是，在【对象捕捉】选项卡中，各捕捉特殊点前面的形状符号，如□、×、○等，便是在绘图区捕捉时显示的对应形状。

图 3-15　各捕捉效果

> 提示　当需要捕捉一个物体上的点时，只要将鼠标靠近某个点或某物体，不断地按 Tab 键，这个点或这些物体的某些特殊点（如直线的端点、中间点、垂直点、与物体的交点、圆的四分圆点、中心点、切点、垂直点、交点）就会轮换显示出来，选择需要的点左键单击即可以捕捉这些点，如图 3-16 所示。

(a) 第一次按Tab　　　(b) 第二次按Tab　　　(c) 第三次按Tab

图 3-16　按 Tab 键切换捕捉点

3.1.3　对象捕捉追踪辅助绘图

在绘图过程中，除了需要掌握对象捕捉的应用外，也需要掌握对象追踪的相关知识和应用的方法，从而能提高绘图的效率。【对象捕捉追踪】功能的开、关切换有以下两种方法。

➢ 快捷键：F11 快捷键，切换开、关状态。

➢ 状态栏：单击状态栏上的【对象捕捉追踪】按钮 ▨。

启用【对象捕捉追踪】后，在绘图的过程中需要指定点时，光标可以沿基于其他对象捕捉点的对齐路径进行追踪，图3-17所示为中点捕捉追踪效果，图3-18所示为交点捕捉追踪效果。

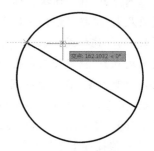

图 3-17　中点捕捉追踪 　　　　　　　　　图 3-18　交点捕捉追踪

> **提示**　　由于对象捕捉追踪的使用是基于对象捕捉进行操作的，因此，要使用对象捕捉追踪功能，必须先开启一个或多个对象捕捉功能。

已获取的点将显示一个小加号（+），一次最多可以获得7个追踪点。获取点之后，当在绘图路径上移动光标时，将显示相对于获取点的水平、垂直或指定角度的对齐路径。

例如，在如图3-19示的示意图中，启用了【端点】对象捕捉，单击直线的起点【1】开始绘制直线，将光标移动到另一条直线的端点【2】处获取该点，然后沿水平对齐路径移动光标，定位要绘制的直线的端点【3】。

图 3-19　对象捕捉追踪示意图

3.1.4　正交模式辅助绘图

在绘图过程中，使用【正交】功能便可以将十字光标限制在水平或者垂直轴向上，同时也限制在当前的栅格旋转角度内。使用【正交】功能就如同使用了丁字尺绘图，可以保证绘制的直线完全呈水平或垂直状态，方便绘制水平或垂直直线。

打开或关闭【正交】功能的方法如下。

> 快捷键：按F8键可以切换正交开、关模式。

> 状态栏：单击【正交】按钮，若亮显则为开启，如图3-20所示。

因为【正交】功能限制了直线的方向，所以绘制水平或垂直直线时，指定方向后直接输入长度即可，不必再输入完整的坐标值。开启正交后光标状态如图3-21所示，关闭正交后光标状态如图3-22所示。

图 3-20　状态栏中开启【正交】功能　　图 3-21　开启【正交】效果　　图 3-22　关闭
【正交】效果

操作实例 3-4　通过【正交】绘制工字钢

通过【正交】绘制如图 3-23 所示的图形。【正交】功能开启后，系统自动将光标强制性地定位在水平或垂直位置上，在引出的追踪线上，直接输入一个数值即可定位目标点，而不用手动输入坐标值或捕捉栅格点来进行确定。

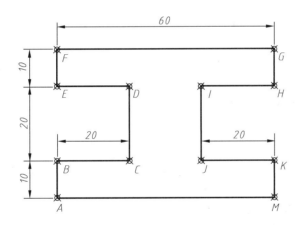

图 3-23　通过正交绘制图形

① 启动 AutoCAD 2025，新建一个空白文档。

② 单击状态栏中的 按钮，或按 F8 功能键，激活【正交】功能。

③ 单击【绘图】面板中的 按钮，激活【直线】命令，配合【正交】功能，绘制图形。命令行操作过程如下：

```
命令：_line
指定第一点：              //在绘图区任意栅格点处单击左键，作为起点 A
指定下一点或 [放弃(U)]：10✓//向上移动光标，引出 90° 正交追踪线，如图 3-24 所
                          示，输入 10，即定位 B 点
指定下一点或 [放弃(U)]：20✓//向右移动光标，引出 0° 正交追踪线，如图 3-25 所
                          示，输入 20，定位 C 点
指定下一点或 [放弃(U)]：20✓//向上移动光标，引出 270° 正交追踪线，输入 20，定
                          位 D 点

……
```

图 3-24　绘制第一条直线　　　　　图 3-25　绘制第二条直线

④ 根据以上方法，配合【正交】功能绘制其他线段，最终的结果如图 3-26 所示。

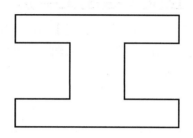

图 3-26　通过正交绘制图形

3.1.5　极轴追踪辅助绘图

【极轴追踪】功能实际上是极坐标的一个应用。使用极轴追踪绘制直线时，捕捉到一定的极轴方向即确定了极角，然后输入直线的长度即确定了极半径，因此和正交绘制直线一样，极轴追踪绘制直线一般使用长度输入确定直线的第二点，代替坐标输入。【极轴追踪】功能可以用来绘制带角度的直线，如图 3-27 所示。

一般来说，极轴可以绘制任意角度的直线，包括水平的 0°、180°与垂直的 90°、270°等，因此某些情况下可以代替【正交】功能使用。【极轴追踪】绘制的图形如图 3-28 所示。

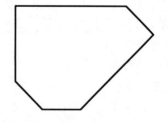

图 3-27　开启【极轴追踪】效果　　　　图 3-28　【极轴追踪】模式绘制的直线

【极轴追踪】功能的开、关切换有以下两种方法。

➢ 快捷键：按 F10 键切换开、关状态。

➢ 状态栏：单击状态栏上的【极轴追踪】按钮 ⚲，若亮显则为开启。

右键单击状态栏上的【极轴追踪】按钮 ⚲，弹出追踪角度列表，如图 3-29 所示，其中的数值便为启用【极轴追踪】时的捕捉角度。然后在弹出的快捷菜单中选择【正在追踪设置】选项，则打开【草图设置】对话框，在【极轴追踪】选项卡中可设置极轴追踪的开关和其他角度值的增量角等，如图 3-30 所示。

图 3-29　选择【正在追踪设置】命令

图 3-30　【极轴追踪】选项卡

【极轴追踪】选项卡中各选项的含义如下。

➢【增量角】列表框：用于设置极轴追踪角度。当光标的相对角度等于该角，或者是该角的整数倍时，屏幕上将显示出追踪路径，如图 3-31 所示。

➢【附加角】复选框：增加任意角度值作为极轴追踪的附加角度。勾选【附加角】复选框，并单击【新建】按钮，然后输入所需追踪的角度值，即可捕捉至附加角的角度，如图 3-32 所示。

图 3-31　设置【增量角】进行捕捉　　　　　图 3-32　设置【附加角】进行捕捉

➢【仅正交追踪】单选按钮：当对象捕捉追踪打开时，仅显示已获得的对象捕捉点的正交（水平和垂直方向）对象捕捉追踪路径，如图 3-33 所示。

➢【用所有极轴角设置追踪】单选按钮：对象捕捉追踪打开时，将从对象捕捉点起沿任何极轴追踪角进行追踪，如图 3-34 所示。

图 3-33　仅从正交方向显示对象捕捉路径　　图 3-34　可从极轴追踪角度显示对象捕捉路径

➢【极轴角测量】选项组：设置极轴角的参照标准。【绝对】单选按钮表示使用绝对极坐标，以 X 轴正方向为 0°。【相对上一段】单选按钮根据上一段绘制的直线确定极轴追踪角，上一段直线所在的方向为 0°，如图 3-35 所示。

(a)极轴角测量为【绝对】   (b)极轴角测量为【相对上一段】

图 3-35　不同的【极轴角测量】效果

提示　　细心的读者可能发现，极轴追踪的增量角与后续捕捉角度都是成倍递增的，如图 3-29 所示；但图中唯有一个例外，那就是 23° 的增量角后直接跳到了 45°，与后面的各角度也不成整数倍关系。这是由于 AutoCAD 的角度单位精度设置为整数，因此 22.5° 就被四舍五入为了 23°。所以只需选择菜单栏【格式】|【单位】，在【图形单位】对话框中将角度精度设置为【0.0】，即可使 23° 的增量角还原为 22.5°，使用极轴追踪时也能正常捕捉到 22.5°，如图 3-36 所示。

图 3-36　图形单位与极轴捕捉的关系

操作实例 3-5　通过【极轴追踪】绘制导轨截面

通过【极轴追踪】绘制如图 3-37 所示的图形。极轴追踪功能是一个非常重要的辅助工具，此工具可以在任何角度和方向上引出角度矢量，从而可以很方便地精确定位角度方向上的任何一点。相比于坐标输入、栅格与捕捉、正交等绘图方法来说，极轴追踪更为便捷，足以绘制绝大部分图形，因此是使用最多的一种绘图方法。

① 启动 AutoCAD 2025，新建一空白文档。

② 右键单击状态栏上的【极轴追踪】按钮 ，然后在弹出的快捷菜单中选择【正在追踪设置】选项，在打开的【草图设置】对话框中勾选【启用极轴追踪】复选框，并将当前的增量角设置为 45，再勾选【附加角】复选框，新建一个 85° 的附加角，如图 3-38 所示。

图 3-37　通过极轴追踪绘制导轨图形

图 3-38　设置极轴追踪参数

③ 单击【绘图】面板中的 按钮，激活【直线】命令，配合【极轴追踪】功能，绘制外框轮廓线。命令行操作过程如下。

```
命令: _line
指定第一点:                      //在适当位置单击左键，拾取一点作为起点 A
指定下一点或 [放弃(U)]: 50✓        //向上移动光标，在 85° 的位置可以引出极轴追踪
                                    虚线，如图 3-39 所示，此时输入 50，得到第 2
                                    点 B
指定下一点或 [放弃(U)]: 20         //水平向右移动光标，引出 0° 的极轴追踪虚线，如
                                    图 3-40 所示，输入 20，定位第 3 点 C
指定下一点或 [放弃(U)]: 30         //向右下角移动光标，引出 45° 的极轴追踪线，如
                                    图 3-41 所示，输入 30，定位第 4 点 D
指定下一点或 [放弃(U)]: 10         //垂直向下移动光标，在 90° 方向上引出极轴追踪
                                    虚线，如图 3-42 所示，输入 10，定位定第 5 点 E
……
```

图 3-39　引出 85° 的　　图 3-40　引出 0° 的　　图 3-41　引出 45° 的　　图 3-42　90° 的
　　极轴追踪虚线　　　　　极轴追踪虚线　　　　　极轴追踪虚线　　　　　极轴追踪虚线

④ 根据以上方法，配合【极轴追踪】功能绘制其他线段，即可绘制出如图 3-43 所示的图形。

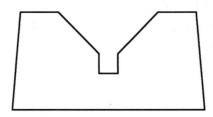

图 3-43　通过极轴追踪绘制图形

3.1.6　临时追踪点辅助绘图

临时捕捉是一种一次性的捕捉模式，这种捕捉模式不是自动的，当用户需要临时捕捉某个特征点时，需要在捕捉之前手工设置需要捕捉的特征点，然后进行对象捕捉。这种捕捉不能反复使用，再次使用捕捉需重新选择捕捉类型。

执行临时捕捉有以下两种方法。

➤ 右键快捷菜单：在命令行提示输入点的坐标时，如果要使用临时捕捉模式，可按住 Shift 键然后单击鼠标右键，系统弹出快捷菜单，如图 3-44 所示，可以在其中选择需要的捕捉类型。

➤ 命令行：可以直接在命令行中输入执行捕捉对象的快捷指令来选择捕捉模式。例如在绘图过程中，输入并执行"MID"快捷命令将临时捕捉图形的中点，如图 3-45 所示。AutoCAD 常用对象捕捉模式及快捷命令如表 3-1 所示。

图 3-44　临时捕捉快捷菜单

图 3-45　在命令行中输入指令

表 3-1　常用对象捕捉模式及其指令

捕捉模式	快捷命令	捕捉模式	快捷命令	捕捉模式	快捷命令
临时追踪点	TT	两点之间的中点	MTP	中点	MID
自	FROM	端点	ENDP	圆心	CEN

续表

捕捉模式	快捷命令	捕捉模式	快捷命令	捕捉模式	快捷命令
节点	NOD	插入点	INS	外观交点	APP
象限点	QUA	垂足	PER	平行	PAR
交点	INT	切点	TAN	无	NON
延长线	EXT	最近点	NEA	对象捕捉设置	OSNAP

提示　这些指令即第 1 章所介绍的透明命令，可以在执行命令的过程中输入。

操作实例 3-6　使用【临时捕捉】绘制带传动简图

带传动是利用张紧在带轮上的柔性带进行运动或动力传递的一种机械传动，如图 3-46 所示。因此在图形上柔性带一般以公切线的形式横跨在传动轮上。这时就可以借助临时捕捉将光标锁定在所需的对象点上来绘制公切线。

图 3-46　带传动

① 打开"第 3 章\3-6 使用临时捕捉绘制带传动简图.dwg"素材文件，素材图形如图 3-47 所示，已经绘制好了两个传动轮。

② 在【默认】选项卡中，单击【绘图】面板上的【直线】按钮，命令行提示指定直线的起点。

③ 此时按住 Shift 键然后单击鼠标右键，在临时捕捉选项中选择【切点】，然后将指针移到传动轮 1 上，出现切点捕捉标记，如图 3-48 所示，在此位置单击确定直线第一点。

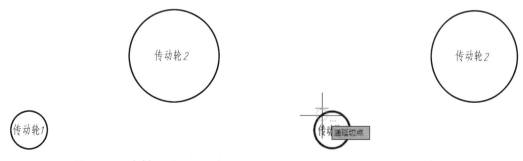

图 3-47　素材图形　　　　　　　　　图 3-48　切点捕捉标记

④ 确定第一点之后，临时捕捉失效。再次按住 Shift 键，然后单击鼠标右键在临时捕捉选项中选择【切点】，将指针移到传动轮 2 的同一侧上，出现切点捕捉标记时单击，完成公切线绘制，如图 3-49 所示。

⑤ 重复上述操作，绘制另外一条公切线，如图 3-50 所示。

图 3-49　绘制的第一条公切线　　　　　　　图 3-50　绘制的第二条公切线

> **提示**　　带传动具有结构简单、传动平稳、能缓冲吸振、可以在大的轴间距和多轴间传递动力，且其造价低廉，不需润滑，维护容易等，在近代机械传动中应用十分广泛。

3.2　绘制点

点是所有图形中最基本的图形对象，可以用来作为捕捉和偏移对象的参考点。在 AutoCAD 2025 中，可以通过单点、多点、定数等分和定距等分 4 种方法创建点对象。

3.2.1　点样式

从理论上来讲，点是没有长度和大小的图形对象。在 AutoCAD 中，系统默认情况下绘制的点显示为一个小圆点，在屏幕中很难看清，因此可以使用【点样式】设置，调整点的外观形状，也可以调整点的尺寸大小，以便根据需要让点显示在图形中。在绘制单点、多点、定数等分点或定距等分点之后，我们经常需要调整点的显示方式，以方便对象捕捉，绘制图形。

执行【点样式】命令的方法有以下几种。

➤ 功能区：单击【默认】选项卡【实用工具】面板中的【点样式】按钮 `点样式...`，如图 3-51 所示。

➤ 菜单栏：选择【格式】|【点样式】命令。

➤ 命令行：DDPTYPE。

执行该命令后，将弹出如图 3-52 所示的【点样式】对话框，可以在其中设置共计 20 种点的显示样式和大小。

对话框中各选项的含义说明如下。

➤【点大小（S）】文本框：用于设置点的显示大小，与下面的两个选项有关。

➤【相对于屏幕设置大小（R）】单选框：用于按 AutoCAD 绘图屏幕尺寸的百分比设置点的显示大小，在进行视图缩放操作时，点的显示大小并不改变，在命令行输入"RE"命令即可重生成，始终保持与屏幕的相对比例，如图 3-53 所示。

➤【按绝对单位设置大小（A）】单选框：使用实际单位设置点的大小，同其他的图形元素（如直线、圆），当进行视图缩放操作时，点的显示大小也会随之改变，如图 3-54 所示。

图 3-51 面板中的【点样式】按钮

图 3-52 【点样式】对话框

图 3-53 视图缩放时点大小相对于屏幕不变

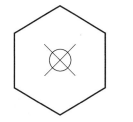

图 3-54 视图缩放时点大小相对于图形不变

操作实例 3-7 设置点样式绘制棘轮

棘轮，是一种外缘或内缘上具有刚性齿形表面或摩擦表面的齿轮，是组成棘轮机构的重要构件，如图 3-55 所示。棘轮机构常用在各种机床和自动机中间歇进给或回转工作台的转位上。本例便通过设置【点样式】进行定位，然后来绘制棘轮。

图 3-55 棘轮机构中的棘轮

① 打开"第 3 章\3-7 设置点样式绘制棘轮.dwg"素材文件，其中已经绘制好了两个辅助圆和一轮廓孔，且图形在合适位置已经创建好了点，但并没有设置点样式，如图 3-56 所示。

② 在【默认】选项卡中，单击【实用工具】面板中的【点样式】按钮，在弹出的【点样式】对话框中选择点样式为，如图 3-57 所示。

③ 单击【确定】按钮，关闭对话框，返回绘图区图形结果如图 3-58 所示。

④ 利用【直线】命令绘制轮齿。单击【绘图】面板的【直线】按钮，连接内外圆相邻的点，绘制轮齿，如图 3-59 所示。

图 3-56　素材文件

图 3-57　设置点样式

⑤ 删去多余图形后结果如图 3-60 所示。

图 3-58　显示点样式的图形　　　图 3-59　绘制直线进行连接　　　图 3-60　最终图形效果

> **提示**　在自行车中棘轮机构用于单向驱动，在手动绞车中棘轮机构常用以防止逆转。棘轮机构工作时常伴有噪声和振动，因此它的工作频率不能过高。

3.2.2　单点和多点

在 AutoCAD 2025 中，点的绘制通常使用【多点】命令来完成，【单点】命令已不太常用。绘制多点就是指执行一次命令后可以连续指定多个点，直到按 Esc 键结束命令。执行【多点】命令有以下几种方法。

➤ 功能区：单击【绘图】面板中的【多点】按钮，如图 3-61 所示。

➤ 菜单栏：选择【绘图】|【点】|【多点】命令。

设置好点样式之后，单击【绘图】面板中的【多点】按钮，根据命令行提示，在绘图区任意 6 个位置单击，按 Esc 键退出，即可完成多点的绘制，结果如图 3-62 所示。命令行操作如下。

```
命令: _point
当前点模式:  PDMODE=33  PDSIZE=0.0000          //在任意位置单击放置点
指定点: *取消*                                 //按 Esc 键完成多点绘制
```

图 3-61 【绘图】画板中的【多点】

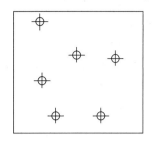

图 3-62 绘制多点效果

3.2.3 定数等分

【定数等分】是将对象按指定的数量分为等长的多段，并在各等分位置生成点。执行【定数等分】命令的方法有以下几种。

➤ 功能区：单击【绘图】面板中的【定数等分】按钮，如图 3-63 所示。

➤ 菜单栏：选择【绘图】|【点】|【定数等分】命令。

➤ 命令行：DIVIDE 或 DIV。

执行命令后，命令行操作步骤提示如下。

命令：_divide	//执行【定数等分】命令
选择要定数等分的对象：	//选择要等分的对象，可以是直线、圆、圆弧、 样条曲线、多段线
输入线段数目或 [块(B)]：	//输入要等分的段数

命令行中部分选项说明如下。

➤ 输入线段数目：该选项为默认选项，输入数字即可将被选中的图形进行平分，如图 3-64 所示。

➤ 块（B）：该命令可以在等分点处生成用户指定的块，如图 3-65 所示。

图 3-63 素材图形

图 3-64 以点定数等分

图 3-65 以块定数等分

> **提示**
> 在命令操作过程中，命令行有时会出现"输入线段数目或 [块(B)]："这样的提示，其中的英文字母如"块（B）"等，是执行各选项命令的输入字符。如果我们要执行"块（B）"选项，那只需在该命令行中输入"B"即可。

操作实例 3-8　通过【定数等分】绘制椭圆齿轮

【定数等分】除了绘制点外，还可以通过指定【块】来对图形进行编辑，类似于【阵列】命令，但在某些情况下较【阵列】灵活，如非标图形（椭圆、样条曲线等）的等分。椭圆齿轮是非圆齿轮的一种，比较少见，可以产生变化的输出转速，一般多用于油泵上，如图3-66所示。

① 打开"第3章\3-8 通过定数等分绘制椭圆齿轮.dwg"素材文件，如图3-67所示，素材中已经创建好了名为"齿形"的块。

② 在【默认】选项卡中，单击【绘图】面板中的【定数等分】按钮，根据命令提示，绘制图形，命令行操作如下。

图 3-66　油泵内的椭圆齿轮

```
命令: _divide                          //调用【定数等分】命令
选择要定数等分的对象:                   //选择桌子边
输入线段数目或 [块(B)]: B✓            //选择"B(块)"选项
输入要插入的块名: 齿形✓               //输入"齿形"图块名
是否对齐块和对象? [是(Y)/否(N)] <Y>: ✓  //单击 Enter 键
输入线段数目: 30✓                     //输入等分数为 30
```

③ 创建定数等分的结果如图3-68所示。学习了后面章节的编辑命令后，还可以对图形进一步修缮。

图 3-67　素材文件

图 3-68　最终效果

操作实例 3-9　通过【定数等分】获取加工点

在机械行业，经常会看到一些具有曲线外形的零件，如常见的机床手柄，如图 3-69 所示。要加工这类零件，就势必需要获取曲线轮廓上的若干点来作为加工、检验尺寸的参考，如图 3-70 所示，此时就可以通过【定数等分】的方式来获取这些点。点的数量越多，轮廓就越精细，但加工、质检时工作量就越大，因此推荐等分点数在 5~10 之间。

① 打开"第 3 章\3-9 通过定数等分获取加工点.dwg"素材文件，其中已经绘制好了一手柄零件图形，如图 3-71 所示。

② 坐标归零。要得到各加工点的准确坐标，就必须先定义坐标原点，即数据加工中的"对刀点"。在命令行中输入"UCS"，单击 Enter 键，可见 UCS 坐标附于十字光标上，然后将其放置在手柄曲线的起端，如图 3-72 所示。

图 3-69　机床手柄　　　　　　　　　　图 3-70　加工与测量的参考点

图 3-71　素材文件　　　　　　　　　　图 3-72　重新定义坐标原点

③ 执行定数等分。单击 Enter 键放置 UCS 坐标，接着单击【绘图】面板中的【定数等分】按钮 ，选择上方的曲线（上、下两曲线对称，故选其中一条即可），输入项目数 6，按 Enter 键完成定数等分，如图 3-73 所示。

④ 获取点坐标。在命令行中输入"LIST"，选择各等分点，然后单击 Enter 键，即在命令行中得到坐标如图 3-74 所示。

⑤ 这些坐标值即为各等分点相对于新指定原点的坐标，可用作加工或质检的参考。

图 3-73　定数等分　　　　　　　　　　图 3-74　通过 LIST 命令获取点坐标

3.2.4　定距等分

【定距等分】是将对象分为长度为指定值的多段，并在各等分位置生成点。执行【定距等分】命令的方法有以下几种。

➢ 功能区：单击【绘图】面板中的【定距等分】按钮，如图 3-75 所示。
➢ 菜单栏：选择【绘图】|【点】|【定距等分】命令。
➢ 命令行：MEASURE 或 ME。

执行命令后，命令行操作步骤提示如下。

命令：_measure	//执行【定距等分】命令
选择要定距等分的对象：	//选择要等分的对象，可以是直线、圆、圆弧、样条曲线、多段线
指定线段长度或 [块(B)]：	//输入要等分的单段长度

命令行中部分选项说明如下。

➢ 指定线段长度：该选项为默认选项，输入的数字即为分段的长度，如图 3-76 所示。
➢ 块（B）：该命令可以在等分点处生成用户指定的块。

图 3-75　定数等分

图 3-76　定距等分效果

操作实例 3-10　定距等分绘制油标刻度线

油标是减速器中的常见配件，主要用来帮助工作人员检查机体内润滑油脂的保存情况。在油标上通常会设计有刻度线，借此即可准确定义含油量是否足以支持减速器继续工作，如图 3-77 所示。

图 3-77　油标

① 打开"第 3 章\3-10 定距等分绘制油标刻度线.dwg"素材文件，其中已经绘制好了油标的图形，如图 3-78 所示。

图 3-78　素材文件

② 执行【直线】命令，沿着油标中心线绘制一辅助线作为刻度线，如图 3-79 所示。

图 3-79　绘制刻度线

③ 在【默认】选项卡中，单击【实用工具】面板中的【点样式】按钮 ✎ 点样式... ，打开【点样式】对话框，根据需要，在对话框中选择第一排最右侧的形状，然后点选【按绝对单位设置大小】单选框，输入点大小为 3，如图 3-80 所示。

④ 在【默认】选项卡中，单击【绘图】面板中的【定距等分】按钮 ✎，将步骤②绘制好的直线段按每段 10mm 长进行分段，结果如图 3-81 所示。命令行操作如下。

命令：ME	//调用【定距等分】命令
选择要定数等分的对象：	//选择直线
输入线段数目或 [块(B)]：10	//输入等分的距离
	//按 Esc 键退出

图 3-80　设置点样式

图 3-81　生成刻度

3.3　绘制直线类图形

直线类图形是 AutoCAD 中最基本的图形对象，在 AutoCAD 中，根据用途的不同，可以将线分类为直线、射线、构造线、多线和多线段。不同的直线对象具有不同的特性，下面进行详细讲解。

3.3.1 直线

直线是绘图中最常用的图形对象，只要指定了起点和终点，就可绘制出一条直线。执行【直线】命令的方法有以下几种。

➤ 功能区：单击【绘图】面板中的【直线】按钮 ▱。

➤ 菜单栏：选择【绘图】|【直线】命令。

➤ 命令行：LINE 或 L。

执行命令后，命令行操作步骤提示如下。

命令: _line	//执行【直线】命令
指定第一个点:	//输入直线段的起点，用鼠标指定点或在命令行中输入点的坐标
指定下一点或 [放弃(U)]:	//输入直线段的端点。也可以用鼠标指定一定角度后，直接输入直线的长度
指定下一点或 [放弃(U)]:	//输入下一直线段的端点。输入"U"表示放弃之前的输入
指定下一点或 [闭合(C)/放弃(U)]:	//输入下一直线段的端点。输入"C"使图形闭合，或按 Enter 键结束命令

命令行中部分选项说明如下。

➤ 指定下一点：当命令行提示"指定下一点"时，用户可以指定多个端点，从而绘制出多条直线段。但每一段直线又都是一个独立的对象，可以进行单独的编辑操作，如图 3-82 所示。

➤ 闭合（C）：绘制两条以上直线段后，命令行会出现"闭合（C）"选项。此时如果输入C，则系统会自动连接直线命令的起点和最后一个端点，从而绘制出封闭的图形，如图 3-83 所示。

➤ 放弃（U）：命令行出现"放弃（U）"选项时，如果输入"U"，则会擦除最近一次绘制的直线段，如图 3-84 所示。

图 3-82　每一段直线均
可单独编辑

图 3-83　输入"C"绘制封闭图形

图 3-84　输入"U"重新绘制直线

操作实例 3-11　使用直线绘制连杆机构

直线是应用最多的设计图形，大部分的零件外形轮廓都会以直线表示（尤其是剖面图），除此之外还有中心线、剖面线等辅助线条。另外在机械原理图中，直线还可以用来表示连杆、固定臂等，用以绘制机构的运动简图，如图 3-85 所示。

① 打开素材文件"第 3 章\3-11 使用直线绘制连杆机构.dwg"，其中已创建好了 4 个节点，如图 3-86 所示。

② 单击【绘图】面板中的【直线】按钮，可以连续绘制多条相连直线，输入数值可以绘制指定长度的直线，如需绘制图 3-87 的图形，则命令行操作如下。

图 3-85　连杆机构　　　　图 3-86　素材图形　　　　图 3-87　绘制的连杆机构简图

```
命令：_line                            //单击【直线】按钮
指定第一个点：                          //移动至点 A，单击鼠标左键
指定下一点或 [放弃(U)]：                //移动至点 B，单击鼠标左键
指定下一点或 [放弃(U)]：                //移动至点 C，单击鼠标左键
指定下一点或 [闭合(C)/放弃(U)]：        //移动至点 D，单击鼠标左键
指定下一点或 [闭合(C)/放弃(U)]：c       //输入 C，闭合图形
```

3.3.2　射线

射线是一端固定而另一端无限延伸的直线，它只有起点和方向，没有终点。射线在 AutoCAD 中使用较少，通常用来作为辅助线，尤其在机械制图中可以作为三视图的投影线使用。

执行【射线】的方法有以下几种。

➤ 功能区：单击【绘图】面板中的【射线】按钮。
➤ 菜单栏：选择【绘图】|【射线】命令。
➤ 命令行：RAY。

操作实例 3-12　根据投影规则绘制相贯线

两立体表面的交线称为相贯线，如图 3-88 所示。它们的表面（外表面或内表面）相交，均出现了箭头所指的相贯线，在画该类零件的三视图时，必然涉及绘制相贯线的投影问题。

图 3-88　相贯线

① 打开素材文件"第 3 章\3-12 根据投影规则绘制相贯线.dwg"，其中已经绘制好了零件的左视图与俯视图，如图 3-89 所示。

② 绘制投影线。单击【绘图】面板中的【射线】按钮，以左视图中各端点与交点为起点向右绘制射线，如图 3-90 所示。

③ 绘制投影线。按相同方法，以俯视图中各端点与交点为起点，向上绘制射线，如图 3-91 所示。

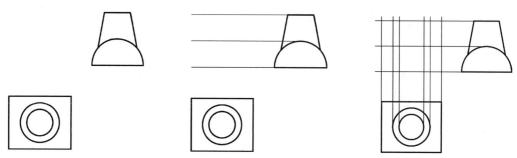

图 3-89　素材图形　　　　　图 3-90　绘制水平投影线　　　　图 3-91　绘制竖直投影线

④ 绘制主视图轮廓。绘制主视图轮廓之前，先要分析出俯视图与左视图中各特征点的投影关系（俯视图中的点，如 1、2 等，即相当于左视图中的点 1′、2′，下同），然后单击【绘图】面板中的【直线】按钮，连接各点的投影在主视图中的交点，即可绘制出主视图轮廓，如图 3-92 所示。

⑤ 求一般交点。目前所得的图形还不足以绘制出完整的相贯线，因此需要另外找出 2 点，借以绘制出投影线来获取相贯线上的点（原则上 5 点才能确定一条曲线）。按"长对正、宽相等、高平齐"的原则，在俯视图和左视图绘制如图 3-93 所示的两条直线，删除多余射线。

图 3-92　绘制轮廓图　　　　　　　　　图 3-93　绘制辅助线

⑥ 绘制投影线。根据辅助线与图形的交点为起点，分别使用【射线】命令绘制投影线，如图 3-94 所示。

⑦ 绘制相贯线。单击【绘图】面板中的【样条曲线】按钮，连接主视图中各投影线的交点，即可得到相贯线，如图 3-95 所示。

3.3.3　构造线

构造线是两端无限延伸的直线，没有起点和终点，主要用于绘制辅助线和修剪边界，在绘

图 3-94　绘制投影线

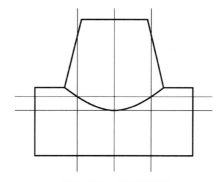
图 3-95　绘制相贯线

制具体的零件图或装配图时，可以先创建两根互相垂直的构造线作为中心线。构造线只需指定两个点即可确定位置和方向，执行【构造线】命令的方法有以下几种。

> 功能区：单击【绘图】面板中的【构造线】按钮 ⊘。
> 菜单栏：选择【绘图】|【构造线】命令。
> 命令行：XLINE 或 XL。

执行该命令后命令提示如下。

命令：_xline 指定点或 [水平(H)/垂直(V)/角度(A)/二等分(B)/偏移(O)]。

选择【水平】或【垂直】选项，可以绘制水平和垂直的构造线，如图 3-96 所示；选择【角度】选项，可以绘制一定倾斜角度的构造线，如图 3-97 所示。

选择【二等分】选项，可以绘制两条相交直线的角平分线，如图 3-98 所示。绘制角平分线时，使用捕捉功能依次拾取顶点 O、起点 A 和端点 B 即可。

选择【偏移】选项，可以由已有直线偏移出平行线。该选项的功能类似于【偏移】命令。通过输入偏移距离和选择要偏移的直线来绘制与该直线平行的构造线。

图 3-96　水平和垂直构造线

图 3-97　成角度的构造线

图 3-98　二等分构造线

操作实例 3-13　绘制表面粗糙度符号

① 点击【绘图】面板中的【构造线】按钮 ⊘，绘制 60° 倾斜角的构造线，如图 3-99 所示。命令行操作过程如下。

```
命令：_xline                                        //执行【构造线】命令
指定点或 [水平(H)/垂直(V)/角度(A)/二等分(B)/偏移(O)]：A
                                                    //选择【角度】选项
输入构造线的角度 (0) 或 [参照(R)]：  60              //输入构造线的角度
指定通过点：                                        //在绘图区任意一点
                                                    单击确定通过点
```

指定通过点：*取消*	//按Esc键退出【构造线】命令

② 单击空格或回车键重复【构造线】命令，绘制第二条构造线，如图3-100所示。命令行操作过程如下。

命令：XLINE	
指定点或 [水平(H)/垂直(V)/角度(A)/二等分(B)/偏移(O)]：A	//选择【角度】选项
输入构造线的角度 (0) 或 [参照(R)]：R	//使用参照角度
选择直线对象：	//选择上一条构造线作为参照对象
输入构造线的角度 <0>：60	//输入构造线角度
指定通过点：	//任意单击一点确定通过点
指定通过点：	//按Esc键退出命令

图 3-99　绘制第一条构造线

图 3-100　绘制第二条构造线

③ 重复【构造线】命令，绘制水平的构造线，如图3-101所示。命令行操作过程如下。

命令：_xline	
指定点或 [水平(H)/垂直(V)/角度(A)/二等分(B)/偏移(O)]：H	//选择【水平】选项
指定通过点：	//选择两条构造线的交点作为通过点
指定通过点：*取消*	//按Esc键退出【构造线】命令

④ 重复【构造线】命令，绘制与水平构造线平行的第一条构造线，如图3-102所示。命令行操作过程如下。

命令：_xline	
指定点或 [水平(H)/垂直(V)/角度(A)/二等分(B)/偏移(O)]：O	//选择【偏移】选项
指定偏移距离或 [通过(T)] <150.0000>：5	//输入偏移距离
选择直线对象：	//选择第一条水平构造线
指定向哪侧偏移：	//在所选构造线上侧单击

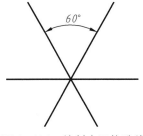

图 3-101　绘制水平构造线　　　　图 3-102　绘制第一条平行构造线

⑤ 重复【构造线】命令，绘制与水平构造线平行的第二条构造线，如图 3-103 所示。命令行操作如下。

```
命令：_xline
指定点或 [水平(H)/垂直(V)/角度(A)/二等分(B)/偏移(O)]：O
                                      //选择【偏移】选项
指定偏移距离或 [通过(T)] <150.0000>：10.5   //输入偏移距离
选择直线对象：                          //选择第一条水平构造线
指定向哪侧偏移：                        //在所选构造线上侧单击
```

图 3-103　绘制第二条平行构造线

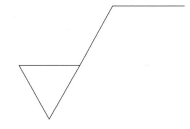

图 3-104　表面粗糙度符号

⑥ 单击【直线】按钮，用直线依次连接交点 A、B、C、D、E，然后删除多余的构造线，结果如图 3-104 所示。

> 提示
> A 点可以在构造线上任意选取一点。

3.4　绘制圆、圆弧类图形

在 AutoCAD 中，圆、圆弧、椭圆、椭圆弧和圆环都属于圆类图形，其绘制方法相对于直线对象较复杂，下面分别对其进行讲解。

3.4.1　圆

圆也是绘图中最常用的图形对象，因此它的执行方式与功能选项也最为丰富。执行【圆】命令的方法有以下几种。

➤ 功能区：单击【绘图】面板中的【圆】按钮。

> 菜单栏：选择【绘图】|【圆】命令，然后在子菜单中选择一种绘圆方法。
> 命令行： CIRCLE 或 C。

执行命令后，命令行操作步骤提示如下。

```
命令：_circle                                          //执行【圆】命令
指定圆的圆心或 [三点(3P)/两点(2P)/切点、切点、半径(T)]:
                                                      //选择圆的绘制方式
指定圆的半径或 [直径(D)]: 3↙                          //直接输入半径或用
                                                        鼠标指定半径长度
```

在【绘图】|【圆】命令中提供了6种绘制圆的命令，各命令的含义如下。

> 圆心、半径（R）：用圆心和半径方式绘制圆，如图 3-105 所示。
> 圆心、直径（D）：用圆心和直径方式绘制圆，如图 3-106 所示。
> 两点（2P）：通过直径的两个端点绘制圆，系统会提示指定圆直径的第一端点和第二端点，如图 3-107 所示。

  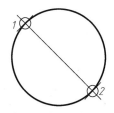

图 3-105　圆心、半径方式画圆　　图 3-106　圆心、直径方式画圆　　图 3-107　两点画圆

> 三点（3P）：通过圆上3点绘制圆，系统会提示指定圆直径的第一点、第二点和第三点，如图 3-108 所示。
> 相切、相切、半径（T）：通过圆与其他两个对象的切点和半径值来绘制圆。系统会提示指定圆的第一切点和第二切点及圆的半径，如图 3-109 所示。
> 相切、相切、相切（A）：通过三条切线绘制圆，如图 3-110 所示。

  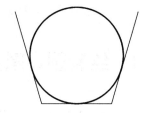

图 3-108　三点画圆　　图 3-109　相切、相切、半径画圆　　图 3-110　相切、相切、相切画圆

操作实例 3-14　绘制圆完善零件图

圆在各种设计图形中都应用频繁，因此对应的创建方法也很多。而熟练掌握各种圆的创建方法，有助于提高绘图效率。

① 打开素材文件"第 4 章\3-14 绘制圆完善零件图.dwg"，其中有一残缺的零件图形，如图 3-111 所示。

② 在【默认】选项卡中，单击【绘图】面板中的【圆】按钮，使用"圆心、半径"的方式，以右侧中心线的交点为圆心，绘制半径为 8 的圆形，如图 3-112 所示。

图 3-111　素材图形

图 3-112　圆心、半径绘制圆

③ 重复调用【圆】命令，使用"圆心、直径"的方式，以左侧中心线的交点为圆心，绘制直径为 20 的圆形，如图 3-113 所示。

图 3-113　圆心、直径绘制圆

图 3-114　两点绘制圆

④ 重复调用【圆】命令，使用"两点"的方式绘制圆，分别捕捉两条圆弧的端点 1、2，绘制结果如图 3-114 所示。

⑤ 重复调用【圆】命令，使用"切点、切点、半径"的方式绘制圆，捕捉与圆相切的两个切点 3、4，输入半径 13，按 Enter 键确认，绘制结果如图 3-115 所示。

⑥ 重复调用【圆】命令，使用"切点、切点、切点"的方式绘制圆，捕捉与圆相切的三个切点 5、6、7，绘制结果如图 3-116 所示。

图 3-115　切点、切点、半径绘制圆

图 3-116　切点、切点、切点绘制圆

⑦ 在命令行中输入"TR"，调用【修剪】命令，剪切多余弧线，最终效果如图 3-117 所示。

图 3-117　最终效果图

3.4.2　圆弧

圆弧即圆的一部分，在技术制图中，经常需要用圆弧来光滑连接已知的直线或曲线。执行【圆弧】命令的方法有以下几种。

➤ 功能区：单击【绘图】面板中的【圆弧】按钮 。

➤ 菜单栏：选择【绘图】|【圆弧】命令。

➤ 命令行：ARC 或 A。

执行命令后，命令行操作步骤提示如下。

命令：_arc	//执行【圆弧】命令
指定圆弧的起点或 [圆心(C)]：	//指定圆弧的起点
指定圆弧的第二个点或 [圆心(C)/端点(E)]：	//指定圆弧的第二点
指定圆弧的端点：	//指定圆弧的端点

在【绘图】面板【圆弧】按钮的下拉列表中提供了 11 种绘制圆弧的命令，各命令的含义如下。

➤ 三点（P）：通过指定圆弧上的三点绘制圆弧，需要指定圆弧的起点、通过的第二个点和端点，如图 3-118 所示。

➤ 起点、圆心、端点（S）：通过指定圆弧的起点、圆心、端点绘制圆弧，如图 3-119 所示。

➤ 起点、圆心、角度（T）：通过指定圆弧的起点、圆心、包含角度绘制圆弧，执行此命令时会出现"指定包含角"的提示，在输入角时，如果当前环境设置逆时针方向为角度正方向，且输入正的角度值，则绘制的圆弧是从起点绕圆心沿逆时针方向绘制，反之则沿顺时针方向绘制。

➤ 起点、圆心、长度（A）：通过指定圆弧的起点、圆心、弧长绘制圆弧，如图 3-120 所示。另外，在命令行提示的"指定弧长"信息下，如果所输入的值为负，则该值的绝对值将作为对应整圆的空缺部分的圆弧的弧长。

➤ 起点、端点、角度（N）：通过指定圆弧的起点、端点、包含角绘制圆弧。

➤ 起点、端点、方向（D）：通过指定圆弧的起点、端点和圆弧的起点切向绘制圆弧，如图 3-121 所示。命令执行过程中会出现"指定圆弧的起点切向"提示信息，此时拖动鼠标动态地

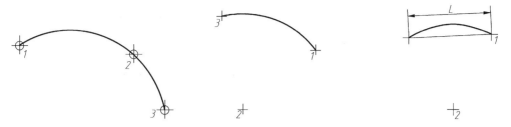

图 3-118　三点画弧　　图 3-119　起点、圆心、端点画弧　图 3-120　起点、圆心、长度画弧

确定圆弧在起始点处的切线方向和水平方向的夹角。拖动鼠标时，AutoCAD 会在当前光标与圆弧起始点之间形成一条线，即为圆弧在起始点处的切线。确定切线方向后，单击拾取键即可得到相应的圆弧。

> 起点、端点、半径（R）：通过指定圆弧的起点、端点和圆弧半径绘制圆弧，如图 3-122所示。

> 圆心、起点、端点（C）：以圆弧的圆心、起点、端点方式绘制圆弧。

> 圆心、起点、角度（E）：以圆弧的圆心、起点、圆心角方式绘制圆弧，如图 3-123 所示。

> 圆心、起点、长度（L）：以圆弧的圆心、起点、弧长方式绘制圆弧。

> 连续（O）：绘制其他直线与非封闭曲线后选择【圆弧】|【圆弧】|【圆弧】命令，系统将自动以刚才绘制的对象的终点作为即将绘制的圆弧的起点。

操作实例 3-15　用圆弧绘制风扇叶片

圆弧是 AutoCAD 中创建方法最多的图形，这得益于它在机械图形中随处可见的各种应用，如涡轮、桨叶等轮廓，减速器的外形等。因此熟练掌握各种圆弧的创建方法，对于提高 AutoCAD的机械造型能力很有帮助。

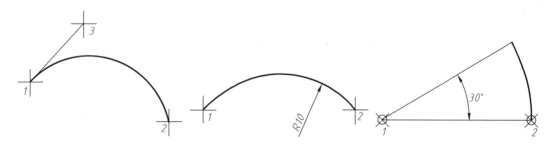

图 3-121　起点、端点、方向　　图 3-122　起点、端点、半径　　图 3-123　圆心、起点、角度
　　　　　　画弧　　　　　　　　　　　　画弧　　　　　　　　　　　画弧

① 打开素材文件"第 3 章\3-15 用圆弧绘制风扇叶片.dwg"，其中已绘制好了水平和垂直的两条中心线，如图 3-124 所示。

② 打开正交模式。单击【绘图】面板中的【构造线】按钮，在命令行中选择【偏移】选项，将水平中心线向上分别偏移 60、70，将垂直构造线向两侧分别偏移 50、40，绘制 4 条构造线，得到交点 A、B、C，如图 3-125 所示。

③ 单击【绘图】面板中的【圆】按钮，使用"圆心、半径"的方式，依次在 A、B 点绘制半径为 20、40 的圆，如图 3-126 所示。

图 3-124　素材图形　　　　　　　　　　图 3-125　绘制偏移构造线

④ 在【修改】面板中单击【修剪】按钮，修剪出圆弧，如图 3-127 所示。

图 3-126　绘制两个圆　　　　　　　　　　图 3-127　修剪出圆弧

⑤ 单击【绘图】面板中的【圆】按钮，使用"圆心、直径"的方式，以 C 点为圆心绘制直径为 20 和 40 的同心圆，如图 3-128 所示。

⑥ 单击【绘图】面板中的【圆弧】列表下的"起点、端点、半径"按钮，依次绘制出半径分别为 40、72、126 的圆弧，如图 3-129 所示。风扇叶片绘制完成。

图 3-128　绘制同心圆

图 3-129　绘制圆弧

3.4.3　椭圆

椭圆是到两定点（焦点）的距离之和为定值的所有
点的集合，与圆相比，椭圆的半径长度不一，形状由定
义其长度和宽度的两条轴决定，较长的称为长轴，较短
的称为短轴，如图 3-130 所示。在建筑绘图中，很多图
形都是椭圆形的，比如地面拼花、室内吊顶造型等，在
机械制图中也一般用椭圆来绘制轴测图上的圆。

在 AutoCAD 2025 中启动绘制【椭圆】命令有以下
几种常用方法。

图 3-130　　椭圆的长轴和短轴

➤ 功能区：单击【绘图】面板中的【椭圆】按钮 ，即【圆心】 或【轴，端点】按钮 ，
如图 3-131 所示。

➤ 菜单栏：执行【绘图】|【椭圆】命令，如图 3-132 所示。

➤ 命令行：ELLIPSE 或 EL。

图 3-131　【绘图】面板中的【椭圆】按钮

图 3-132　不同输入半径的圆弧

执行命令后，命令行操作步骤提示如下。

```
命令：_ellipse                              //执行【椭圆】命令
指定椭圆的轴端点或 [圆弧(A)/中心点(C)]：_c//系统自动选择绘制对象为椭圆
指定椭圆的中心点：                          //在绘图区中指定椭圆的中心点
指定轴的端点：                              //在绘图区中指定一点
指定另一条半轴长度或 [旋转(R)]：            //在绘图区中指定一点或输入数值
```

在【绘图】面板【椭圆】按钮的下拉列表中有"圆心" 和"轴，端点" 两种方法，各
方法含义介绍如下。

➤ 圆心：通过指定椭圆的中心点、一条轴的一个端点及另一条轴的半轴长度来绘制椭圆，
如图 3-133 所示。即命令行中的"中心点（C）"选项。

➤ 轴，端点：通过指定椭圆一条轴的两个端点及另一条轴的半轴长度来绘制椭圆，如图 3-
134 所示。即命令行中的"圆弧（A）"选项。

图 3-133　圆心画椭圆　　　　　　　　　　　　图 3-134　轴，端点画椭圆

3.4.4　椭圆弧

椭圆弧是椭圆的一部分。绘制椭圆弧需要确定的参数有：椭圆弧所在椭圆的两条轴及椭圆弧的起点和终点的角度。执行【椭圆弧】命令的方法有以下 2 种。

➤ 面板：单击【绘图】面板中的【椭圆弧】按钮 ⚬。

➤ 菜单栏：选择【绘图】|【椭圆】|【椭圆弧】命令。

执行命令后，命令行操作步骤提示如下。

```
命令：_ellipse                        //执行【椭圆弧】命令
指定椭圆的轴端点或 [圆弧(A)/中心点(C)]：_a//系统自动选择绘制对象为椭圆弧
指定椭圆弧的轴端点或 [中心点(C)]：      //在绘图区指定椭圆一轴的端点
指定轴的另一个端点：                    //在绘图区指定该轴的另一端点
指定另一条半轴长度或 [旋转(R)]：        //在绘图区中指定一点或输入数值
指定起点角度或 [参数(P)]：             //在绘图区中指定一点或输入椭圆
                                        弧的起始角度
指定端点角度或 [参数(P)/夹角(I)]：      //在绘图区中指定一点或输入椭圆
                                        弧的终止角度
```

【椭圆弧】中各选项含义与【椭圆】一致，唯有在指定另一半轴长度后，会提示指定起点角度与端点角度来确定椭圆弧的大小。

操作实例 3-16　用椭圆弧绘制连接片

连接片是电子行业中常见的零件，如图 3-135 所示。一般用于电子、电脑仪器接地端点，

图 3-135　连接片

图 3-136　连接片零件图

一端焊于接地线，另一端用螺钉锁于机壳。从本例零件图（如图 3-136 所示）可知连接片的中间轮廓部分是用一段椭圆弧连接两段 *R*30 的圆弧得到的，而 *R*30 圆弧可以通过倒圆角获得，因此本案例的关键就在于绘制椭圆弧。具体操作步骤如下。

① 打开"第 3 章\3-16 用椭圆弧绘制连接片.dwg"文件，素材文件内已经绘制好了中心线，如图 3-137 所示。

② 单击【绘图】面板中的【圆】按钮，以中心线的两个交点为圆心，分别绘制两个直径为 8、12 的圆，如图 3-138 所示。

图 3-137　素材文件　　　　　　　　　　　图 3-138　绘制左侧的圆

③ 单击【绘图】面板中的【直线】按钮，以水平中心线的中点为起点，向上绘制一长度为 6 的线段，如图 3-139 所示，则命令行操作如下。

命令：_line	//单击【直线】按钮
指定第一个点：	//指定水平中心线的中点
指定下一点或 [放弃(U)]: 6	//光标向上移动，引出追踪线确保垂直，输入长度 6
指定下一点或 [闭合(C)/放弃(U)]: *取消*	//按 ESC 退出【直线】命令

④ 单击【绘图】面板中的【椭圆】按钮，以中心点的方式绘制椭圆，选择刚绘制直线的上端点为圆心，然后绘制一长半轴长度为 16、短轴长度为 3 的椭圆，如图 3-140 所示，命令行操作如下。

命令：_ellipse	
指定椭圆的轴端点或 [圆弧(A)/中心点(C)]: _c	//以中心点的方式绘制椭圆
指定椭圆的中心点：	//指定直线的上端点
指定轴的端点：16	//光标向左（或右）移动，引出水平追踪线，输入长度 16
指定另一条半轴长度或 [旋转(R)]: 3	//光标向上（或下）移动，引出垂直追踪线，输入长度 3

图 3-139　绘制辅助直线　　　　　　　　　图 3-140　绘制椭圆

⑤ 单击【修改】面板中的【修剪】按钮 ，启用命令后再单击空格或者回车键，然后依次选取外侧要删除的 3 段椭圆，最终剩下所需的一段椭圆弧，如图 3-141 所示。

图 3-141 修剪图形

⑥ 倒圆角。单击【修改】面板中的【圆角】按钮 ，输入圆角半径为 30，然后依次选取左侧 ϕ12 的圆和椭圆弧，结果如图 3-142 所示，命令行操作如下。

```
命令: _fillet
当前设置: 模式 = 修剪, 半径 = 0.0000
选择第一个对象或 [放弃(U)/多段线(P)/半径(R)/修剪(T)/多个(M)]: r指定圆角半
径 <0.0000>: 30
                                            //输入圆角
                                              半径值
选择第一个对象或 [放弃(U)/多段线(P)/半径(R)/修剪(T)/多个(M)]: //选择左侧
                                              φ12的圆
选择第二个对象，或按住 Shift 键选择对象以应用角点或 [半径(R)]:   //选择椭圆弧
```

⑦ 按同样方法对右侧进行倒圆角，结果如图 3-143 所示。

⑧ 按同样方法绘制下半部分轮廓，然后修剪掉多余线段，即可完成连接片的绘制，如图 3-144 所示。

图 3-142 左侧倒圆角   图 3-143 右侧倒圆角

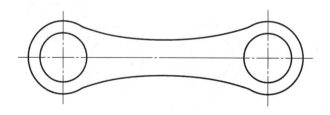

图 3-144 最终图形

3.5 多段线

多段线又称为多义线，是 AutoCAD 中常用的一类复合图形对象。由多段线所构成的图形是一个整体，可以统一对其进行编辑修改。

3.5.1 多段线概述

使用【多段线】命令可以生成由若干条直线和圆弧首尾连接形成的复合线实体。所谓复合对象，即是指图形的所有组成部分均为一整体，单击时会选择整个图形，不能进行选择性编辑。直线与多段线的选择效果对比如图 3-145 所示。

(a)直线选择效果　　　　　　(b)多段线选择效果

图 3-145　直线与多段线的选择效果对比

调用【多段线】命令的方式如下。

➢ 功能区：单击【绘图】面板中的【多段线】按钮，如图 3-146 所示。

➢ 菜单栏：调用【绘图】|【多段线】菜单命令，如图 3-147 所示。

➢ 命令行：PLINE 或 PL。

图 3-146　【绘图】面板中的【多段线】按钮

图 3-147　【多段线】菜单命令

执行命令后，命令行操作步骤提示如下。

```
命令: _pline                                    //执行【多段线】命令
指定起点:                                        //在绘图区中任意指定一点为起点，有临时的
                                                   加号标记显示

当前线宽为 0.0000                                //显示当前线宽
指定下一个点或 [圆弧(A)/半宽(H)/长度(L)/放弃(U)/宽度(W)]:
                                                //指定多段线的端点
指定下一点或 [圆弧(A)/闭合(C)/半宽(H)/长度(L)/放弃(U)/宽度(W)]:
                                                //指定下一段多段线的端点
```

指定下一点或 [圆弧(A)/闭合(C)/半宽(H)/长度(L)/放弃(U)/宽度(W)]:
//指定下一端点或按 Enter 键结束

由于多段线中各子选项众多，因此通过以下两个部分进行讲解：多段线—直线、多段线—圆弧。

3.5.2 多段线—直线

在执行多段线命令时，选择"直线（L）"子选项后便开始创建直线，是默认的选项。若要开始绘制圆弧，可选择"圆弧（A）"选项。直线状态下的多段线，除"长度（L）"子选项之外，其余皆为通用选项，其含义效果分别介绍如下。

➤ 闭合（C）：该选项含义同【直线】命令中的一致，可连接第一条和最后一条线段，以创建闭合的多段线。

➤ 半宽（H）：指定从宽线段的中心到一条边的宽度。选择该选项后，命令行提示用户分别输入起点与端点的半宽值，而起点宽度将成为默认的端点宽度，如图 3-148 所示。

➤ 长度（L）：按照与上一线段相同的角度、方向创建指定长度的线段。如果上一线段是圆弧，将创建与该圆弧段相切的新直线段。

➤ 宽度（W）：设置多段线起始与结束的宽度值。择该选项后，命令行提示用户分别输入起点与端点的宽度值，而起点宽度将成为默认的端点宽度，如图 3-149 所示。

图 3-148 半宽为 2 示例

图 3-149 宽度为 4 示例

为多段线指定宽度后，有如下几点需要注意。

➤ 带有宽度的多段线其起点与端点仍位于中心处，如图 3-150 所示。

➤ 一般情况下，带有宽度的多段线在转折角处会自动相连，如图 3-151 所示；但在圆弧段互不相切、有非常尖锐的角（小于29°）或者使用点画线线型的情况下将不倒角，如图 3-152 所示。

图 3-150 多段线位于
宽度效果的中点

图 3-151 多段线在转角处
自动相连

图 3-152 多段线在转角处
不相连的情况

操作实例 3-17　绘制箭头标识

多在 AutoCAD 机械制图中，箭头的绘制和使用是非常频繁的，在机械设计图纸里的标注、说明和序号标注等都离不开箭头的使用。但是箭头并不是随意绘制的，也有一些简单的尺寸要求，如图 3-153 所示。因此，下面将介绍箭头标识的绘制方法，具体步骤如下。

图 3-153　箭头标识

① 启动 AutoCAD 2025，新建一空白文档。

② 绘制指引线。单击【绘图】面板中的【多段线】按钮，在绘图区的任意处单击作为起点，然后设置宽度值。指引线的起点、终点宽度值需一致，命令行操作过程如下。

```
命令: _pline
指定起点:
当前线宽为 0.0000
指定下一个点或 [圆弧(A)/半宽(H)/长度(L)/放弃(U)/宽度(W)]: W
                          //选择【宽度】选项
指定起点宽度 <0.0000>: 2        //输入起点宽度
指定端点宽度 <2.0000>:          //输入端点宽度，直接单击回车表示与起点一致
```

③ 光标向右移动，引出追踪线确保水平，输入指引线的长度，绘制好的指引线如图 3-154 所示，命令行操作过程如下。

```
指定下一个点或 [圆弧(A)/半宽(H)/长度(L)/放弃(U)/宽度(W)]: 30
                                        //输入指引线长度
```

④ 设置箭头起点宽度。命令行提示指定下一点，这时可以设置箭头的起点宽度，命令行操作过程如下。

```
指定下一点或 [圆弧(A)/闭合(C)/半宽(H)/长度(L)/放弃(U)/宽度(W)]: W
                                        //选择【宽度】选项
指定起点宽度 <2.0000>: 8               //输入箭头起点宽度
指定端点宽度 <8.0000>: 0               //输入箭头端点宽度
```

⑤ 光标向右移动，引出追踪线确保水平，输入箭头的长度（起点宽度的4倍），绘制好的箭头如图 3-155 所示，命令行操作过程如下。

```
指定下一点或 [圆弧(A)/闭合(C)/半宽(H)/长度(L)/放弃(U)/宽度(W)]: 32
                                        //输入箭头长度
指定下一点或 [圆弧(A)/闭合(C)/半宽(H)/长度(L)/放弃(U)/宽度(W)]:
                                        //完成多段线的绘制
```

图 3-154　指引线效果

图 3-155　箭头效果

> **提示**　在多段线绘制过程中，可能预览图形不会及时显示出带有宽度的转角效果，让用户误以为绘制出错。而其实只要单击 Enter 键完成多段线的绘制，便会自动为多段线添加转角处的平滑效果。

3.5.3　多段线—圆弧

在执行多段线命令时，选择"圆弧（A）"子选项后便开始创建与上一线段（或圆弧）相切的圆弧段，如图 3-156 所示。若要重新绘制直线，可选择"直线（L）"选项。

(a) 上一段为直线　　　　　　　　　　　　　(b) 上一段为圆弧

图 3-156　多段线创建圆弧时自动相切

执行命令后，命令行操作步骤提示如下。

```
命令: _pline                          //执行【多段线】命令
指定起点:                              //在绘图区中任意指定一点为起点
当前线宽为 0.0000
指定下一个点或 [圆弧(A)/半宽(H)/长度(L)/放弃(U)/宽度(W)]: A↙
                                      //选择"圆弧"子选项
指定圆弧的端点(按住 Ctrl 键以切换方向)或    //指定圆弧的一个端点
[角度(A)/圆心(CE)/方向(D)/半宽(H)/直线(L)/半径(R)/第二个点(S)/放弃(U)/
宽度(W)]:
指定圆弧的端点(按住 Ctrl 键以切换方向)或    //指定圆弧的另一个端点
[角度(A)/圆心(CE)/闭合(CL)/方向(D)/半宽(H)/直线(L)/半径(R)/第二个点
(S)/放弃(U)/宽度(W)]: *取消
```

根据上面的命令行操作过程可知，在执行"圆弧（A）"子选项下的【多段线】命令时，会出现 9 种子选项，各选项含义部分介绍如下。

➢ 角度（A）：指定圆弧段的从起点开始的包含角，如图 3-157 所示。输入正数将按逆时针方向创建圆弧段。输入负数将按顺时针方向创建圆弧段。方法类似于"起点、端点、角度"画圆弧。

➢ 圆心（CE）：通过指定圆弧的圆心来绘制圆弧段，如图 3-158 所示。方法类似于"起点、圆心、端点"画圆弧。

➢ 方向（D）：通过指定圆弧的切线来绘制圆弧段，如图 3-159 所示。方法类似于"起点、端点、方向"画圆弧。

图 3-157　通过角度绘制多段线圆弧　　图 3-158　通过圆心绘制多段　　图 3-159　通过切线绘制多段
　　　　　　　　　　　　　　　　　　　　　　线圆弧　　　　　　　　　　　　线圆弧

➢ 直线（L）：从绘制圆弧切换到绘制直线。

➢ 半径（R）：通过指定圆弧的半径来绘制圆弧，如图 3-160 所示。方法类似于"起点、端
点、半径"画圆弧。

➢ 第二个点（S）：通过指定圆弧上的第二点和端点来进行绘制，如图 3-161 所示。方法类
似于"三点"画圆弧。

图 3-160　通过半径绘制多段线圆弧　　　　图 3-161　通过第二个点绘制多段线圆弧

操作实例 3-18　通过多段线绘制插销座

① 打开素材文件"第 3 章\3-18 通过多段线绘制插销座.dwg"，其中已经绘制好了中心线与
起点 A，如图 3-162 所示。

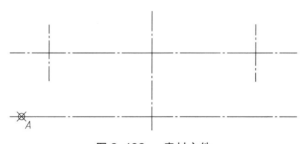

图 3-162　素材文件

② 绘制插销外轮廓。单击【绘图】面板中的【多段线】按钮，以 A 为起点，绘制外轮
廓如图 3-163 所示。命令行操作过程如下。

```
命令: _pline                                    //输入命令 PL
指定起点:                                        //以 A 点为多段线的起点
当前线宽为 0.0000
指定下一个点或 [圆弧(A)/半宽(H)/长度(L)/放弃(U)/宽度(W)]: 38
                                                //输入直线长度
指定下一点或 [圆弧(A)/闭合(C)/半宽(H)/长度(L)/放弃(U)/宽度(W)]: a
```

```
                                               //激活圆弧选项
指定圆弧的端点或[角度(A)/圆心(CE)/闭合(CL)/方向(D)/半宽(H)/直线(L)/半径
(R)/第二个点(S)/放弃(U)/宽度(W)]: a          //激活【角度】选项
指定包含角: 90                                //指定角度
指定圆弧的端点或 [圆心(CE)/半径(R)]: r        //激活【半径】选项
指定圆弧的半径: 1                             //输入半径
指定圆弧的弦方向 <0>: 45                      //输入圆弧的弦方向
指定圆弧的端点或
[角度(A)/圆心(CE)/闭合(CL)/方向(D)/半宽(H)/直线(L)/半径(R)/第二个点
(S)/放弃(U)/宽度(W)]: l                       //激活【直线】选项
……/*重复上述命令,直至外轮廓线闭合*/
```

③ 绘制圆。点击【绘图】面板中的【圆】按钮，在中心线上绘制φ4和φ6的同心圆，结果如图3-164所示。

图3-163　绘制外轮廓

图3-164　绘制同心圆

④ 偏移中心线。在命令行中输入O，执行【偏移】命令，将竖直中心线向左偏移5，将水平中心线向下偏移4，结果如图3-165所示。

⑤ 绘制多段线。单击【绘图】面板中的【多段线】按钮，以B为起点，绘制轮廓线，结果如图3-166所示，命令行操作过程如下。

```
命令: <正交 开>                              //按F8键打开正交功能
命令: _pline                                 //执行【多段线】命令
指定起点:                                    //以B点为多段线的起点
当前线宽为 0.0000
指定下一个点或 [圆弧(A)/半宽(H)/长度(L)/放弃(U)/宽度(W)]: 10
                                             //水平向右移动指针，输入直线长度
指定下一点或 [圆弧(A)/闭合(C)/半宽(H)/长度(L)/放弃(U)/宽度(W)]: A
                                             //激活【圆弧】选项
指定圆弧的端点或
[角度(A)/圆心(CE)/闭合(CL)/方向(D)/半宽(H)/直线(L)/半径(R)/第二个点
(S)/放弃(U)/宽度(W)]: A                       //激活【角度】选项
指定包含角: 180                              //指定角度
指定圆弧的端点或 [圆心(CE)/半径(R)]: R        //激活【半径】选项
指定圆弧的半径: 4                            //指定半径
```

指定圆弧的弦方向 <0>: 90　　　　　　　　　　//指定圆的弧弦方向

指定圆弧的端点或

[角度(A)/圆心(CE)/闭合(CL)/方向(D)/半宽(H)/直线(L)/半径(R)/第二个点
(S)/放弃(U)/宽度(W)]: L　　　　　　　　　　//激活【直线】选项

指定下一点或 [圆弧(A)/闭合(C)/半宽(H)/长度(L)/放弃(U)/宽度(W)]: 10
　　　　　　　　　　　　　　　　　　　　//水平向左移动指针,输入直线长度

指定下一点或 [圆弧(A)/闭合(C)/半宽(H)/长度(L)/放弃(U)/宽度(W)]: A
　　　　　　　　　　　　　　　　　　　　//激活【圆弧】选项

指定圆弧的端点或[角度(A)/圆心(CE)/闭合(CL)/方向(D)/半宽(H)/直线(L)/半径
(R)/第二个点(S)/放弃(U)/宽度(W)]: CL　　　//选择【闭合】选项,完成多段线

图 3-165　偏移辅助线

图 3-166　绘制多段线

3.6　多线

　　多线是一种由多条平行线组成的组合图形对象,它可以由 1~16 条平行直线组成。多线在
实际工程设计中的应用非常广泛,通常可以用来绘制各种键槽,因为多线特有的特征形式可以
一次性将键槽形状绘制出来,因此相较于直线、圆弧等常规作图方法,有一定的便捷性。

3.6.1　多线概述

　　使用【多线】命令可以快速生成大量平行直线,多线同多段线一样,也是复合对象,绘制
的每一条多线都是一个完整的整体,不能对其进行偏移、延伸、修剪等编辑操作,只能将其分
解为多条直线后才能编辑。

　　稍有不同的是【多线】需要在绘制前设置好样式与其他参数,开始绘制后便不能再随意更
改。而【多段线】在一开始并不需做任何设置,而在绘制的过程中可以根据众多的子选项随时
进行调整。

3.6.2　设置多线样式

　　系统默认的 STANDARD 样式由两条平行线组成,并且平行线的间距是定值。如果要绘制
不同规格和样式的多线(带封口或更多数量的平行线),就需要设置多线的样式。

　　执行【多线样式】命令的方法有以下几种。

➢ 菜单栏：选择【格式】|【多线样式】命令。

➢ 命令行： MLSTYLE。

使用上述方法打开【多线样式】对话框，其中可以新建、修改或者加载多线样式，如图3-167所示；单击其中的【新建】按钮，可以打开【创建新的多线样式】对话框，然后定义新多线样式的名称（如平键），如图3-168所示。接着单击【继续】按钮，便打开【新建多线样式】对话框，可以在其中设置多线的各种特性，如图3-169所示。

图 3-167 【多线样式】对话框   图 3-168 【创建新的多线样式】对话框

图 3-169 【新建多线样式】对话框

3.6.3 绘制多线

在 AutoCAD 中执行【多线】命令的方法不多，只有以下 2 种。不过读者也可以利用本书第 1 章学习的内容来向功能区中添加【多线】按钮。

➢ 菜单栏：选择【绘图】|【多线】命令。

➢ 命令行：MLINE 或 ML。

执行命令后，命令行操作步骤提示如下。

```
命令： _mline                              //执行【多线】命令
当前设置： 对正 = 上，比例 = 20.00，样式 = STANDARD
```

	//显示当前的多线设置
指定起点或 [对正(J)/比例(S)/样式(ST)]:	//指定多线起点或修改多线设置
指定下一点:	//指定多线的端点
指定下一点或 [放弃(U)]:	//指定下一段多线的端点
指定下一点或 [闭合(C)/放弃(U)]:	//指定下一段多线的端点或按Enter键结束

执行【多线】的过程中，命令行会出现 3 种设置类型："对正（J）""比例（S）""样式（ST）"，分别介绍如下。

➢ 对正（J）：设置绘制多线时相对于输入点的偏移位置。该选项有上、无和下 3 个选项，"上"表示多线顶端的线随着光标移动；"无"表示多线的中心线随着光标移动；"下"表示多线底端的线随着光标移动，如图 3-170 所示。

(a)【上】：捕捉点在上　　　　(b)【无】：捕捉点在中　　　　(c)【下】：捕捉点在下

图 3-170　多线的对正

➢ 比例（S）：设置多线样式中多线的宽度比例，可以快速定义多线的间隔宽度，如图 3-171 所示。

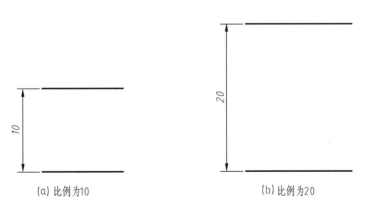

(a) 比例为10　　　　　　　(b)比例为20

图 3-171　多线的比例

➢ 样式（ST）：设置绘制多线时使用的样式，默认的多线样式为 STANDARD，选择该选项后，可以在提示信息"输入多线样式"或"？"后面输入已定义的样式名。输入"？"则会列出当前图形中所有的多线样式。

操作实例 3-19　绘制 A 型平键

平键，是依靠两个侧面作为工作面，靠键与键槽侧面的挤压来传递转矩的键，广泛应用于各种承受应力的连接处，如轴与齿轮的连接，如图 3-172 所示。

图 3-172 键链接

普通平键（GB/T 1096）可以分为三种结构形式，如图 3-173 所示（倒角或倒圆未画），A型为圆头普通平键，B 型为方头普通平键，C 型为单圆头普通平键。

(a) A 型圆头普通平键　　　　(b) B 型方头普通平键　　　　(c) C 型单圆头普通平键

图 3-173 普通平键

普通平键均可以直接采购到成品，无需另行加工。键的代号为："键的形式 键宽 b×键高 h×键长 l"，如"键 B8×7×25"，即表示"B 型方头普通平键，8mm 宽、7mm 高、25mm 长"。而 A型平键一般可以省去"A"不写，如"16×12×76"，即表示的是 A 型平键，如图 3-174 所示，本案例便绘制该 A 型平键。

① 启动 AutoCAD 2025，新建空白文档。

② 设置多线样式。选择【格式】|【多线样式】命令，打开【多线样式】对话框。

③ 新建多线样式。单击【新建】按钮，弹出【新建新的多线样式】对话框，在【新样式名】文本框中输入"A 型平键"，如图 3-175 所示。

图 3-174 代号为"16×12×76"的平键

图 3-175 创建"A 型平键"样式

④ 设置多线端点封口样式。单击【继续】按钮，打开【新建多线样式：A 型平键】对话框，然后在【封口】选项组中选中【外弧】的【起点】和【端点】复选框，如图 3-176 所示。

⑤ 设置多线宽度。在【图元】选项组中选择 0.5 的线型样式，在【偏移】栏中输入 8；再选择-0.5 的线型样式，修改偏移值为-8，结果如图 3-177 所示。

图 3-176　设置平键多线端点封口样式　　　　图 3-177　设置平键宽度

⑥ 设置当前多线样式。单击【确定】按钮，返回【多线样式】对话框，在【样式】列表框中选择"A 型平键"样式，单击【置为当前】按钮，将该样式设置为当前，如图 3-178 所示。

⑦ 绘制 A 型平键。选择【绘图】|【多线】命令，绘制平键，如图 3-179 所示。命令行操作如下。

```
命令：_mline
当前设置：对正 = 上，比例 = 20.00，样式 = A 型平键
指定起点或 [对正(J)/比例(S)/样式(ST)]：　S            //选择【比例】选项
输入多线比例 <20.00>：　1                             //按 1：1 绘制多线
当前设置：对正 = 上，比例 = 1.00，样式 = A 型平键
指定起点或 [对正(J)/比例(S)/样式(ST)]：　J            //选择【对正】选项
输入对正类型 [上(T)/无(Z)/下(B)] <上>：　Z            //按正中线绘制多线
当前设置：对正 = 无，比例 = 1.00，样式 = A 型平键
指定起点或 [对正(J)/比例(S)/样式(ST)]：               //在绘图区任意指定一点
指定下一点：　60                                     //光标水平移动，输入长度60
指定下一点或 [放弃(U)]：                              //结束绘制
```

⑧ 按投影方法补画另一视图，即可完成 A 型平键的绘制。

图 3-178　将"A 型平键"样式置　　　　　图 3-179　绘制的 A 型平键
为当前

3.6.4　编辑多线

之前介绍了多线是复合对象，只能将其分解为多条直线后才能编辑。但在 AutoCAD 中，

也可以用自带的【多线编辑工具】对话框中进行编辑。

打开【多线编辑工具】对话框的方法有以下3种。

➤ 菜单栏：执行【修改】|【对象】|【多线】命令，如图3-180所示。

➤ 命令行：MLEDIT。

➤ 快捷操作：双击绘制的多线图形。

执行上述任一命令后，系统自动弹出【多线编辑工具】对话框，如图3-181所示。根据图样单击选择一种适合工具图标，即可使用该工具编辑多线。

图3-180 【菜单栏】调用【多线】编辑命令

图3-181 【多线编辑工具】对话框

3.7 矩形与多边形

多边形图形包括矩形和正多边形，也是在绘图过程中使用较多的一类图形。

3.7.1 矩形

矩形就是我们通常说的长方形，是通过输入矩形的任意两个对角位置确定的，在AutoCAD中绘制矩形可以为其设置倒角、圆角以及宽度和厚度值，如图3-182所示。

(a) 直角矩形   (b) 倒角矩形   (c) 圆角矩形   (d) 有宽度的矩形   (e) 有厚度的矩形

图3-182 各种样式的矩形

调用【矩形】命令的方法如下。

➤ 功能区：在【默认】选项卡中，单击【绘图】面板中的【矩形】按钮 □。

➤ 菜单栏：执行【绘图】|【矩形】菜单命令。

➤ 命令行：RECTANG 或 REC。

执行该命令后，命令行提示如下。

```
命令：_rectang                                    //执行【矩形】命令
指定第一个角点或 [倒角(C)/标高(E)/圆角(F)/厚度(T)/宽度(W)]:
                                              //指定矩形的第一个角点
指定另一个角点或 [面积(A)/尺寸(D)/旋转(R)]:     //指定矩形的对角点
```

操作实例 3-20　绘制插板平面图

① 启动 AutoCAD 2025，新建一空白文档。

② 绘制插板轮廓。单击【绘图】面板中的【矩形】按钮□，绘制带宽度的矩形，如图 3-183 所示。命令行操作过程如下。

```
命令：_rectang
指定第一个角点或 [倒角(C)/标高(E)/圆角(F)/厚度(T)/宽度(W)]: C
指定矩形的第一个倒角距离 <0.0000>: 1
指定矩形的第二个倒角距离 <1.0000>: 1
指定第一个角点或 [倒角(C)/标高(E)/圆角(F)/厚度(T)/宽度(W)]: W
指定矩形的线宽 <0.0000>: 1
指定第一个角点或 [倒角(C)/标高(E)/圆角(F)/厚度(T)/宽度(W)]: 0,0
指定另一个角点或 [面积(A)/尺寸(D)/旋转(R)]: 35,40
```

③ 绘制辅助线。单击【绘图】面板中的【直线】按钮／，连接矩形中点，绘制两条相互垂直的辅助线，如图 3-184 所示。

图 3-183　绘制插板轮廓

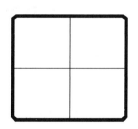

图 3-184　绘制辅助线

④ 偏移中心线。在命令行中输入"O"执行【偏移】命令，分别偏移水平和竖直中心线，如图 3-185 所示。

⑤ 在命令行中输入"FILL"并按 Enter 键，关闭图形填充。命令行操作如下。

```
命令：FILL
输入模式[开(ON)]|[关(OFF)]<开>。
命令：off                                         //关闭图形填充
```

⑥ 绘制垂直插孔。单击【绘图】面板中的【矩形】按钮□，设置倒角距离为 0，矩形宽度为 1，以辅助线交点为对角点，绘制如图 3-186 所示的插孔，绘制完成之后删除多余的构造线。

图 3-185　偏移辅助线

图 3-186　绘制插孔矩形

⑦ 再次偏移辅助线。删去先前偏移所得的辅助线，然后在命令行中输入"O"执行【偏移】命令，分别偏移水平和竖直中心线，如图 3-187 所示。

⑧ 单击【绘图】面板中的【矩形】按钮▢，保持矩形参数不变，以构造线交点为对角点绘制矩形，如图 3-188 所示。插板平面图绘制完成。

图 3-187　偏移辅助线

图 3-188　绘制插孔矩形

3.7.2　多边形

正多边形是由三条或三条以上长度相等的线段首尾相接形成的闭合图形，其边数范围值在 3~1024 之间，如图 3-189 所示为各种正多边形效果。

　　(a)三角形　　　　　　(b)四边角　　　　　　(c)五边形　　　　　　(d)六边形

图 3-189　各种正多边形

启动【多边形】命令有以下 3 种方法。

➢ 功能区：在【默认】选项卡中，单击【绘图】面板中的【多边形】按钮⬠。

➢ 菜单栏：选择【绘图】|【多边形】菜单命令。

➢ 命令行：POLYGON 或 POL。

执行【多边形】命令后，命令行将出现如下提示。

```
命令：POLYGON↙                           //执行【多边形】命令
输入侧面数 <4>：                          //指定多边形的边数，默认状态为四
                                          边形

指定正多边形的中心点或 [边(E)]：          //确定多边形的一条边来绘制正多
                                          边形，由边数和边长确定

输入选项 [内接于圆(I)/外切于圆(C)] <I>：  //选择正多边形的创建方式
指定圆的半径：                            //指定创建正多边形时的内接于圆
                                          或外切于圆的半径
```

操作实例 3-21　绘制外六角扳手

外六角扳手如图 3-190 所示，是一种用来装卸外六角螺钉的手工工具，不同规格的螺钉对应不同大小的扳手，具体可以翻阅 GB/T 5782。本案例将绘制适用于 M10 螺钉的外六角扳手，尺寸如图 3-191 所示。图中的"（SW）14"即表示对应螺钉的对边宽度为 14，是扳手的主要规格参数。具体操作步骤如下。

图 3-190　外六角扳手

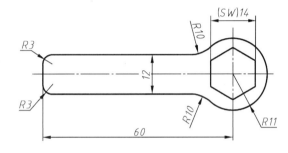

图 3-191　M10 螺钉用外六角扳手

① 打开"第 3 章\3-21 绘制外六角扳手.dwg"素材文件，其中已经绘制好了中心线，如图 3-192 所示。

② 绘制正多边形。单击【绘图】面板中的【正多边形】按钮，在中心线的交点处绘制正六边形，内切圆的半径为 7，结果如图 3-193 所示。命令行操作如下。

```
命令：_polygon
输入侧面数 <4>：6
指定正多边形的中心点或 [边(E)]：              //指定中心线交点为中心点
输入选项 [内接于圆(I)/外切于圆(C)] <I>：C    //选择外切圆类型
指定圆的半径：7
```

图 3-192　素材文件　　　　　　　　　　图 3-193　创建正六边形

③ 单击【修改】面板中的【旋转】按钮 ⟳，将正六边形旋转 90°，如图 3-194 所示，命令行操作如下。

```
命令: _rotate
UCS 当前的正角方向：ANGDIR=逆时针 ANGBASE=0
选择对象：找到 1 个
选择对象：                                    //选择正六边形
指定基点：                                    //指定中心线交点为基点
指定旋转角度，或 [复制(C)/参照(R)] <270>: 90   //输入旋转角度
```

④ 单击【绘图】面板中的【圆】按钮 ⊙，以中心线的交点为圆心，绘制半径为 11 的圆，如图 3-195 所示。

图 3-194　旋转图形　　　　　　　　　　图 3-195　绘制圆

⑤ 绘制矩形。以中心线交点为起始对角点，相对坐标（@-60，12）为终端对角点，绘制一个矩形，如图 3-196 所示。命令行操作如下。

```
命令: _rectang
指定第一个角点或 [倒角(C)/标高(E)/圆角(F)/厚度(T)/宽度(W)]:
                                    //选择中心线交点
指定另一个角点或 [面积(A)/尺寸(D)/旋转(R)]: @-60, 12
                                    //输入另一角点的相对坐标
```

⑥ 单击【修改】面板中的【移动】按钮 ✛，将矩形向下移动 6 个单位，如图 3-197 所示，命令行操作过程如下。

```
命令: _move
选择对象：找到 1 个                   //选择矩形
选择对象：                           //按 Enter 键结束选择
指定基点或 [位移(D)] <位移>:           //任意指定一点为基点
指定第二个点或 <使用第一个点作为位移>: 6  //光标向下移动，引出追踪线确保垂
                                     直，输入长度 6
```

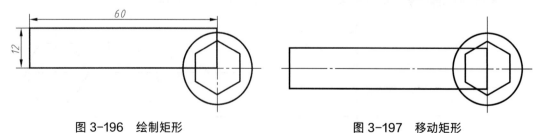

图 3-196　绘制矩形　　　　　　　　　　图 3-197　移动矩形

⑦ 单击【修改】面板中的【修剪】按钮，启用命令后单击空格或者按 Enter 键，将多余线条全部修剪掉，如图 3-198 所示。

⑧ 单击【修改】面板中的【圆角】按钮，对图形进行倒圆角操作，最终如图 3-199 所示。

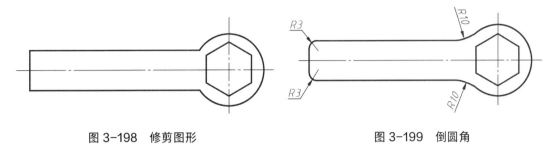

图 3-198　修剪图形　　　　　　　　　　　图 3-199　倒圆角

3.8　样条曲线

样条曲线是经过或接近一系列给定点的平滑曲线，它能够自由编辑，以及控制曲线与点的拟合程度。在景观设计中，常用来绘制水体、流线形的园路及模纹等；在建筑制图中，常用来表示剖面符号等图形；在机械产品设计领域则常用来表示某些产品的轮廓线或剖切线。

3.8.1　绘制样条曲线

在 AutoCAD 2025 中，样条曲线可分为"拟合点样条曲线"和"控制点样条曲线"两种，"拟合点样条曲线"的拟合点与曲线重合，如图 3-200 所示；"控制点样条曲线"是通过曲线外的控制点控制曲线的形状，如图 3-201 所示。

图 3-200　拟合点样条曲线　　　　　　　　图 3-201　控制点样条曲线

图 3-202　【绘图】面板中的样条曲线按钮

图 3-203　样条曲线的菜单命令

调用【样条曲线】命令的方法如下。

➤ 功能区：单击【绘图】滑出面板上的【样条曲线拟合】按钮 或【样条曲线控制点】按钮 ，如图 3-202 所示。

➤菜单栏：选择【绘图】|【样条曲线】命令，然后在子菜单中选择【拟合点】或【控制点】命令，如图 3-203 所示。

➤ 命令行：SPLINE 或 SPL。

执行【样条曲线拟合】命令时，命令行操作介绍如下。

```
命令: _SPLINE                              //执行【样条曲线拟合】命令
当前设置: 方式=拟合    节点=弦             //显示当前样条曲线的设置
指定第一个点或 [方式(M)/节点(K)/对象(O)]: _M
                                           //系统自动选择
输入样条曲线创建方式 [拟合(F)/控制点(CV)] <拟合>: _FIT
                                           //系统自动选择"拟合"方式
当前设置: 方式=拟合    节点=弦             //显示当前方式下的样条曲线设置
指定第一个点或 [方式(M)/节点(K)/对象(O)]:
                                           //指定样条曲线起点或选择创建方式
输入下一个点或 [起点切向(T)/公差(L)]:      //指定样条曲线上的第 2 点
输入下一个点或 [端点相切(T)/公差(L)/放弃(U)/闭合(C)]:
                                           //指定样条曲线上的第 3 点
                                           //要创建样条曲线，最少需指定 3 个点
```

执行【样条曲线控制点】命令时，命令行操作介绍如下。

```
命令: _SPLINE                              //执行【样条曲线控制
                                           点】命令
当前设置: 方式=控制点    阶数=3            //显示当前样条曲线
                                           的设置
指定第一个点或 [方式(M)/阶数(D)/对象(O)]: _M    //系统自动选择
输入样条曲线创建方式 [拟合(F)/控制点(CV)] <拟合>: _CV //系统自动选择"控制
                                           点"方式
当前设置: 方式=控制点    阶数=3            //显示当前方式下的
                                           样条曲线设置
指定第一个点或 [方式(M)/阶数(D)/对象(O)]:   //指定样条曲线起点
                                           或选择创建方式
输入下一个点:                              //指定样条曲线上的
                                           第 2 点
输入下一个点或 [闭合(C)/放弃(U)]:          //指定样条曲线上的
                                           第 3 点
```

虽然在 AutoCAD 2025 中，绘制样条曲线有【样条曲线拟合】 和【样条曲线控制点】 两种方式，但是操作过程却基本一致，只有少数选项有区别（"节点"与"阶数"），因此命令行中各选项均统一介绍如下。

➤ 拟合（F）：即执行【样条曲线拟合】方式，通过指定样条曲线必须经过的拟合点来创

建 3 阶（三次）B 样条曲线。在公差值大于 0（零）时，样条曲线必须在各个点的指定公差距离内。

➢ 控制点（CV）：即执行【样条曲线控制点】方式，通过指定控制点来创建样条曲线。使用此方法创建 1 阶（线性）、2 阶（二次）、3 阶（三次）直到最高为 10 阶的样条曲线。通过移动控制点调整样条曲线的形状通常可以提供比移动拟合点更好的效果。

➢ 节点（K）：指定节点参数化，是一种计算方法，用来确定样条曲线中连续拟合点之间的零部件曲线如何过渡。该选项下分 3 个子选项——弦、平方根、统一。

➢ 阶数（D）：设置生成的样条曲线的多项式阶数。使用此选项可以创建 1 阶（线性）、2 阶（二次）、3 阶（三次）直到最高 10 阶的样条曲线。

➢ 对象（O）：执行该选项后，选择二维或三维的、二次或三次的多段线，可将其转换成等效的样条曲线，如图 3-204 所示。

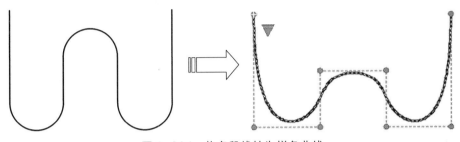

图 3-204　将多段线转为样条曲线

> 提示　根据 DELOBJ 系统变量的设置，可设置保留或放弃原多段线。

操作实例 3-22　使用样条曲线绘制手柄

手柄是一种为方便工人操作机械而制造的简单配件，常见于各种机床的操作部分，如图 3-205 所示。手柄一般由钢件车削而成，由于手柄会直接握在操作者的手中，因此对于外形有一定的要求，需满足人体工程学，使其符合人的手感，所以一般使用样条曲线来绘制它的轮廓。

图 3-205　手柄

本案例绘制的手柄图形如图 3-206 所示，具体的绘制步骤如下。

① 启动 AutoCAD 2025，打开"第 3 章\3-22 使用样条曲线绘制手柄.dwg"文件，素材文件内已经绘制好了中心线与各通过点（没设置点样式之前很难观察到），如图 3-207 所示。

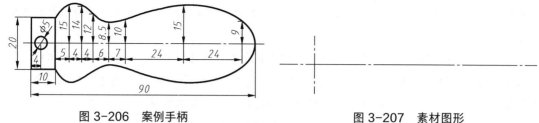

图 3-206　案例手柄　　　　　　　　　　图 3-207　素材图形

②　设置点样式。选择【格式】|【点样式】命令，弹出【点样式】对话框设置点样式，如图 3-208 所示。

③　定位样条曲线的通过点。单击【修改】面板中的【偏移】按钮，将中心线偏移，并在偏移线交点绘制点，结果如图 3-209 所示。

图 3-208　【点样式】对话框

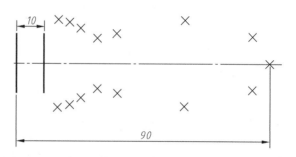

图 3-209　绘制样条曲线的通过点

④　绘制样条曲线。单击【绘图】面板中的【样条曲线拟合】按钮，以左上角辅助点为起点，按顺时针方向依次连接各辅助点，结果如图 3-210 所示。

⑤　闭合样条曲线。在命令行中输入"C"并按 Enter 键，闭合样条曲线，结果如图 3-211 所示。

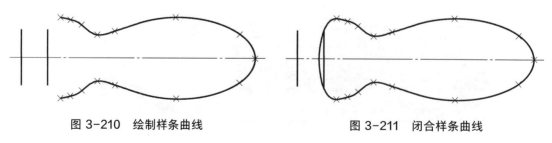

图 3-210　绘制样条曲线　　　　　　　　图 3-211　闭合样条曲线

⑥　绘制圆和外轮廓线。分别单击【绘图】面板中的【直线】和【圆】按钮，绘制直径为 4 的圆，如图 3-212 所示。

⑦　修剪整理图形。单击【修改】面板中的【修剪】命令，修剪多余样条曲线，并删除辅助点，结果如图 3-213 所示。

图 3-212　绘制圆和外轮廓线　　　　　　　图 3-213　修剪整理图形

操作实例 3-23　使用样条曲线绘制函数曲线

函数曲线又称为数学曲线，是根据函数方程在笛卡儿直角坐标系中绘制出来的规律曲线，如三角函数曲线、心形线、渐开线、摆线等。本例所绘制的摆线是一个圆沿一直线缓慢地滚动，圆上一固定点所经过的轨迹，如图 3-214 所示。摆线是数学上的经典曲线，也是机械设计中的重要轮廓造型曲线，广泛应用于各类减速器当中，如摆线针轮减速器，其中的传动轮轮廓便是一种摆线，如图 3-215 所示。本例便通过【样条曲线】与【多点】命令，根据摆线的方程来绘制摆线轨迹。

图 3-214　摆线

图 3-215　外轮廓为摆线的传动轮

① 打开"第 3 章\3-23 使用样条曲线绘制函数曲线.dwg"文件，素材文件内含有一个表格，表格中包含摆线的曲线方程和特征点坐标，如图 3-216 所示。

② 设置点样式。选择【格式】|【点样式】命令，在弹出的【点样式】对话框中选择点样式为□，如图 3-217 所示。

摆线方程式：$x=R\times(t-\sin t)$, $y=R\times(1-\cos t)$				
R	t	$x=r\times(t-\sin t)$	$y=r\times(1-\cos t)$	坐标(x,y)
	0	0	0	(0,0)
	$\frac{1}{4}\pi$	0.8	2.9	(0.8,2.9)
	$\frac{1}{2}\pi$	5.7	10	(5.7,10)
	$\frac{3}{4}\pi$	16.5	17.1	(16.5,17.1)
$R=10$	π	31.4	20	(31.4,20)
	$\frac{5}{4}\pi$	46.3	17.1	(46.3,17.1)
	$\frac{3}{2}\pi$	57.1	10	(57.1,10)
	$\frac{7}{4}\pi$	62	2.9	(62,2.9)
	2π	62.8	0	(62.8,0)

图 3-216　素材

图 3-217　设置点样式

③ 绘制各特征点。单击【绘图】面板中的【多点】按钮，然后在命令行中按表格中的

"坐标"栏输入坐标值，所绘制的 9 个特征点如图 3-218 所示，命令行操作如下。

```
命令: _point
当前点模式: PDMODE=3  PDSIZE=0.0000
指定点: 0，0                    //输入第一个点的坐标
指定点: 0.8，2.9                //输入第二个点的坐标
指定点: 5.7，10                 //输入第三个点的坐标
指定点: 16.5，17.1              //输入第四个点的坐标
指定点: 31.4，20               //输入第五个点的坐标
指定点: 46.3，17.1             //输入第六个点的坐标
指定点: 57.1，10               //输入第七个点的坐标
指定点: 62，2.9                 //输入第八个点的坐标
指定点: 62.8，0                 //输入第九个点的坐标
指定点: *取消*                  //按 Esc 键取消多点绘制
```

④ 用样条曲线进行连接。单击【绘图】面板中的【样条曲线拟合】按钮 ，启用样条曲线命令，然后依次连接绘制的 9 个特征点即可，如图 3-219 所示。

图 3-218　所绘制的 9 个特征点　　　　图 3-219　用样条曲线连接

> 提示　函数曲线上的各点坐标可以通过 Excel 表来计算得出，然后按上述方法即可绘制出各种曲线。

3.8.2　编辑样条曲线

与【多线】一样，AutoCAD 2025 也提供了专门编辑【样条曲线】的工具。由 SPLINE 命令绘制的样条曲线具有许多特征，如数据点的数量及位置、端点特征性及切线方向等，用 SPLINEDIT（编辑样条曲线）命令可以改变曲线的这些特征。

图 3-220　【绘图】面板中的样条曲线编辑按钮　图 3-221　【菜单栏】调用【样条曲线】编辑命令

要对样条曲线进行编辑，有以下 3 种方法。

➤ 功能区：在【默认】选项卡中，单击【修改】面板中的【编辑样条曲线】按钮，如图 3-220 所示。

➤ 菜单栏：选择【修改】|【对象】|【样条曲线】菜单命令，如图 3-221 所示。

➤ 命令行：SPEDIT。

按上述方法执行【编辑样条曲线】命令后，选择要编辑的样条曲线，便会在命令行中出现如下提示。

输入选项 [闭合 (C)/ 合并 (J)/ 拟合数据 (F)/ 编辑顶点 (E)/ 转换为多线段 (P)/ 反转 (R)/ 放弃 (U)/ 退出 (X)]：<退出>

选择其中的子选项即可执行对应命令。

3.9　图案填充与渐变色填充

使用 AutoCAD 的图案和渐变色填充功能，可以方便地对图案和渐变色填充，以区别不同形体的各个组成部分。

3.9.1　图案填充

在图案填充过程中，用户可以根据实际需求选择不同的填充样式，也可以对已填充的图案进行编辑。执行【图案填充】命令的方法有以下常用 3 种。

➤ 功能区：在【默认】选项卡中，单击【绘图】面板中的【图案填充】按钮，如图 3-222 所示。

➤ 菜单栏：选择【绘图】|【图案填充】菜单命令，如图 3-223 所示。

➤ 命令行：BHATCH 或 CH 或 H。

图 3-222　【修改】面板中的【图案填充】按钮

图 3-223　【图案填充】菜单命令

在 AutoCAD 中执行【图案填充】命令后，将显示【图案填充创建】选项卡，如图 3-224 所示。选择所选的填充图案，在要填充的区域中单击，生成效果预览，然后于空白处单击或单击【关闭】面板上的【关闭图案填充】按钮即可创建。

图 3-224 【图案填充创建】选项卡

该选项卡由【边界】、【图案】、【特性】、【原点】、【选项】和【关闭】6 个面板组成，分别介绍如下。

❏【边界】面板

如图 3-225 所示为展开【边界】面板中隐藏的选项，其面板中各选项的含义。

➤【拾取点】：单击此按钮，然后在填充区域中单击一点，AutoCAD 自动分析边界集，并从中确定包围该点的闭合边界。

➤【选择】：单击此按钮，然后根据封闭区域选择对象确定边界。可通过选择封闭对象的方法确定填充边界，但并不自动检测内部对象，如图 3-226 所示。

(a) 原图形   (b) 拾取内部点   (c) 拾取对象

图 3-225 【边界】面板   图 3-226 创建图案填充

➤【删除】：用于取消边界，边界即为在一个大的封闭区域内存在的一个独立的小区域。

➤【重新创建】：编辑填充图案时，可利用此按钮生成与图案边界相同的多段线或面域。

➤【显示边界对象】：单击按钮，AutoCAD 显示当前的填充边界。使用显示的夹点可修改图案填充边界。

➤【保留边界对象】：创建图案填充时，创建多段线或面域作为图案填充的边缘，并将图案填充对象与其关联。单击下拉按钮，在下拉列表中包括【不保留边界】、【保留边界：多段线】、【保留边界：面域】。

➤【选择新边界集】：指定对象的有限集（称为边界集），以便由图案填充的拾取点进行评估。单击下拉按钮，在下拉列表中展开【使用当前视口】选项，根据当前视口范围中的所有对象定义边界集，选择此选项将放弃当前的任何边界集。

❏【图案】面板

显示所有预定义和自定义图案的预览图案。单击右侧的按钮可展开【图案】面板，拖动滚动条选择所需的填充图案，如图 3-227 所示。

❏【特性】面板

如图 3-228 所示为展开的【特性】面板中的隐藏选项，其各选项含义如下。

➤【图案】：单击下拉按钮，在下拉列表中包括【实体】、【图案】、【渐变色】、【用户定义】4 个选项。若选择【图案】选项，则使用 AutoCAD 预定义的图案，这些图案保存在"acad.pat"和"acadiso.pat"文件中。若选择【用户定义】选项，则采用用户定制的图案，这些图案保存在

".pat" 类型文件中。

图 3-227　【图案】面板

图 3-228　【特性】面板

➢【颜色】 (图案填充颜色) / (背景色)：单击下拉按钮 ，在弹出的下拉列表中
选择需要的图案颜色和背景颜色，默认状态下为无背景颜色，如图 3-229 与图 3-230 所示。

➢【图案填充透明度】 图案填充透明度 ：通过拖动滑块，可以设置填充图案的透明度，如图
3-231 所示。设置完透明度之后，需要单击状态栏中的【显示/隐藏透明度】按钮 ，透明度才
能显示出来。

图 3-229　选择图案颜色

图 3-230　选择背景颜色

(a) 透明度为0　　(b) 透明度为50

图 3-231　设置图案填充的透明度

➢【角度】 角度 2 ：通过拖动滑块，可以设置图案的填充角度，如图
3-232 所示

➢【比例】 1 ：通过在文本框中输入比例值，可以设置缩放图案
的比例，如图 3-233 所示。

(a) 角度为0°　　(b) 角度为45°

图 3-232　设置图案填充的角度

(a) 比例为25　　(b) 比例为50

图 3-233　设置图案填充的比例

➢【图层】 ：在右方的下拉列表中可以指定图案填充所在的图层。
➢【相对于图纸空间】 ：适用于布局。用于设置相对于布局空间单位缩放图案。

➤【双】：只有在【用户定义】选项时才可用。用于将绘制两组相互呈90°的直线填充图案，从而构成交叉线填充图案。

➤【ISO 笔宽】：设置基于选定笔宽缩放 ISO 预定义图案。只有图案设置为 ISO 图案的一种时才可用。

操作实例 3-24　填充机构剖面图

在机械制图中，图案填充多用于剖面的填充，以突出剖切的层次。

① 打开素材文件 "第 3 章\3-24 填充机构剖面图.dwg"，如图 3-234 所示。

② 单击【绘图】面板上的 按钮，根据命令行提示，选择【设置（T）】选项，系统弹出【图案填充和渐变色】对话框，如图 3-235 所示。

图 3-234　素材文件

图 3-235　【图案填充和渐变色】对话框

③ 展开【图案】列表框，在列表中选择 ANSI31 图案，然后单击【边界】选项组中【添加拾取点】按钮，系统暂时隐藏对话框，返回绘图界面，分别在如图 3-236 所示的 a、b 和 c 区域内单击，再次选择【设置（T）】选项，系统重新弹出【图案填充和渐变色】对话框。

④ 单击对话框中 预览 按钮，系统回到绘图界面显示预览效果，如图 3-237 所示。按 Enter 键结束预览，系统重新弹出【图案填充和渐变色】对话框，在对话框中【角度和比例】选项组，将填充比例修改为 2，然后单击 确定 按钮，完成填充，填充效果如图 3-238 所示。

图 3-236　填充区域

图 3-237　填充预览

图 3-238　填充结果

⑤ 在命令行输入 "H" 并单击 Enter 键，系统弹出【图案填充创建】选项卡，在【图案】面板中选择【ANSI31】样式，角度修改为 90°，填充比例修改为 0.5，然后单击【边界】面板中【添加拾取点】按钮 ⊞，在 d 区域内单击，按 Enter 键完成填充，结果如图 3-239 所示。

⑥ 在命令行输入 "H" 并单击 Enter 键，系统弹出【图案填充创建】选项卡，在【图案】面板中选择【ANSI31】样式，角度修改为 90°，填充比例修改为 0.5，然后单击【边界】面板中【添加选择对象】按钮 ⊞，单击选择轴端的样条曲线，按 Enter 键完成填充，结果如图 3-240 所示。

图 3-239　填充区域 d 的结果

图 3-240　填充样条曲线的结果

3.9.2　无法进行填充的解决方法

在使用 AutoCAD 的填充命令对图形进行填充时，有时会出现无法填充的情况。出现此情况的主要原因可大致分为三种，每种都有不同的解决方案，具体说明如下。

（1）图案填充找不到范围

在使用【图案填充】命令时常常碰到找不到线段封闭范围的情况，尤其是文件本身比较大的时候。此时可以采用【Layiso】（图层隔离）命令让欲填充的范围线所在的层 "孤立" 或 "冻结"，再用【图案填充】命令就可以快速找到所需填充范围。

（2）对象不封闭时进行填充

如果图形不封闭，就会出现这种情况，弹出 "边界定义错误" 对话框，如图 3-241 所示；而且在图纸中会用圆圈标示出没有封闭的区域，如图 3-242 所示。

图 3-241　【边界定义错误】对话框

图 3-242　圆圈圈出未封闭区域

这时可以在命令行中输入 "Hpgaptol"，即可输入一个新的数值，用以指定图案填充时可忽略的最小间隙，小于输入数值的间隙都不会影响填充效果，结果如图 3-243 所示。

图 3-243　忽略微小间隙进行填充

（3）创建无边界的图案填充

在 AutoCAD 中创建填充图案最常用的方法是选择一个封闭的图形或在一个封闭的图形区域中拾取一个点。创建填充图时我们通常都是输入"HATCH"或按下 H 快捷键，打开【图案填充创建】选项卡进行填充的。

但是在【图案填充创建】选项卡中是无法创建无边界填充图案的，它要求填充区域是封闭的。有的用户会想到创建填充后删除边界线或隐藏边界线的显示来达成效果，显然这样做是可行的，不过有一种更正规的方法，下面通过一个例子来进行说明。

操作实例3-25　创建无边界的混凝土填充

① 打开"第 3 章\3-25 创建无边界的混凝土填充.dwg"素材文件，如图 3-244 所示。
② 在命令行中输入"-HATCH"命令回车，命令行操作提示如下。

```
命令：-HATCH                        //执行完整的【图案填充】命令
当前填充图案：SOLID                  //当前的填充图案
指定内部点或 [特性(P)/选择对象(S)/绘图边界(W)/删除边界(B)/高级(A)/绘图次
序(DR)/原点(O)/注释性(AN)/图案填充颜色(CO)/图层(LA)/透明度(T)]：P↙
                                   //选择"特性"命令
输入图案名称或 [?/实体(S)/用户定义(U)/渐变色(G)]：AR-CONC↙
                                   //输入混凝土填充的名称
指定图案缩放比例 <1.0000>：10↙      //输入填充的缩放比例
指定图案角度 <0>：45↙               //输入填充的角度
当前填充图案：AR-CONC
指定内部点或 [特性(P)/选择对象(S)/绘图边界(W)/删除边界(B)/高级(A)/绘图次
序(DR)/原点(O)/注释性(AN)/图案填充颜色(CO)/图层(LA)/透明度(T)]：W↙
                                   //选择"绘图编辑"命令，手动绘制边界。
```

③ 在绘图区依次捕捉点，注意打开捕捉模式，如图 3-244 所示。捕捉完之后按两次 Enter 键。
④ 系统提示指定内部点，点选绘图区的封闭区域回车，绘制结果如图 3-245 所示。

3.9.3　渐变色填充

在绘图过程中，有些图形在填充时需要用到一种或多种颜色，例如绘制装潢、美工图纸等。在 AutoCAD 2025 中调用【图案填充】的方法有如下几种。

图 3-244　指定填充边界参考点

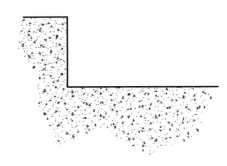

图 3-245　创建的填充图案结果

➤ 功能区：在【默认】选项卡中，单击【绘图】面板【渐变色】按钮，如图 3-246 所示。

➤ 菜单栏：执行【绘图】|【图案填充】命令，如图 3-247 所示。

图 3-246　【修改】面板中的【渐变色】按钮

图 3-247　【渐变色】菜单命令

执行【渐变色】填充操作后，将弹出如图 3-248 所示的【图案填充创建】选项卡。该选项卡同样由【边界】、【图案】等 6 个面板组成，只是图案换成了渐变色，各面板功能与之前介绍过的图案填充一致，在此不重复介绍。

图 3-248　【图案填充创建】选项卡

如果在命令行提示"拾取内部点或 [选择对象(S)/放弃(U)/设置(T)]:"时，激活【设置（T）】选项，将打开如图 3-249 所示的【图案填充和渐变色】对话框，并自动切换到【渐变色】选项卡。

该对话框中常用选项含义如下。

➤ 单色：指定的颜色将从高饱和度的单色平滑过渡到透明的填充方式。

➤ 双色：指定的两种颜色进行平滑过渡的填充方式，如图 3-250 所示。

➤ 颜色样本：设定渐变填充的颜色。单击浏览按钮打开【选择颜色】对话框，从中选择 AutoCAD 索引颜色（AIC）、真彩色或配色系统颜色。显示的默认颜色为图形的当前颜色。

➤ 渐变样式：在渐变区域有 9 种固定渐变填充的图案，这些图案包括径向渐变、线性渐变等。

> 方向列表框：在该列表框中，可以设置渐变色的角度以及其是否居中。

颜色样本
渐变样式
方向列表框

图 3-249 【渐变色】选项卡

图 3-250 渐变色填充效果

3.9.4 编辑填充的图案

在为图形填充了图案后，如果对填充效果不满意，还可以通过【编辑图案填充】命令对其进行编辑。可编辑内容包括填充比例、旋转角度和填充图案等。AutoCAD 2025 增强了图案填充的编辑功能，可以同时选择并编辑多个图案填充对象。

执行【编辑图案填充】命令的方法有以下常用的 5 种。

> 功能区：在【默认】选项卡中，单击【修改】面板中的【编辑图案填充】按钮，如图 3-251 所示。

> 菜单栏：选择【修改】|【对象】|【图案填充】菜单命令，如图 3-252 所示。

> 命令行：HATCHEDIT 或 HE。

> 快捷操作 1：在要编辑的对象上单击鼠标右键，在弹出的右键快捷菜单中选择【图案填充编辑】选项。

> 快捷操作 2：在绘图区双击要编辑的图案填充对象。

图 3-251 【修改】面板中的【编辑图案填充】按钮

图 3-252 【图案填充】菜单命令

调用该命令后，先选择图案填充对象，系统弹出【图案填充编辑】对话框，如图 3-253 所示。该对话框中的参数与【图案填充和渐变色】对话框中的参数一致，修改参数即可修改图案填充效果。

图 3-253　【图案填充编辑】对话框

操作实例 3-26　填充简易机械装配图

利用本节所学的图案填充知识填充图案，填充图案时要注意判断零件的类型。

① 启动 AutoCAD 2025，打开"第 3 章\3-26 填充简易机械装配图.dwg"文件，素材文件，如图 3-254 所示，图形中有从 A~M 共 13 块区域。

② 分析图形。D 与 I 区域从外观上便可以分析出是密封件，因此代表的是同一个物体，可以用同一种网格图案进行填充；B 与 L 区域也可以判断为垫圈之类的密封件，而且由于截面狭小，因此可以使用全黑色进行填充。

③ 填充 D 与 I 区域。单击【绘图】面板中的【图案填充】按钮，打开【图案填充创建】选项卡，在图案面板中选择【ANSI37】这种网格线图案，设置填充比例为 0.5，然后分别在 D 与 I 区域内任意单击一点，按 Enter 键完成选择，即可创建填充，效果如图 3-255 所示。

图 3-254　素材文件

图 3-255　填充 D 与 I 区域

④ 填充 B 与 L 区域。同样单击【绘图】面板中的【图案填充】按钮，打开【图案填充创建】选项卡，在图案面板中选择【SOLID】实心图案，然后依次在 B 与 L 区域内任意单击一点，按 Enter 键完成填充，如图 3-256 所示。

⑤ 分析图形。A 与 K 区域、C 与 M 区域，均包裹着密封件，由此可以判断为零件体，可以用斜线填充。不过可知 A 与 K 来自相同零件，C 与 M 来自相同零件，但彼此却不同，因此在剖面线上要予以区分。

⑥ 填充 A 与 K 区域。按之前的方法打开【图案填充创建】选项卡，在图案面板中选择【ANSI31】斜线图案，设置填充比例为 1，然后依次在 A 与 K 区域内任意单击一点，按 Enter

键完成填充，如图 3-257 所示。

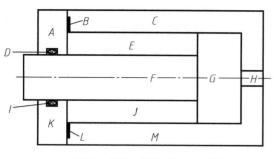

图 3-256 填充 *B* 与 *L* 区域

图 3-257 填充 *A* 与 *K* 区域

⑦ 填充 *C* 与 *M* 区域。方法同上，同样选择【ANSI31】斜线图案，填充比例为 1，不同的是设置填充角度为 90°，填充效果如图 3-258 所示。

图 3-258 填充 *C* 与 *M* 区域

⑧ 分析图形。还剩下 *E*、*F*、*G*、*H*、*J* 5 块区域没有填充，容易看出 *F* 与 *G* 属于同一个轴类零件，而轴类零件不需要添加剖面线，因此 *F* 与 *G* 不需填充；*E*、*J* 区域应为油液空腔，也不需要填充；*H* 区域为进油口，属于通孔，自然也不需添加剖面线。

⑨ 删除多余文字，最后的填充图案如图 3-259 所示。

图 3-259 最终的填充图案

第4章

图形编辑命令详解

（扫码获取配套资源）

前面章节学习了各种图形对象的绘制方法，为了创建图形的更多细节特征以及提高绘图的效率，AutoCAD 提供了许多编辑命令，常用的有【移动】、【复制】、【修剪】、【倒角】与【圆角】等。本章讲解这些命令的使用方法，以进一步提高读者绘制复杂图形的能力。

4.1 图形的选择方法

对图形进行任何编辑和修改操作的时候，必须先选择图形对象。针对不同的情况，采用最佳的选择方法，能大幅提高图形的编辑效率。AutoCAD 2025 提供了多种选择对象的基本方法，如单击选择、从左往右的窗围选择、从右往左的窗交选择等。

4.1.1 单击选择

如果选择的是单个图形对象，可以使用单击选择的方法。直接将拾取光标移动到选择对象上方，此时该图形对象会虚线亮显表示，单击鼠标左键，即可完成单个对象的选择。点选方式一次只能选中一个对象，如图 4-1 所示。连续单击需要选择的对象，可以同时选择多个对象，如图 4-2 所示，虚线显示部分为被选中的部分。

图 4-1　点选单个对象

图 4-2　点选多个对象

> **提示**
>
> 按下 Shift 键并再次单击已经选中的对象，可以将这些对象从当前选择集中删除；按 Esc 键，可以取消选择对当前全部选定对象的选择。

如果需要同时选择多个或者大量的对象，再使用点选的方法不仅费时费力，而且容易出错。此时，宜使用 AutoCAD 提供的从左往右的窗围选择、从右往左的窗交选择等方法。

4.1.2 从左往右的窗围选择

窗围选择又称窗口选择，是一种通过定义矩形窗口选择对象的一种方法。利用该方法选择对象时，从左往右拉出矩形窗口，框住需要选择的对象，此时绘图区将出现一个实线的矩形方框，如图 4-3 所示；释放鼠标后，被方框完全包围的对象将被选中，如图 4-4 所示，虚线显示部分为被选中的部分，按 Delete 键删除选择对象，结果如图 4-5 所示。

图 4-3　窗口选择　　　　　图 4-4　选择结果　　　　　图 4-5　删除对象

4.1.3 从右往左的窗交选择

窗交选择对象的选择方向正好与窗口选择相反，它是按住鼠标左键向左上方或左下方拖动，框住需要选择的对象，框选时绘图区将出现一个虚线的矩形方框，如图 4-6 所示，释放鼠标后，与方框相交和被方框完全包围的对象都将被选中，如图 4-7 所示，虚线显示部分为被选中的部分，删除选中对象，如图 4-8 所示。

图 4-6　窗交选择　　　　　图 4-7　选择结果　　　　　图 4-8　删除对象

4.1.4 快速选择

快速选择可以根据对象的图层、线型、颜色、图案填充等特性选择对象，从而可以准确快速地从复杂的图形中选择满足某种特性的图形对象。

选择【工具】|【快速选择】命令，弹出【快速选择】对话框，如图 4-9 所示。用户可以根据要求设置选择范围，单击【确定】按钮，完成选择操作。

如要选择图 4-10 中的圆弧，除了手动选择的方法外，就可以利用快速选择工具来进行选取。选择【工具】|【快速选择】命令，弹出【快速选择】对话框，在【对象类型】下拉列表框中选择【圆弧】选项，单击【确定】按钮，选择结果如图 4-11 所示。

图 4-9　【快速选择】对话框　　　　图 4-10　示例图形　　　　图 4-11　快速选择后的结果

操作实例 4-1　完善间歇轮图形

间歇轮又叫槽轮，常被用来将主动件的连续转动转换成从动件的带有停歇的单向周期性转动。一般用于转速不很高的自动机械、轻工机械或仪器仪表中，像电影放映机的送片机构中就有间歇轮，如图 4-12 所示。

图 4-12　间歇轮

① 启动 AutoCAD 2025，打开"第 4 章\4-1 完善间歇轮图形.dwg"文件，素材如图 4-13 所示。

② 点选图形。单击【修改】面板中的【修剪】按钮，修剪 R9 的圆，如图 4-14 所示。命令行操作如下。

```
命令：_trim
当前设置：投影=UCS，边=无
选择剪切边...
选择对象或 <全部选择>：找到 1 个                    //选择 R26.5 的圆
选择对象：
选择要修剪的对象，或按住 Shift 键选择要延伸的对象，或
```

[栏选(F)/窗交(C)/投影(P)/边(E)/删除(R)/放弃(U)]: //单击R9的圆在R26.5圆
外的部分

选择要修剪的对象，或按住 Shift 键选择要延伸的对象，或

[栏选(F)/窗交(C)/投影(P)/边(E)/删除(R)/放弃(U)]: //继续单击其他R9的圆

图 4-13　素材图形　　　　　　　　　　　　图 4-14　修剪对象

③ 窗口选择对象。按住左键由右下向左上框选所有图形对象，如图 4-15 所示，然后按住
Shift 键取消选择 R26.5 的圆。

④ 修剪图形。单击【修改】面板中的修剪按钮，修剪 R26.5 的圆弧，结果如图 4-16 所示。

图 4-15　框选对象　　　　　　　　　　　　图 4-16　修剪结果

⑤ 快速选择对象。选择【工具】|【快速选择】命令，设置【对象类型】为【直线】，【特
性】为【图层】，【值】为 "0"，如图 4-17 所示。单击【确定】按钮，选择结果如图 4-18 所示。

⑥ 修剪图形。单击【修改】面板中的【修剪】按钮，依次单击 R3 的圆，修剪结果如图
4-19 所示。

图 4-17　设置选择对象　　　　　图 4-18　快速选择后的结果　　　　图 4-19　修剪结果

4.2　图形修剪类

AutoCAD 绘图不可能一蹴而就，要想得到最终的完整图形，自然需要用到各种修剪命令将多余的部分剪去或删除，因此修剪类命令是 AutoCAD 编辑命令中最为常用的一类。

4.2.1　修剪

【修剪】命令是将超出边界的多余部分修剪删除掉，与橡皮擦的功能相似。【修剪】操作可以修剪直线、圆、弧、多段线、样条曲线和射线等。在调用命令的过程中，需要设置的参数有"修剪边界"和"修剪对象"两类。要注意的是，在选择修剪对象时光标所在的位置。需要删除哪一部分，则在该部分上单击。

在 AutoCAD 2025 中【修剪】命令有以下几种常用调用方法。

> 功能区：单击【修改】面板中的【修剪】按钮 ，如图 4-20 所示。
> 菜单栏：执行【修改】|【修剪】命令，如图 4-21 所示。
> 命令行：TRIM 或 TR。

图 4-20　【修改】面板中的【修剪】按钮

图 4-21　【修剪】菜单命令

执行上述任一命令后，选择作为剪切边的对象（可以是多个对象），命令行提示如下。

```
当前设置:投影=UCS，边=无
选择边界的边...
选择对象或 <全部选择>:              //鼠标选择要作为边界的对象
选择对象:                          //可以继续选择对象或按
                                    Enter 键结束选择

选择要延伸的对象，或按住 Shift 键选择要延伸的对象，或[栏选(F)/窗交(C)/投影
(P)/边(E)/放弃(U)]:                //选择要修剪的对象
```

执行【修剪】命令、并选择对象之后，在命令行中会出现一些选择类的选项，这些选项的含义如下。

> 栏选（F）：用栏选的方式选择要修剪的对象，如图 4-22 所示。
> 窗交（C）：用窗交方式选择要修剪的对象，如图 4-23 所示。
> 投影（P）：用以指定修剪对象时使用的投影方式，即选择进行修剪的空间。

图 4-22 使用"栏选（F）"进行修剪

图 4-23 使用"窗交（C）"进行修剪

> 边（E）：指定修剪对象时是否使用【延伸】模式，默认选项为【不延伸】模式，即修剪对象必须与修剪边界相交才能够修剪。如果选择【延伸】模式，则修剪对象与修剪边界的延伸线相交即可被修剪。例如图 4-24 所示的圆弧，使用【延伸】模式才能够被修剪。

> 放弃（U)：放弃上一次的修剪操作。

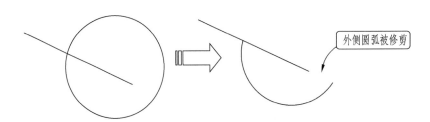

图 4-24 延伸模式修剪效果

剪切边也可以同时作为被剪边。默认情况下，选择要修剪的对象（即选择被剪边），系统将以剪切边为界，将被剪切对象上位于拾取点一侧的部分剪切掉。

利用【修剪】工具可以快速完成图形中多余线段的删除效果，如图 4-25 所示。

图 4-25 修剪对象

在修剪对象时，可以一次选择多个边界或修剪对象，从而实现快速修剪。如要将一个"井"字形路口打通，在选择修剪边界时可以使用【窗交】方式同时选择 4 条直线，如图 4-26（b）所示；然后单击 Enter 键确认，再将光标移动至要修剪的对象上，如图 4-26（c）所示；单击鼠标左键即可完成一次修剪，依次在其他段上单击，则能得到最终的修剪结果，如图 4-26（d）所示。

(a) 原图形　　(b) 选择所有对象　　(c) 选择需要修剪的对象　　(d) 修剪结果

图 4-26　一次修剪多个对象

操作实例 4-2　修剪圆翼蝶形螺母

碟形螺母是机械上的常用标准件，多应用于频繁拆卸且受力不大的场合。而为了方便手拧，在螺母两端对角各有圆形或弧形的凸起，如图 4-27 所示。在使用 AutoCAD 绘制这部分"凸起"时，就需用到【修剪】命令。

① 打开"第 4 章\4-2 修剪圆翼蝶形螺母.dwg"素材文件，其中已经绘制好了蝶形螺母的螺纹部分，如图 4-28 所示。

图 4-27　蝶形螺母

图 4-28　素材图形

② 绘制凸起。单击【绘图】面板中的【射线】按钮，以右下角点为起点，绘制一角度为 36° 的射线，如图 4-29 所示。

③ 使用相同方法，在右上角点绘制角度为 52° 的射线，如图 4-30 所示。

图 4-29　蝶形螺母

图 4-30　素材图形

④ 绘制圆。在【绘图】面板中的【圆】下拉列表中，选择【相切、相切、半径（T）】选项，以分别在两条射线上指定切点，然后输入半径为 18，如图 4-31 所示。

⑤ 按此方法绘制另一边的图形，效果如图 4-32 所示。

⑥ 修剪蝶形螺母。在命令行中输入"TR"，执行【修剪】命令，根据命令行提示进行修剪操作，结果如图 4-33 所示。命令行操作如下。

图 4-31　绘制第一个圆　　　　　　　　　图 4-32　绘制第二个圆

```
命令：_trim                                    //调用【修剪】命令
当前设置：投影=UCS，边=无
选择剪切边...
选择对象或 <全部选择>：✓                       //选择全部对象作为
                                                 修剪边界

选择要修剪的对象，或按住 Shift 键选择要延伸的对象，或
[栏选(F)/窗交(C)/投影(P)/边(E)/删除(R)/放弃(U)]：    //分别单击射线和两
                                                 段圆弧，完成修剪
```

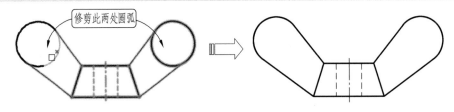

图 4-33　一次修剪多个对象

4.2.2　延伸

【延伸】命令是将没有和边界相交的部分延伸补齐，它和【修剪】命令是一组相对的命令。【延伸】命令的使用方法与【修剪】命令的使用方法相似。在使用延伸命令时，如果在按下 Shift 键的同时选择对象，则可以切换执行【修剪】命令。

在 AutoCAD 2025 中，【延伸】命令有以下几种常用调用方法。

> 功能区：单击【修改】面板中的【延伸】按钮 ⟶|，如图 4-34 所示。
> 菜单栏：单击【修改】|【延伸】命令，如图 4-35 所示。
> 命令行：EXTEND 或 EX。

图 4-34　【修改】面板中的【延伸】按钮

图 4-35　【延伸】菜单命令

执行【延伸】命令后，选择要延伸的对象（可以是多个对象），命令行提示如下。

选择要修剪的对象，或按住 Shift 键选择要修剪的对象，或[栏选(F)/窗交(C)/投影(P)/边(E)/删除(R)/放弃(U)]：

选择延伸对象时，需要注意延伸方向的选择。朝哪个边界延伸，则在靠近边界的那部分上单击。如图 4-36 所示，将直线 *AB* 延伸至边界直线 *M* 时，需要在 *A* 端单击直线，将直线 *AB* 延伸到直线 *N* 时，则在 *B* 端单击直线。

图 4-36　使用【延伸】命令延伸直线

> 提示
>
> 命令行中各选项的含义与【修剪】命令相同，在此不多加赘述。

4.2.3　删除

【删除】命令可将多余的对象从图形中完全清除，是 AutoCAD 最为常用的命令之一，使用也最为简单。在 AutoCAD 2025 中执行【删除】命令的方法有以下 4 种。

➤ 功能区：在【默认】选项卡中，单击【修改】面板中的【删除】按钮 ，如图 4-37 所示。

➤ 菜单栏：选择【修改】|【删除】菜单命令，如图 4-38 所示。

➤ 命令行：ERASE 或 E。

➤ 快捷操作：选中对象后直接按 Delete。

图 4-37　【修改】面板中的【删除】按钮

图 4-38　【删除】菜单命令

执行上述命令后，根据命令行的提示选择需要删除的图形对象，按 Enter 键即可删除已选择的对象，如图 4-39 所示。

在绘图时如果意外删错了对象，可以使用 UNDO【撤销】命令或 OOPS【恢复删除】命令将其恢复。

➤ UNDO【撤销】：即放弃上一步操作，快捷键 Ctrl+Z，对所有命令有效。

➤ OOPS【恢复删除】：OOPS 可恢复由上一个 ERASE【删除】命令删除的对象，该命令对

(a) 原对象

(b) 选择要删除的对象

(c) 删除结果

图 4-39　删除图形

ERASE 有效。

此外【删除】命令还有一些隐藏选项，在命令行提示"选择对象"时，除了用选择方法选择要删除的对象外，还可以输入特定字符，执行隐藏操作，介绍如下。

➢ 输入"L"：删除绘制的上一个对象。

➢ 输入"P"：删除上一个选择集。

➢ 输入"All"：从图形中删除所有对象。

➢ 输入"?"：查看所有选择方法列表。

4.3　图形变化类

在绘图的过程中，可能要对某一图元进行移动、旋转或拉伸等操作来辅助绘图，因此操作类命令也是使用极为频繁的一类编辑命令。

4.3.1　移动

【移动】命令是将图形从一个位置平移到另一位置，移动过程中图形的大小、形状和倾斜角度均不改变。在调用命令的过程中，需要确定的参数有：需要移动的对象，移动基点和第二点。

【移动】命令有以下几种调用方法。

➢ 功能区：单击【修改】面板中的【移动】按钮 ⊕，如图 4-40 所示。

图 4-40　【修改】面板中的【移动】按钮

图 4-41　【移动】菜单命令

> 菜单栏：执行【修改】|【移动】命令，如图 4-41 所示。
> 命令行：MOVE 或 M。

调用【移动】命令后，根据命令行提示，在绘图区中拾取需要移动的对象后按右键确定，然后拾取移动基点，最后指定第二个点（目标点）即可完成移动操作，如图 4-42 所示。命令行操作如下。

命令：_move	//执行【移动】命令
选择对象：找到 1 个	//选择要移动的对象
指定基点或 [位移(D)] <位移>：	//选取移动的参考点
指定第二个点或 <使用第一个点作为位移>：	//选取目标点，放置图形

图 4-42　移动对象

执行【移动】命令时，命令行中只有一个子选项："位移（D）"，该选项可以输入坐标以表示矢量。输入的坐标值将指定相对距离和方向，如图 4-43 为输入坐标（30，10）的位移结果。

（a）移动前　　　　　　　　　　　　（b）移动后

图 4-43　位移移动效果图

操作实例 4-3　使用移动放置基准符号

基准是机械制造中应用十分广泛的一个概念，机械产品从设计时零件尺寸的标注，制造时工件的定位，校验时尺寸的测量，一直到装配时零部件的装配位置确定等，都要用到基准的概念。而基准符号是用一个大写字母标注在基准方格内，选择要指定为基准的表面，然后在其尺寸或轮廓处放置基准符号即可。

① 打开"第 4 章\4-3 使用移动放置基准符号.dwg"素材文件，如图 4-44 所示，其中已绘制好部分轴零件图与基准符号。

② 在【默认】选项卡中，单击【修改】面板的【移动】按钮 ，选择基准符号，按空格或按 Enter 键确定，指定基准图块的插入点为移动基点，如图 4-45 所示。

图 4-44　素材文件　　　　　　　　　　　　图 4-45　指定移动基点

③ 将基准符号拖至右上角，选择轴零件的大径 ϕ45 尺寸的上侧端点为放置点，如图 4-46 所示。

④ 为了便于观察，基准符号需要与被标注对象保持一定的间距，因此可引出极轴追踪的追踪线，将基准符号向上多移动一定的距离，然后进行放置，结果如图 4-47 所示。

图 4-46　指定放置点　　　　　　　　　　　图 4-47　放置基准效果

4.3.2　旋转

【旋转】命令是将图形对象绕一个固定的点（基点）旋转一定的角度。在调用命令的过程中，需要确定的参数有：旋转对象、旋转基点、旋转角度。默认情况下逆时针旋转的角度为正值，顺时针旋转的角度为负值。

在 AutoCAD 2025 中【旋转】命令有以下几种常用调用方法。

➢ 功能区：单击【修改】面板中的【旋转】按钮 ↻ ，如图 4-48 所示。

➢ 菜单栏：执行【修改】|【旋转】命令，如图 4-49 所示。

➢ 命令行：ROTATE 或 RO。

图 4-48　【修改】面板中的【旋转】按钮

图 4-49　【旋转】菜单命令

按上述方法执行【旋转】命令后，命令后提示如下。

```
命令：ROTATE                                    //执行【旋转】命令
UCS 当前的正角方向：ANGDIR=逆时针  ANGBASE=0 //当前的角度测量方式和基准
选择对象：找到 1 个                              //选择要旋转的对象
指定基点：                                      //指定旋转的基点
指定旋转角度，或 [复制(C)/参照(R)] <0>：45      //输入旋转的角度
```

在命令行提示"指定旋转角度"时，除了默认的旋转方法，还有"复制（C）"和"参照（R）"两种旋转，分别介绍如下。

➢ 默认旋转：利用该方法旋转图形时，源对象将按指定的旋转中心和旋转角度旋转至新位置，不保留对象的原始副本。执行上述任一命令后，选取旋转对象，然后指定旋转中心，根据命令行提示输入旋转角度，按 Enter 键即可完成旋转对象操作，如图 4-50 所示。

图 4-50　默认方式旋转图形

➢ 复制（C）：使用该旋转方法进行对象的旋转时，不仅可以将对象的放置方向调整一定的角度，还保留源对象。执行【旋转】命令后，选取旋转对象，然后指定旋转中心，在命令行中激活复制 C 子选项，并指定旋转角度，按 Enter 键退出操作，如图 4-51 所示。

图 4-51　"复制（C）"旋转对象

图 4-52　"参照（R）"旋转对象

➢ 参照（R）：可以将对象从指定的角度旋转到新的绝对角度，特别适合于旋转那些角度值为非整数或未知的对象。执行【旋转】命令后，选取旋转对象然后指定旋转中心，在命令行中激活参照 R 子选项，再指定参照第一点、参照第二点，这两点的连线与 X 轴的夹角即为参照角，接着移动鼠标即可指定新的旋转角度，如图 4-52 所示。

操作实例 4-4 旋转键槽位置

在机械设计中，有时会为了满足不同的工况而将零件设计成各种非常规的形状，往往是在一般基础上偏移一定角度所致，如曲轴、凸轮等。这时就可使用【旋转】命令来辅助绘制。

① 打开"第 4 章\4-4 旋转键槽位置.dwg"素材文件，如图 4-53 所示。

② 单击【修改】工具栏中的【旋转】按钮，将键槽部分旋转 90°，不保留源对象，如图 4-54 所示，命令行操作如下。

```
命令：_rotate                                    //执行【旋转】命令
UCS 当前的正角方向：ANGDIR=逆时针  ANGBASE=0
选择对象：指定对角点：找到 4 个                  //选择旋转对象
选择对象：                                       //按 Enter 键结束选择
指定基点：                                       //指定圆心为旋转中心
指定旋转角度，或 [复制(C)/参照(R)] <0>：90       //输入旋转角度
```

图 4-53　素材图形

图 4-54　旋转效果

4.3.3　缩放

利用【缩放】工具可以将图形对象以指定的缩放基点为缩放参照，放大或缩小一定比例，创建出与源对象成一定比例且形状相同的新图形对象。在命令执行过程中，需要确定的参数有：缩放对象、基点、比例因子。比例因子也就是缩小或放大的比例值，比例因子大于 1 时，缩放结果是使图形变大，反之则使图形变小。

在 AutoCAD 2025 中【缩放】命令有以下几种调用方法。

➢ 功能区：单击【修改】面板中的【缩放】按钮，如图 4-55 所示。

➢ 菜单栏：执行【修改】|【缩放】命令，如图 4-56 所示。

➢ 命令行：SCALE 或 SC。

执行以上任一方式启用【缩放】命令后，命令行操作提示如下。

```
命令：_scale                                     //执行【缩放】命令
选择对象：找到 1 个                              //选择要缩放的对象
```

指定基点：	//选取缩放的基点
指定比例因子或 [复制(C)/参照(R)]：2	//输入比例因子

图 4-55 【修改】面板中的【缩放】按钮

图 4-56 【缩放】菜单命令

【缩放】命令与【旋转】差不多，除了默认的操作之外，同样有"复制（C）"和"参照（R）"两个子选项，介绍如下。

➤ 默认缩放：指定基点后直接输入比例因子进行缩放，不保留对象的原始副本，如图 4-57 所示。

图 4-57 默认方式缩放图形

➤ 复制（C）：在命令行输入"C"，选择该选项进行缩放后可以在缩放时保留源图形，如图 4-58 所示。

图 4-58 "复制（C）"缩放图形

➤ 参照（R）：如果选择该选项，则命令行会提示用户需要输入"参照长度"和"新长度"数值，由系统自动计算出两长度之间的比例数值，从而定义出图形的缩放因子，对图形进行缩放操作，如图 4-59 所示。

图 4-59 "参照（R）"缩放图形

操作实例 4-5 缩放表面粗糙度符号

表面粗糙度是衡量零件表面粗糙程度的参数，它反映的是零件表面微观的几何形状误差。在机械设计的零件图中，表面粗糙度是必须标注的符号，其大小可以根据图形比例来进行适当的缩放。

① 打开"第4章\4-5 缩放表面粗糙度符号.dwg"素材文件，素材图形如图 4-60（a）所示。

② 单击【修改】面板中的【缩放】按钮，将表面粗糙度按 0.5 的比例缩小，如图 4-60（b）所示。命令行操作如下。

命令：_scale	//执行【缩放】命令
选择对象：指定对角点：找到 6 个	//选择表面粗糙度标注
选择对象：	//按 Enter 键完成选择
指定基点：	//选择表面粗糙度符号下方端点作为基点
指定比例因子或 [复制(C)/参照(R)]：0.5	//输入缩放比例

图 4-60 缩放图形效果

4.3.4 拉伸

【拉伸】命令通过沿拉伸路径平移图形夹点的位置，使图形产生拉伸变形的效果。它可以对选择的对象按规定方向和角度拉伸或缩短，并且使对象的形状发生改变。

【拉伸】命令有以下几种常用调用方法。

➤ 功能区：单击【修改】面板中的【拉伸】按钮，如图 4-61 所示。

➤ 菜单栏：执行【修改】|【拉伸】命令，如图 4-62 所示。

➤ 命令行：STRETCH 或 S。

拉伸命令需要设置的主要参数有：拉伸对象、拉伸基点、拉伸位移。"拉伸位移"决定了拉伸的方向和距离，如图 4-63 所示，命令行操作如下。

图 4-61　【修改】面板中的【拉伸】按钮

图 4-62　【拉伸】菜单命令

```
命令：_stretch                          //执行【拉伸】命令
以交叉窗口或交叉多边形选择要拉伸的对象...
选择对象：指定对角点：找到 1 个
选择对象：                              //以窗交、圈围等方式选择拉伸对象
指定基点或 [位移(D)] <位移>：            //指定拉伸基点
指定第二个点或 <使用第一个点作为位移>：     //指定拉伸终点
```

图 4-63　拉伸对象

拉伸遵循以下原则。

➢ 通过单击选择和窗口选择获得的拉伸对象将只被平移，不被拉伸。

➢ 通过框选选择获得的拉伸对象，如果所有夹点都落入选择框内，图形将发生平移，如图 4-64 所示；如果只有部分夹点落入选择框，图形将沿拉伸位移拉伸，如图 4-65 所示；如果没有夹点落入选择窗口，图形将保持不变，如图 4-66 所示。

图 4-64　框选全部图形拉伸得到平移效果

图 4-65　框选部分图形拉伸得到拉伸效果

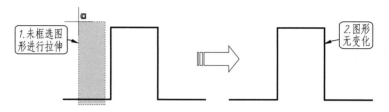

图 4-66　未框选图形拉伸无效果

操作实例 4-6　拉伸螺钉图形

在机械设计中，有时需要对螺钉、螺杆等标准图形的长度进行调整，而不能破坏原图形的结构。这时就可以使用【拉伸】命令来进行修改。

① 打开素材文件"第 4 章\4-6 拉伸螺钉图形.dwg"，素材图形如图 4-67 所示。

② 单击【修改】面板中的【拉伸】按钮，将螺钉长度拉伸至 50，命令行操作如下。

```
命令：_stretch                                  //执行【拉伸】命令
以交叉窗口或交叉多边形选择要拉伸的对象...
选择对象：指定对角点：找到 11 个               //框选如图 4-68 所示的对象
选择对象：                                      //按 Enter 键结束选择
指定基点或 [位移(D)] <位移>：
指定第二个点或 <使用第一个点作为位移>：25      //水平向右移动指针，输入拉伸距离
```

图 4-67　素材图形

图 4-68　选择拉伸对象

③ 螺钉的拉伸结果如图 4-69 所示。

图 4-69　拉伸之后的结果

4.3.5　拉长

拉长图形就是改变原图形的长度，可以把原图形变长，也可以将其缩短。用户可以通过指定一个长度增量、角度增量（对于圆弧）、总长度或者相对于原长的百分比增量来改变原图形的长度，也可以通过动态拖动的方式来直接改变原图形的长度。

调用【拉长】命令的方法如下。

➢ 功能区：单击【修改】面板中的【拉长】按钮 ，如图 4-70 所示。

➢ 菜单栏：调用【修改】|【拉长】菜单命令，如图 4-71 所示。

➢ 命令行：LENGTHEN 或 LEN。

图 4-70　【修改】面板中的【拉长】按钮

图 4-71　【拉长】菜单命令

调用该命令后，命令行显示如下提示。

选择要测量的对象或 [增量(DE)/百分比(P)/总计(T)/动态(DY)] <总计(T)>:

只有选择了各子选项确定了拉长方式后，才能对图形进行拉长。

操作实例 4-7　使用拉长修改中心线

大部分图形（如圆、矩形）均需要绘制中心线，而在绘制中心线的时候，通常需要将中心线延长至图形外，且伸出长度相等。如果一根根去拉伸中心线的话，就略显麻烦，这时就可以使用【拉长】命令来快速延伸中心线，使其符合设计规范。

① 打开"第 4 章\4-7 使用拉长修改中心线.dwg"素材文件，如图 4-72 所示。

② 单击【修改】面板中的 按钮，激活【拉长】命令，在 2 条中心线的各个端点处单击，向外拉长 3 个单位，命令行操作如下。

```
命令: _lengthen
选择对象或 [增量(DE)/百分数(P)/全部(T)/动态(DY)]:DE✓
                       //选择"增量"选项
输入长度增量或 [角度(A)] <0.5000>: 3✓
                       //输入每次拉长增量
选择要修改的对象或 [放弃(U)]:
选择要修改的对象或 [放弃(U)]:
选择要修改的对象或 [放弃(U)]:
```

选择要修改的对象或 [放弃(U)]:　　//依次在两中心线 4 个端点附近单击，完成拉长
选择要修改的对象或 [放弃(U)]:↙　//按Enter结束拉长命令，拉长结果如图4-73所示。

图 4-72　素材文件　　　　　　　　图 4-73　拉长结果

4.4　图形复制类

如果设计图中含有大量重复或相似的图形，就可以使用图形复制类命令进行快速绘制，如
【复制】、【偏移】、【镜像】、【阵列】等。

4.4.1　复制

【复制】命令是指在不改变图形大小、方向的前提下，重新生成一个或多个与源对象一模
一样的图形。在命令执行过程中，需要确定的参数有：复制对象、基点和第二点，配合坐标、
对象捕捉、栅格捕捉等其他工具，可以精确复制图形。

在 AutoCAD 2025 中调用【复制】命令有以下几种常用方法。

➢ 功能区：单击【修改】面板中的【复制】按钮，如图 4-74 所示。
➢ 菜单栏：执行【修改】|【复制】命令，如图 4-75 所示。
➢ 命令行：COPY 或 CO 或 CP。

图 4-74　【修改】面板中的【复制】按钮　　　图 4-75　【复制】菜单命令

执行【复制】命令后，选取需要复制的对象，指定复制基点，然后拖动鼠标指定新基点即
可完成复制操作，继续单击，还可以复制多个图形对象，如图 4-76 所示。命令行操作如下。

命令：_copy　　　　　　　　　　　　　　　//执行【复制】命令

选择对象: 找到 1 个	//选择要复制的图形
当前设置: 复制模式 = 多个	//当前的复制设置
指定基点或 [位移(D)/模式(O)] <位移>:	//指定复制的基点
指定第二个点或 [阵列(A)] <使用第一个点作为位移>:	//指定放置点 1
指定第二个点或 [阵列(A)/退出(E)/放弃(U)] <退出>:	//指定放置点 2
指定第二个点或 [阵列(A)/退出(E)/放弃(U)] <退出>:	//单击 Enter 键完成操作

图 4-76 复制对象

执行【复制】命令时,命令行中出现的各选项介绍如下。

➢ 位移(D):使用坐标指定相对距离和方向。指定的两点定义一个矢量,指示复制对象的放置离原位置有多远以及以哪个方向放置。基本与【移动】【拉伸】命令中的"位移(D)"选项一致,在此不多加赘述。

➢ 模式(O):该选项可控制【复制】命令是否自动重复。选择该选项后会有"单一(S)""多个(M)"两个子选项,"单一(S)"可创建选择对象的单一副本,执行一次复制后便结束命令;而"多个(M)"则可以自动重复。

➢ 阵列(A):选择该选项,可以以线性阵列的方式快速大量复制对象,如图 4-77 所示。命令行操作如下。

命令: _copy	//执行【复制】命令
选择对象: 找到 1 个	//选择复制对象
当前设置: 复制模式 = 多个	
指定基点或 [位移(D)/模式(O)] <位移>:	//指定复制基点
指定第二个点或 [阵列(A)] <使用第一个点作为位移>: A	//输入A,选择"阵列"选项
输入要进行阵列的项目数: 4	//输入阵列的项目数
指定第二个点或 [布满(F)]: 10	//移动鼠标确定阵列间距
指定第二个点或 [阵列(A)/退出(E)/放弃(U)] <退出>:	//按 Enter 键完成操作

图 4-77 阵列复制

操作实例 4-8 使用复制补全螺纹孔

在机械制图中，螺纹孔、沉头孔、通孔等孔系图形十分常见，在绘制这类图形时，可以先单独绘制出一个，然后使用【复制】命令将其放置在其他位置上。

① 打开素材文件"第4章\4-8 使用复制补全螺纹孔.dwg"，素材图形如图4-78所示。

② 单击【修改】面板中的【复制】按钮，复制螺纹孔到A、B、C点，如图4-79所示。命令行操作如下。

命令：_copy	//执行【复制】命令
选择对象：指定对角点：找到 2 个	//选择螺纹孔内、外圆弧
选择对象：	//按Enter键结束选择
当前设置： 复制模式 = 多个	
指定基点或 [位移(D)/模式(O)] <位移>：	//选择螺纹孔的圆心 作为基点
指定第二个点或 [阵列(A)] <使用第一个点作为位移>：	//选择A点
指定第二个点或 [阵列(A)/退出(E)/放弃(U)] <退出>：	//选择B点
指定第二个点或 [阵列(A)/退出(E)/放弃(U)] <退出>：	//选择C点
指定第二个点或 [阵列(A)/退出(E)/放弃(U)] <退出>：*取消*	//按Esc键退出复制

图4-78　素材图形

图4-79　复制的结果

4.4.2　偏移

使用【偏移】工具可以创建与源对象成一定距离的形状相同或相似的新图形对象。可以进行偏移的图形对象包括直线、曲线、多边形、圆、圆弧等，如图4-80所示。

图4-80　各图形偏移示例

在AutoCAD 2025中调用【偏移】命令有以下几种常用方法。

➤ 功能区：单击【修改】面板中的【偏移】按钮，如图4-81所示。

➤ 菜单栏：执行【修改】|【偏移】命令，如图4-82所示。

➢ 命令行：OFFSET 或 O。

图 4-81　【修改】面板中的【偏移】按钮　　　　　　　　图 4-82　【偏移】菜单命令

偏移命令需要输入的参数有需要偏移的源对象、偏移距离、偏移方向。只要在需要偏移的一侧的任意位置单击即可确定偏移方向，也可以指定偏移对象通过已知的点。执行【偏移】命令后命令行操作如下。

```
命令：_OFFSET                                    //调用【偏移】命令
指定偏移距离或 [通过(T)/删除(E)/图层(L)] <通过>：        //输入偏移距离
选择要偏移的对象，或 [退出(E)/放弃(U)] <退出>：          //选择偏移对象
指定通过点或 [退出(E)/多个(M)/放弃(U)] <退出>：          //输入偏移距离或指
                                                     定目标点
```

命令行中各选项的含义如下。

➢ 通过（T）：指定一个通过点定义偏移的距离和方向，如图 4-83 所示。

➢ 删除（E）：偏移源对象后将其删除。

➢ 图层（L）：确定将偏移对象创建在当前图层上还是源对象所在的图层上。

图 4-83　【通过（T）】偏移效果

操作实例 4-9　通过偏移绘制弹性挡圈

弹性挡圈分为轴用与孔用两种，如图 4-84 所示，均是用来紧固在轴或孔上的圈形机件，可以防止装在轴或孔上其他零件的窜动。弹性挡圈的应用非常广泛，在各种工程机械与农业机械上都很常见。弹性挡圈通常采用 65Mn 板料冲切制成，截面呈矩形。弹性挡圈的规格与安装槽标准可参阅 GB/T 893（孔用）与 GB/T 894（轴用），本例便利用【偏移】命令绘制如图 4-85 所示的轴用弹性挡圈。

① 打开素材文件"第 4 章\4-9 绘制弹性挡圈.dwg"，素材图形如图 4-86 所示，已经绘制好了 3 条中心线。

轴用挡圈
(外凸)

孔用挡圈
(内凸)

图 4-84　弹性挡圈

图 4-85　轴用弹性挡圈

② 绘制圆弧。单击【绘图】面板中的【圆】按钮⊙，分别在上方的中心线交点处绘制 R115、R129 的圆，下方的中心线交点处绘制 R100 的圆，结果如图 4-87 所示。

图 4-86　素材图形

图 4-87　绘制圆

③ 修剪图形。单击【修改】面板中的【修剪】按钮✂，修剪左侧的圆弧，如图 4-88 所示。

④ 偏移图形。单击【修改】面板中的【偏移】按钮⊆，将垂直中心线分别向右偏移 5、42，结果如图 4-89 所示。

图 4-88　修剪图形

图 4-89　偏移复制

⑤ 绘制直线。单击【绘图】面板中的【直线】按钮╱，绘制直线，删除辅助线，结果如图 4-90 所示。

⑥ 偏移中心线。单击【修改】面板中的【偏移】按钮⊆，将竖直中心线向右偏移 25，将下方的水平中心线向下偏移 108，如图 4-91 所示。

⑦ 绘制圆。单击【绘图】面板中的【圆】按钮⊙，在偏移出的辅助中心线交点处绘制直径为 10 的圆，如图 4-92 所示。

图 4-90　绘制直线

图 4-91　偏移中心线

图 4-92　绘制圆

⑧ 修剪图形。单击【修改】面板中的【修剪】按钮 ，修剪出右侧图形，如图 4-93 所示。

⑨ 镜像图形。单击【修改】面板中的【镜像】按钮 ，以垂直中心线作为镜像线，镜像图形，结果如图 4-94 所示。

图 4-93　修剪的结果

图 4-94　镜像图形

4.4.3　镜像

【镜像】命令是指将图形绕指定轴（镜像线）镜像复制，常用于绘制结构规则且有对称特点的图形，如图 4-95 所示。AutoCAD 2025 通过指定临时镜像线镜像对象，镜像时可选择删除或保留源对象。

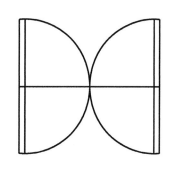

图 4-95　对称图形

在 AutoCAD 2025 中【镜像】命令的调用方法如下。

➢ 功能区：单击【修改】面板中的【镜像】按钮 ，如图 4-96 所示。

➢ 菜单栏：执行【修改】｜【镜像】命令，如图 4-97 所示。

➢ 命令行：MIRROR 或 MI。

图 4-96 【功能区】调用【镜像】命令

图 4-97 【菜单栏】调用【镜像】命令

在命令执行过程中，需要确定镜像复制的对象和对称轴。对称轴可以是任意方向的，所选对象将根据该轴线进行对称复制，并且可以选择删除或保留源对象。在实际工程设计中，许多对象都为对称形式，如果绘制了这些图例的一半，就可以通过【镜像】命令迅速得到另一半，如图 4-98 所示。

调用【镜像】命令，命令行提示如下。

命令：_MIRROR	//调用【镜像】命令
选择对象：指定对角点：找到 14 个	//选择镜像对象
指定镜像线的第一点：	//指定镜像线第一点 A
指定镜像线的第二点：	//指定镜像线第二点 B
要删除源对象吗？[是(Y)/否(N)] <N>：✓	//选择是否删除源对象，或按 Enter 键结束命令

图 4-98　镜像图形

> 提示
> 如果是水平或者竖直方向镜像图形，可以使用【正交】功能快速指定镜像轴。

【镜像】操作十分简单，命令行中的子选项不多，只有在结束命令前可选择是否删除源对象。如果选择"是"，则删除选择的镜像图形，效果如图 4-99 所示。

操作实例 4-10　镜像绘制压盖剖面图

大多数机械零件图形，如轴、盘、盖等，在结构上都具有对称性，因此灵活使用 AutoCAD 中提供的【镜像】命令，可以省去大量的绘图工作。

图 4-99 删除源对象的镜像

① 打开"第 4 章\4-10 镜像绘制压盖剖面图.dwg"素材文件，素材图形如图 4-100 所示。

② 镜像复制图形。单击【修改】面板中的【镜像】按钮，以水平中心线为镜像线，镜像复制图形，如图 4-101 所示，命令行操作如下。

```
命令：_mirror                      //执行【镜像】命令
选择对象：指定对角点：找到 19 个    //框选水平中心线以上所有图形
选择对象：                         //按 Enter 键完成对象选择
指定镜像线的第一点：               //选择水平中心线一个端点
指定镜像线的第二点：               //选择水平中心线另一个端点
要删除源对象吗？[是(Y)/否(N)] <N>:N //选择不删除源对象，按 Enter 键完成镜像
```

图 4-100 素材图形

图 4-101 镜像图形后的结果

4.5 图形阵列类

复制、镜像和偏移等命令，一次只能复制得到一个对象副本。如果想要按照一定规律大量复制图形，可以使用 AutoCAD 2025 提供的【阵列】命令。【阵列】是一个功能强大的多重复制命令，它可以一次将选择的对象复制多个并按指定的规律进行排列。

(a) 矩形阵列

(b) 极轴(环形)阵列

(c) 路径阵列

图 4-102 阵列的三种方式

在 AutoCAD 2025 中，提供了 3 种【阵列】方式：矩形阵列、极轴（即环形）阵列、路径阵列，可以按照矩形、环形（极轴）和路径的方式，以定义的距离、角度和路径复制出源对象的多个对象副本，如图 4-102 所示。

4.5.1 矩形阵列

矩形阵列就是将图形呈行列类进行排列，如园林平面图中的道路绿化、建筑立面图的窗格、规律摆放的桌椅等。调用【阵列】命令的方法如下。

➤ 功能区：在【默认】选项卡中，单击【修改】面板中的【矩形阵列】按钮 ，如图 4-103 所示。

➤ 菜单栏：执行【修改】|【阵列】|【矩形阵列】命令，如图 4-104 所示。

➤ 命令行：ARRAYRECT。

图 4-103 【功能区】调用【矩形阵列】命令　　　　图 4-104 【菜单栏】调用【矩形阵列】命令

使用矩形阵列需要设置的参数有阵列的源对象、行、列的数目、行距、列距。行和列的数目决定了需要复制的图形对象有多少个。

调用【阵列】命令，功能区显示矩形方式下的【阵列创建】选项卡，如图 4-105 所示，命令行提示如下。

```
命令：_arrayrect                       //调用【矩形阵列】命令
选择对象：找到 1 个                     //选择要阵列的对象
类型 = 矩形  关联 = 是                  //显示当前的阵列设置
选择夹点以编辑阵列或  [关联(AS)/基点(B)/计数(COU)/间距(S)/列数(COL)/行数
(R)/层数(L)/退出(X)]：
                                       //设置阵列参数，按 Enter 键退出
```

图 4-105 【阵列创建】选项卡

命令行中主要选项介绍如下。

> 关联（AS）：指定阵列中的对象是关联的还是独立的。选择"是"，则单个阵列对象中的所有阵列项目皆关联，类似于块，更改源对象则所有项目都会更改，如图4-106所示；选择"否"，则创建的阵列项目均作为独立对象，更改一个项目不影响其他项目，如图4-105所示。【阵列创建】选项卡中的【关联】按钮亮显则为"是"，反之为"否"。

(a) 选择"是"：所有对象关联　　　(b) 选择"否"：所有对象独立

图 4-106　阵列的关联效果

> 基点（B）：定义阵列基点和基点夹点的位置，默认为质心，如图4-107所示。该选项只有在启用"关联"时才有效。效果同【阵列创建】选项卡中的【基点】按钮。

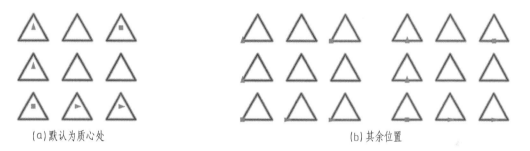

(a) 默认为质心处　　　　　　　　　　　　(b) 其余位置

图 4-107　不同的基点效果

> 计数（COU）：可指定行数和列数，并使用户在移动光标时可以动态观察阵列结果，如图4-108所示。效果同【阵列创建】选项卡中的【列数】、【行数】文本框。

指定行数　　　　　　　　　　指定列数

图 4-108　更改阵列的行数与列数

> **提示**　在矩形阵列的过程中，如果希望阵列的图形往相反的方向复制时，在列数或行数前面加"-"符号即可，也可以向反方向拖动夹点。

➤ 间距（S）：指定行间距和列间距并使用户在移动光标时可以动态观察结果，如图 4-109 所示。效果同【阵列创建】选项卡中的两个【介于】文本框。

（a）指定行距　　　　　　　　（b）指定列距

图 4-109　更改阵列的行距与列距

图 4-110　阵列的增量标高效果

➤ 列数（COL）：依次编辑列数和列间距，效果同【阵列创建】选项卡中的【列】面板。

➤ 行数（R）：依次指定阵列中的行数、行间距以及行之间的增量标高。增量标高指三维效果中 Z 方向上的增量，如图 4-110 所示即为"增量标高"为 10 的效果。

➤ 层数（L）：指定三维阵列的层数和层间距，效果同【阵列创建】选项卡中的【层级】面板，二维情况下无需设置。

操作实例 4-11　矩形阵列快速步骤螺纹孔

机械设备上的螺钉安装孔，一般均为对称的矩形布置，此时就可以使用【矩形阵列】命令来快速绘制。

① 打开"第 4 章\4-11 矩形阵列螺纹孔.dwg"素材文件，如图 4-111 所示，其中已经绘制好了一螺纹孔。

② 在【默认】选项卡中，单击【修改】面板中的【矩形阵列】按钮，阵列螺纹孔，如图 4-112 所示。命令行操作如下。

```
命令：_arrayrect↙                                    //启动【矩形阵列】命令
选择对象：找到 4 个                                    //选择螺纹孔
选择对象：↙                                          //按 Enter 键结束对象选择
类型 = 矩形  关联 = 是
选择夹点以编辑阵列或  [关联(AS)/基点(B)/计数(COU)/间距(S)/列数(COL)/行数
(R)/层数(L)/退出(X)] <退出>：cou ↙                    //激活【计数】选项
输入列数数或 [表达式(E)] <4>：2↙                        //输入列数为 2
```

```
输入行数数或 [表达式(E)] <3>: 2↙              //输入行数为 2
选择夹点以编辑阵列或 [关联(AS)/基点(B)/计数(COU)/间距(S)/列数(COL)/行数
(R)/层数(L)/退出(X)] <退出>: s↙              //激活【间距】选项
指定列之间的距离或 [单位单元(U)] <88.5878>: 100↙
                                             //输入列间距
指定行之间的距离 <777.4608>:-39↙             //输入行间距
选择夹点以编辑阵列或 [关联(AS)/基点(B)/计数(COU)/间距(S)/列数(COL)/行数
(R)/层数(L)/退出(X)] <退出>: ↙                //按 Enter 键结束命令操作
```

图 4-111　素材文件

图 4-112　矩形阵列结果

4.5.2　路径阵列

路径阵列可沿曲线（可以是直线、多段线、三维多段线、样条曲线、螺旋、圆弧、圆或椭圆。）阵列复制图形，通过设置不同的基点，能得到不同的阵列结果。

调用【路径阵列】命令的方法如下。

➤ 功能区：在【默认】选项卡中，单击【修改】面板中的【路径阵列】按钮，如图 4-114 所示。

➤ 菜单栏：执行【修改】|【阵列】|【路径阵列】命令，如图 4-113 所示。

➤ 命令行：ARRAYPATH。

图 4-113　【功能区】调用【路径阵列】命令

图 4-114　【菜单栏】调用【路径阵列】命令

路径阵列需要设置的参数有阵列路径、阵列对象和阵列数量、方向等。调用【阵列】命令，功能区显示路径方式下的【阵列创建】选项卡，如图 4-115 所示，命令行提示如下。

```
命令: _arraypath            //调用【路径阵列】命令
选择对象: 找到 1 个           //选择要阵列的对象
```

```
选择对象：
类型 = 路径  关联 = 是                          //显示当前的阵列设置
选择路径曲线：                                  //选取阵列路径
选择夹点以编辑阵列或  [关联(AS)/方法(M)/基点(B)/切向(T)/项目(I)/行(R)/层
(L)/对齐项目(A)/Z 方向(Z)/退出(X)] <退出>：    //设置阵列参数，按 Enter 键退出
```

图 4-115 【阵列创建】选项卡

命令行中主要选项介绍如下。

➢ 关联（AS）：与【矩形阵列】中的"关联"选项相同，这里不重复讲解。

➢ 方法（M）：控制如何沿路径分布项目，有"定数等分（D）"和"定距等分（M）"两种方式。效果与定数等分、定距等分中的"块"一致，只是阵列方法较灵活，对象不限于块，可以是任意图形。

➢ 基点（B）：定义阵列的基点。路径阵列中的项目相对于基点放置，选择不同的基点，进行路径阵列的效果也不同，如图 4-116 所示。效果同【阵列创建】选项卡中的【基点】按钮。

(a) 原图形   (b) 以 A 点为基点   (c) 以 B 点为基点

图 4-116 不同基点的路径阵列

➢ 切向（T）：指定阵列中的项目如何相对于路径的起始方向对齐，不同基点、切向的阵列效果如图 4-117 所示。效果同【阵列创建】选项卡中的【切线方向】按钮。

(a) 原图形   (b) 以 A 点为基点，AB为方向矢量以   (c) B 点为基点，BC为方向矢量

图 4-117 不同基点、切向的路径阵列

➢ 项目（I）：根据"方法"设置，指定项目数（方法为定数等分）或项目之间的距离（方法为定距等分），如图 4-118 所示。效果同【阵列创建】选项卡中的【项目】面板。

➢ 行（R）：指定阵列中的行数、它们之间的距离以及行之间的增量标高，如图 4-119 所示。效果同【阵列创建】选项卡中的【行】面板。

(a) 定数等分:指定项目数　　　　　　　(b) 定距等分:指定项目距离

图 4-118　根据所选方法输入阵列的项目数

图 4-119　路径阵列的"行"效果

➢ 层（L）：指定三维阵列的层数和层间距，效果同【阵列创建】选项卡中的【层级】面板，二维情况下无需设置。

➢ 对齐项目（A）：指定是否对齐每个项目以与路径的方向相切，对齐相对于第一个项目的方向，效果对比如图 4-120 所示。【阵列创建】选项卡中的【对齐项目】按钮亮显则开启，反之关闭。

➢ Z 方向：控制是否保持项目的原始 Z 方向或沿三维路径自然倾斜项目。

(a) 开启"对齐项目"效果　　　　　　　(b) 关闭"对齐项目"效果

图 4-120　对齐项目效果

操作实例 4-12　路径阵列绘制输送带

① 打开"第 4 章\4-12 路径阵列绘制输送带.dwg"素材文件，如图 4-121 所示。

② 在【常用】选项卡中，单击【修改】面板中的【路径阵列】按钮 ，。根据命令行的提示阵列图案，如图 4-122 所示，命令行操作如下。

命令：_arraypath	//调用【阵列】按钮
选择对象：指定对角点：找到 1 个	//选择对象
选择对象：✓	
类型 = 路径　关联 = 是	
选择路径曲线：	//选择路径

```
选择夹点以编辑阵列或  [关联(AS)/方法(M)/基点(B)/切向(T)/项目(I)/行(R)/层
(L)/对齐项目(A)/Z方向(Z)/退出(X)] <退出>: I↙                    //激活"项目(I)"选项
  指定沿路径的项目之间的距离或 [表达式(E)] <35.475>:↙
  最大项目数 = 14
  指定项目数或 [填写完整路径(F)/表达式(E)] <14>:↙
  选择夹点以编辑阵列或  [关联(AS)/方法(M)/基点(B)/切向(T)/项目(I)/行(R)/层
(L)/对齐项目(A)/Z方向(Z)/退出(X)] <退出>:↙                      //按Enter键退出
```

图 4-121　素材图形

图 4-122　路径阵列对象

③ 调用【分解】命令，对阵列的图形进行分解。然后配合【修剪】命令整理图形，最终效果如图 4-123 所示。

图 4-123　整理图形

4.5.3　环形阵列

【环形阵列】即极轴阵列，是以某一点为中心点进行环形复制，阵列结果是使阵列对象沿中心点的四周均匀排列成环形。调用【极轴阵列】命令的方法如下。

➤ 功能区：在【默认】选项卡中，单击【修改】面板中的【环形阵列】按钮 ，如图 4-124 所示。

➤ 菜单栏：执行【修改】|【阵列】|【环形阵列】命令，如图 4-125 所示。

➤ 命令行：ARRAYPOLAR。

图 4-124　【功能区】调用【环形阵列】命令

图 4-125　【菜单栏】调用【环形阵列】命令

【环形阵列】需要设置的参数有阵列的源对象、项目总数、中心点位置、填充角度。填充角度是指全部项目排成的环形所占有的角度。例如，对于 360° 填充，所有项目将排满一圈，如图 4-126 所示；对于 120° 填充，所有项目只排满三分之一圈，如图 4-127 所示。

图 4-126 指定项目总数和填充角度阵列

图 4-127 指定项目总数和项目间的角度阵列

调用【阵列】命令，功能区面板显示【阵列创建】选项卡，如图 4-128 所示，命令行提示如下。

```
命令: _arraypolar                                  //调用【环形阵列】命令
选择对象: 找到 1 个                                 //选择阵列对象
选择对象:
类型 = 极轴   关联 = 是                            //显示当前的阵列设置
指定阵列的中心点或 [基点 (B) /旋转轴 (A)]:         //指定阵列中心点
选择夹点以编辑阵列或 [关联 (AS) /基点 (B) /项目 (I) /项目间角度 (A) /填充角度 (F) /
行 (ROW) /层 (L) /旋转项目 (ROT) /退出 (X)] <退出>:
                                                   //设置阵列参数并按 Enter 键退出
```

图 4-128 【阵列创建】选项卡

命令行主要选项介绍如下。

➢ 关联（AS）：与【矩形阵列】中的"关联"选项相同，这里不重复讲解。

➢ 基点（B）：指定阵列的基点，默认为质心，效果同【阵列创建】选项卡中的【基点】按钮。

➢ 项目（I）：使用值或表达式指定阵列中的项目数，默认为 360° 填充下的项目数，如图 4-129 所示。

➢ 项目间角度（A）：使用值表示项目之间的角度，如图 4-130 所示。同【阵列创建】选项卡中的【项目】面板。

➢ 填充角度（F）：使用值或表达式指定阵列中第一个和最后一个项目之间的角度，即环形阵列的总角度。

➢ 行（ROW）：指定阵列中的行数、它们之间的距离以及行之间的增量标高，效果与【路径阵列】中的"行（R）"选项一致，在此不重复讲解。

(a)项目数为6　　　　(b)项目数为8

图 4-129　不同的项目数效果

(a)项目间角度为30°　　(b)项目间角度为45°

图 4-130　不同的项目间角度效果

➤ 层（L）：指定三维阵列的层数和层间距，效果同【阵列创建】选项卡中的【层级】面板，二维情况下无需设置。

➤ 旋转项目（ROT）：控制在阵列项时是否旋转项，效果对比如图 4-131 所示。【阵列创建】选项卡中的【旋转项目】按钮亮显则开启，反之关闭。

(a)开启"旋转项目"效果　　(b)关闭"旋转项目"效果

图 4-131　旋转项目效果

操作实例 4-13　环形阵列绘制齿轮

由于齿轮的轮齿数量非常多，而且形状复杂，因此在机械制图中通常采用简化画法进行表示。但有时为了建模需要，想让三维模型表达更加准确，就需要绘制准确的齿形，然后通过环形阵列的方式进行布置。

① 按 Ctrl+O 快捷键，打开"第 4 章\4-13 环形阵列绘制齿轮.dwg"素材文件，如图 4-132 所示。

② 在【常用】选项卡中，单击【修改】面板中的【环形阵列】按钮，阵列齿轮齿，如图 4-133 所示，命令行操作如下。

```
命令：_arraypolar                                    //调用【阵列】按钮
选择对象：指定对角点：找到 1 个                        //选择轮齿图形
选择对象：↙
类型 = 极轴  关联 = 是
指定阵列的中心点或 [基点(B)/旋转轴(A)]：                //捕捉圆心作为中心点
选择夹点以编辑阵列或 [关联(AS)/基点(B)/项目(I)/项目间角度(A)/填充角度(F)/
行(ROW)/层(L)/旋转项目(ROT)/退出(X)] <退出>：I↙        //激活"项目(I)"选项
输入阵列中的项目数或 [表达式(E)] <6>：20↙              //输入项目个数
```

选择夹点以编辑阵列或　[关联(AS)/基点(B)/项目(I)/项目间角度(A)/填充角度(F)/
行(ROW)/层(L)/旋转项目(ROT)/退出(X)] <退出>:✓　　　　　//按 Enter 键退出阵列

图 4-132　素材文件

图 4-133　阵列复制轮齿

操作实例 4-14　阵列绘制同步带

同步带是以钢丝绳或玻璃纤维为强力层，外覆以聚氨酯或氯丁橡胶的环形带，带的内周制成齿状，使其与齿形带轮啮合，如图 4-134 所示。同步带广泛用于纺织、机床、烟草、通信电缆、轻工、化工、冶金、仪表仪器、食品、矿山、石油、汽车等各行业各种类型的机械传动中。因此本案例将使用阵列的方式绘制如图 4-135 所示的同步带。

图 4-134　同步带的应用

图 4-135　同步带效果图形

① 打开"第 4 章\4-14 阵列绘制同步带.dwg"素材文件，素材图形如图 4-136 所示。

② 阵列同步带齿。单击【修改】面板中的【矩形阵列】按钮 ，选择单个齿轮作为阵列对象，设置列数为 12，行数为 1，距离为-18，阵列结果如图 4-137 所示。

图 4-136　素材文件

图 4-137　矩形阵列后的结果

③ 分解阵列图形。单击【修改】面板中的【分解】按钮 ，将矩形阵列的齿分解，并删除左端多余的部分。

④ 环形阵列。单击【修改】面板中的【环形阵列】按钮 ，选择最左侧的一个齿作为阵列对象，设置填充角度为 180，项目数量为 8，结果如图 4-138 所示。

⑤ 镜像齿条。单击【修改】面板中的【镜像】按钮 ，选择如图 4-139 所示的 8 个齿作

为镜像对象，以通过圆心的水平线作为镜像线，镜像结果如图 4-140 所示。

图 4-138　环形阵列后的结果

图 4-139　选择镜像对象

⑥ 修剪图形。单击【修改】面板中的【修剪】按钮 ✂，修剪多余的线条，结果如图 4-141 所示。

图 4-140　镜像后的结果

图 4-141　修剪之后的结果

4.6　辅助绘图类

图形绘制完成后，有时还需要对细节部分做一定的处理，这些细节处理包括倒角、倒圆、曲线及多段线的调整等。此外部分图形可能还需要分解或打断进行二次编辑，如矩形、多边形等。

4.6.1　圆角

利用【圆角】命令可以将两条相交的直线通过一个圆弧连接起来，通常用来表示在机械加工中把工件的棱角切削成圆弧面，是倒钝、去毛刺的常用手段，因此多见于机械制图中，如图 4-142 所示。

在 AutoCAD 2025 中【圆角】命令有以下几种调用方法。

➢ 功能区：单击【修改】面板中的【圆角】按钮 ⌐，如图 4-143 所示。
➢ 菜单栏：执行【修改】|【圆角】命令。
➢ 命令行：FILLET 或 F。

执行【圆角】命令后，命令行显示如下。

```
命令: _fillet                              //执行【圆角】命令
当前设置: 模式 = 修剪, 半径 = 3.0000        //当前圆角设置
选择第一个对象或 [放弃(U)/多段线(P)/半径(R)/修剪(T)/多个(M)]:
                                           //选择要倒圆的第一个对象
选择第二个对象, 或按住 Shift 键选择对象以应用角点或 [半径(R)]:
                                           //选择要倒圆的第二个对象
```

图 4-142 绘制圆角 | 图 4-143 【修改】面板中的【圆角】按钮

创建的圆弧的方向和长度由选择对象所拾取的点确定，始终在距离所选位置的最近处创建圆角，如图 4-144 所示。

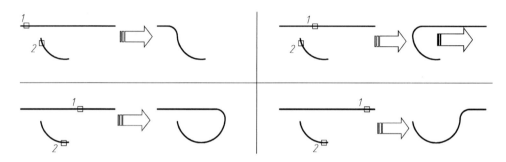

图 4-144 所选对象位置与所创建圆角的关系

重复【圆角】命令之后，圆角的半径和修剪选项无需重新设置，直接选择圆角对象即可，系统默认以上一次圆角的参数创建之后的圆角。

命令行中各选项的含义如下。

➢ 放弃（U）：放弃上一次的圆角操作。

➢ 多段线（P）：选择该项将对多段线中每个顶点处的相交直线进行圆角，并且圆角后的圆弧线段将成为多段线的新线段（除非"修剪（T）"选项设置为"不修剪"），如图 4-145 所示。

图 4-145 "多段线（P）"倒圆

➢ 半径（R）：选择该项，可以设置圆角的半径，更改此值不会影响现有圆角。0 半径值可用于创建锐角，还原已倒圆的对象，或为两条直线、射线、构造线、二维多段线创建半径为 0 的圆角会延伸或修剪对象以使其相交，如图 4-146 所示。

➢ 修剪（T）：选择该项，设置是否修剪对象。修剪与不修剪的效果对比如图 4-147 所示。

➢ 多个（M）：选择该选项，可以在依次调用命令的情况下对多个对象进行圆角。

(a) 还原圆角　　　　　　　　　　　　　(b) 延伸对象

图 4-146　半径值为 0 的倒圆角作用

(a) 修剪　　　　　　　　　　　　　　　(b) 不修剪

图 4-147　倒圆角的修剪效果

操作实例 4-15　机械轴零件倒圆角

在机械设计中，倒圆角的作用有：去除锐边（安全着想）、工艺圆角（铸造件在尺寸发生剧变的地方，必须有圆角过渡）、防止工件的应力集中。本例通过对一轴零件的局部图形进行倒圆操作，可以进一步帮助读者理解倒圆的操作及含义。

① 打开"第 4 章\4-15 机械轴零件倒圆角.dwg"素材文件，素材图形如图 4-148 所示。

② 将零件的左侧为方便装配设计成一锥形段，因此还可对左侧进行倒圆，使其更为圆润，此处的倒圆半径可适当增大。单击【修改】面板中的【圆角】按钮，设置圆角半径为 3，对轴零件最左侧进行倒圆，如图 4-149 所示。

图 4-148　素材文件　　　　　　　　　　图 4-149　方便装配倒圆

③ 锥形段的右侧截面处较尖锐，需进行倒圆处理。重复倒圆命令，设置倒圆半径为 1，操作结果如图 4-150 所示。

④ 退刀槽倒圆。为在加工时便于退刀，且在装配时与相邻零件保证靠紧，通常会在台肩处加工出退刀槽。该槽也是轴类零件的危险截面，如果轴失效发生断裂，多半是断于该处。因此为了避免退刀槽处的截面变化太大，会在此处设计有圆角，以防止应力集中，本例便在退刀槽两端处进行倒圆处理，圆角半径为 1，效果如图 4-151 所示。

图 4-150 尖锐截面倒圆

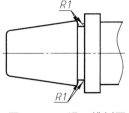

图 4-151 退刀槽倒圆

4.6.2 倒角

【倒角】命令用于将两条非平行直线或多段线以一斜线相连，在机械、家具、室内等设计图中均有应用。默认情况下，需要选择进行倒角的两条相邻的直线，然后按当前的倒角大小对这两条直线倒角。如图 4-152 所示为绘制倒角的图形。

在 AutoCAD 2025 中，【倒角】命令有以下几种调用方法。

> 功能区：单击【修改】面板中的【倒角】按钮 ，如图 4-153 所示。
> 菜单栏：执行【修改】|【倒角】命令。
> 命令行：CHAMFER 或 CHA。

图 4-152 【修改】面板中的【倒角】按钮

图 4-153 绘制倒角

倒角命令使用分为两个步骤，第一步确定倒角的大小，通过命令行里的【距离】选项实现，第二步是选择需要倒角的两条边。调用【倒角】命令，命令行提示如下。

```
命令: _chamfer                          //调用【倒角】命令
("修剪"模式) 当前倒角距离 1 = 0.0000, 距离 2 = 0.0000
选择第一条直线或 [放弃(U)/多段线(P)/距离(D)/角度(A)/修剪(T)/方式(E)/多个(M)]:
                                     //选择倒角的方式，或选择第一条倒角边
选择第二条直线，或按住 Shift 键选择直线以应用角点或 [距离(D)/角度(A)/方法(M)]:
                                     //选择第二条倒角边
```

执行该命令后，命令行显示如下。

> 放弃（U）：放弃上一次的倒角操作。

> 多段线（P）：对整个多段线每个顶点处的相交直线进行倒角，并且倒角后的线段将成为多段线的新线段。如果多段线包含的线段过短以至于无法容纳倒角距离，则不对这些线段倒角，如图 4-154 所示（倒角距离为 3）。

> 距离（D）：通过设置两个倒角边的倒角距离来进行倒角操作，第二个距离默认与第一个距离相同。如果将两个距离均设定为 0，CHAMFER 将延伸或修剪两条直线，以使它们终止于

同一点，同半径为 0 的倒圆角，如图 4-155 所示。

图 4-154 "多段线（P）"倒角

（a）距离1=距离2=4　　　　（b）距离1=5，距离 2 = 3　　　　（c）距离1=距离2=0

图 4-155 不同"距离（D）"的倒角

➢ 角度（A）：用第一条线的倒角距离和第二条线的角度设定倒角距离，如图 4-156 所示。

➢ 修剪（T）：设定是否对倒角进行修剪，如图 4-157 所示。

图 4-156 【角度】倒角方式　　　　　　　图 4-157 不修剪的倒角效果

➢ 方式（E）：选择倒角方式，与选择【距离(D)】或【角度(A)】的作用相同。

➢ 多个（M）：选择该项，可以对多组对象进行倒角。

操作实例 4-16 机械零件倒斜角

除了倒圆角处理之外，还可以对锐边进行倒斜角处理，也能起到相同的效果。

① 打开素材文件"第 4 章\4-16 机械零件倒斜角.dwg"，如图 4-158 所示。

② 单击【修改】面板中的【倒角】按钮 ，在直线 *A*、*B* 之间创建倒角，如图 4-159 所示。命令行操作如下。

```
命令：_chamfer                                    //执行【倒角】命令
（"修剪"模式）当前倒角距离 1 = 0.0000，距离 2 = 0.0000
选择第一条直线或 [放弃(U)/多段线(P)/距离(D)/角度(A)/修剪(T)/方式(E)/多个
(M)]：D
```

```
                                                              //选择【距离】选项
指定 第一个 倒角距离 <0.0000>: 1
指定 第二个 倒角距离 <1.0000>: 1                               //输入两个倒角距离
选择第一条直线或 [放弃(U)/多段线(P)/距离(D)/角度(A)/修剪(T)/方式(E)/多个
(M)]:                                                        //单击直线 A
选择第二条直线,或按住 Shift 键选择直线以应用角点或 [距离(D)/角度(A)/方法
(M)]:                                                        //单击直线 B
```

图 4-158　素材图形

图 4-159　A、B 间倒角

③ 重复【倒角】命令,在直线 B、C 之间倒角,如图 4-160 所示。命令行操作如下。

```
命令: _chamfer
("修剪" 模式) 当前倒角距离 1 = 1.0000, 距离 2 = 1.0000
选择第一条直线或 [放弃(U)/多段线(P)/距离(D)/角度(A)/修剪(T)/方式(E)/多个
(M)]: T                                                      //选择【修剪】选项
输入修剪模式选项 [修剪(T)/不修剪(N)] <修剪>: N               //选择【不修剪】
选择第一条直线或 [放弃(U)/多段线(P)/距离(D)/角度(A)/修剪(T)/方式(E)/多个
(M)]: D                                                      //选择【距离】选项
指定 第一个 倒角距离 <1.0000>: 2
指定 第二个 倒角距离 <2.0000>: 2                               //输入两个倒角距离
选择第一条直线或 [放弃(U)/多段线(P)/距离(D)/角度(A)/修剪(T)/方式(E)/多个
(M)]:                                                        //单击直线 B
选择第二条直线,或按住 Shift 键选择直线以应用角点或 [距离(D)/角度(A)/方法
(M)]:                                                        //单击直线 C
```

④ 按同样的方法创建其他位置的倒角,如图 4-161 所示。

⑤ 连接倒角之后的角点,并修剪线条,如图 4-162 所示。

图 4-160　B、C 间倒角

图 4-161　其他倒角

图 4-162　绘制连线和修剪图形

4.6.3 对齐

【对齐】命令可以使当前的对象与其他对象对齐,既适用于二维对象,又适用于三维对象。在对齐二维对象时,可以指定 1 对或 2 对对齐点(源点和目标点),在对其三维对象时则需要指定 3 对对齐点。

在 AutoCAD 2025 中【对齐】命令有以下几种常用调用方法。

➤ 功能区:单击【修改】面板中的【对齐】按钮■,如图 4-163 所示。
➤ 菜单栏:执行【修改】|【三维操作】|【对齐】命令,如图 4-164 所示。
➤ 命令行:ALIGN 或 AL。

图 4-163 【修改】面板中的【对齐】按钮

图 4-164 【对齐】菜单命令

执行上述任一命令后,根据命令行提示,依次选择源点和目标点,按 Enter 键结束操作,如图 4-165 所示。

```
命令: _align                                    //执行【对齐】命令
选择对象: 找到 1 个                              //选择要对齐的对象
指定第一个源点:                                 //指定源对象上的一点
指定第一个目标点:                               //指定目标对象上的对应点
指定第二个源点:                                 //指定源对象上的一点
指定第二个目标点:                               //指定目标对象上的对应点
指定第三个源点或 <继续>:                        //按 Enter 键完成选择
是否基于对齐点缩放对象? [是(Y)/否(N)] <否>:    //按 Enter 键结束命令
```

图 4-165 对齐对象

执行【对齐】命令后,根据命令行提示选择要对齐的对象,并按 Enter 键结束命令。在这个过程中,可以指定一对、两对或三对对齐点(一个源点和一个目标点合称为一对“对齐点”)来对齐选定对象。对齐点的对数不同,操作结果也不同,具体介绍如下。

❏ 一对对齐点（一个源点、一个目标点）

当只选择一对源点和目标点时，所选的对象将在二维或三维空间从源点 1 移动到目标点 2，类似于【移动】操作，如图 4-166 所示。

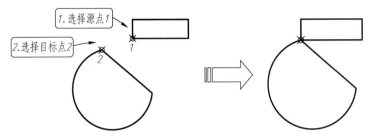

图 4-166　一对对齐点仅能移动对象

该对齐方法的命令行操作如下。

命令：ALIGN	//执行【对齐】命令
选择对象：找到 1 个	//选择图中的矩形
指定第一个源点：	//选择点 1
指定第一个目标点：	//选择点 2
指定第二个源点：	//按 Enter 键结束操作，矩形移动至对象上

❏ 两对对齐点（两个源点、两个目标点）

当选择两对点时，可以移动、旋转和缩放选定对象，以便与其他对象对齐。第一对源点和目标点定义对齐的基点（点 1、2），第二对对齐点定义旋转的角度（点 3、4），效果如图 4-167 所示。

图 4-167　两对对齐点可将对象移动并对齐

该对齐方法的命令行操作如下。

命令：ALIGN	//执行【对齐】命令
选择对象：找到 1 个	//选择图中的矩形
指定第一个源点：	//选择点 1
指定第一个目标点：	//选择点 2
指定第二个源点：	//选择点 3
指定第二个目标点：	//选择点 4
指定第三个源点或 <继续>：	//按 Enter 键完成选择
是否基于对齐点缩放对象？[是(Y)/否(N)] <否>：	//按 Enter 键结束操作

在输入了第二对点后，系统会给出【缩放对象】的提示。如果选择"是（Y）"，则源对象将进行缩放，使得其上的源点 3 与目标点 4 重合，效果如图 4-168 所示；如果选择"否（N）"，则源对象大小保持不变，源点 3 落在目标点 2、4 的连线上，如图 4-167 所示。

图 4-168　对齐时的缩放效果

提示　只有使用两对点对齐对象时才能使用缩放。

❑ 三对对齐点（三个源点、三个目标点）

对于二维图形来说，两对对齐点已可以满足绝大多数的使用需要，只有在三维空间中才会用得上三对对齐点。当选择三对对齐点时，选定的对象可在三维空间中进行移动和旋转，使之与其他对象对齐，如图 4-169 所示。

图 4-169　三对对齐点可在三维空间中对齐

操作实例 4-17　使用对齐命令装配三通管

在机械装配图的绘制过程中，如果仍使用一笔一画的绘制方法，则效率极为低下，无法体现出 AutoCAD 绘图的强大功能，也不能满足现代设计的需要。因此对 AutoCAD 掌握熟练，熟悉其中的各种绘制、编辑命令，对提供工作效率有很大的提高。在本例中，如果使用【移动】、【旋转】等方法，难免费时费力，而使用【对齐】命令，则可以一步到位，极为简便。

① 打开"第 4 章\4-17 使用对齐命令装配三通管.dwg"素材文件，其中已经绘制好了一三通管和装配管，但图形比例不一致，如图 4-170 所示。

② 单击【修改】面板中的【对齐】按钮 ，执行【对齐】命令，选择整个装配管图形，然后根据三通管和装配管的对接方式，按图 4-171 所示选择对应的两对对齐点（1 对应 2、3 对应 4）。

③ 两对对齐点指定完毕后，单击 Enter 键，命令行提示"是否基于对齐点缩放对象"，输入"Y"，选择"是"，再单击 Enter 键，即可将装配管对齐至三通管中，效果如图 4-172 所示。

图 4-170　素材图形　　　　　　　　　图 4-171　选择对齐点

图 4-172　三对对齐点的对齐效果

4.6.4　分解

【分解】命令是将某些特殊的对象，分解成多个独立的部分，以便于更具体的编辑。主要用于将复合对象，如矩形、多段线、块、填充等，还原为一般的图形对象。分解后的对象，其颜色、线型和线宽都可能发生改变。

在 AutoCAD 2025 中【分解】命令有以下几种调用方法。

 ➢ 功能区：单击【修改】面板中的【分解】按钮 🔲，如图 4-173 所示。
 ➢ 菜单栏：选择【修改】|【分解】命令，如图 4-174 所示。
 ➢ 命令行：EXPLODE 或 X。

图 4-173　【修改】面板中的【分解】按钮

图 4-174　【分解】菜单命令

执行上述任一命令后，选择要分解的图形对象，按 Enter 键，即可完成分解操作，操作方法与【删除】一致。如图 4-175 所示的微波炉图块被分解后，可以单独选择到其中的任一条边。

(a) 分解前　　　　　　　　　　　　(b) 分解后

图 4-175　图形分解前后对比

4.6.5　打断

在 AutoCAD2025 中，根据打断点数量的不同，"打断"命令可以分为【打断】和【打断于点】两种，分别介绍如下。

（1）打断

执行【打断】命令可以在对象上指定两点，然后两点之间的部分会被删除。被打断的对象不能是组合形体，如图块等，只能是单独的线条，如直线、圆弧、圆、多段线、椭圆、样条曲线、圆环等。

在 AutoCAD 2025 中【打断】命令有以下几种调用方法。

➢ 功能区：单击【修改】面板上的【打断】按钮 ，如图 4-176 所示。
➢ 菜单栏：执行【修改】|【打断】命令，如图 4-177 所示。
➢ 命令行：BREAK 或 BR。

图 4-176　【修改】面板中的【打断】按钮

图 4-177　【打断】菜单命令

【打断】命令可以在选择的线条上创建两个打断点，从而将线条断开。如果在对象之外指定一点为第二个打断点，系统将以该点到被打断对象的垂直点位置为第二个打断点，除去两点间的线段。如图 4-178 所示为打断对象的过程，可以看到利用【打断】命令能快速完成图形效果的调整。对应的命令行操作如下。

```
命令：_break                       //执行【打断】命令
选择对象：                         //选择要打断的图形
指定第二个打断点 或 [第一点(F)]：F   //选择"第一点"选项，指定打断的第一点
指定第一个打断点：                  //选择 A 点
指定第二个打断点：                  //选择 B 点
```

图 4-178　图形打断效果

默认情况下，系统会以选择对象时的拾取点作为第一个打断点。若此时直接在对象上选取另一点，即可去除两点之间的图形线段，但这样的打断效果往往不符要求，因此可在命令行中输入字母"F"，执行"第一点（F）"选项，通过指定第一点来获取准确的打断效果。

（2）打断于点

【打断于点】是从【打断】命令派生出来的，【打断于点】是指通过指定一个打断点，将对象从该点处断开成两个对象。在 AutoCAD 2025 中【打断于点】命令不能通过命令行输入和菜单调用，因此只有以下两种调用方法。

> ➤ 功能区：【修改】面板中的【打断于点】按钮 ⬚，如图 4-179 所示。
> ➤ 工具栏：调出【修改】工具栏，单击其中的【打断于点】按钮 ⬚。

【打断于点】命令在执行过程中，需要输入的参数只有"打断对象"和一个"打断点"。打断之后的对象外观无变化，没有间隙，但选择时可见已在打断点处分成两个对象，如图 4-180 所示。对应命令行操作如下。

```
命令：_break                              //执行【打断于点】命令
选择对象：                                //选择要打断的图形
指定第二个打断点 或 [第一点(F)]：_f         //系统自动选择"第一点"选项
指定第一个打断点：                         //指定打断点
指定第二个打断点：@                        //系统自动输入@结束命令
```

图 4-179　【修改】面板中的【打断于点】按钮

图 4-180　打断于点的图形

提 示	不能在一点打断闭合对象（例如圆）。

　　读者可以发现【打断于点】与【打断】的命令行操作相差无几，甚至在命令行中的代码都是"_break"。这是由于【打断于点】可以理解为【打断】命令的一种特殊情况，即第二点与第一点重合。因此，如果在执行【打断】命令时，要想让输入的第二个点和第一个点相同，那在指定第二点时在命令行输入"@"字符即可——此操作即相当于【打断于点】。

操作实例 4-18　使用打断修改活塞杆

　　有些机械零部件可能具有很大的长细比，即长度尺寸比径向尺寸大很多，从外观上表现为一细长杆形状。像液压缸的活塞杆、起重机的吊臂等，都属于这类零件。这类零件在绘制的时候，就可以用打断的方式只保留左右两端的特征图形，而省去中间简单而重复的部分。

　　① 打开"第4章\4-18 使用打断修改活塞杆.dwg"素材文件，其中绘制好了一长度为1000的活塞杆图形，并预设了打断用的4个点，如图4-181所示。

图 4-181　素材图形

　　② 如果完全按照真实的零件形状出图打印，那左右两端的重要结构便相距甚远，影响观察效果，而且也超出了一般图纸的打印范围，因此可用【打断】命令对其修改。

　　③ 在【默认】选项卡中，单击【修改】面板中的【打断】按钮，选择图形ϕ70段上侧的A、B两点，作为打断点，打断效果如图4-182所示。

图 4-182　在 A、B 两点处打断

　　④ 按相同方法打断下侧的 C、D 两点，效果如图4-183所示。

图 4-183　在 C、D 两点处打断

　　⑤ 单击【修改】面板中的【拉伸】按钮，框选任意侧图形，向对侧拉伸合适距离，将长度缩短，如图4-184所示。

图 4-184　将图形拉伸缩短

⑥ 使用【样条曲线】连接 *AC*、*BD*，即可得到该活塞杆的打断效果，如图 4-185 所示。

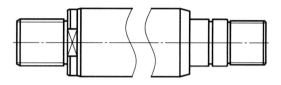

图 4-185　绘制打断边线

4.6.6　合并

【合并】命令用于将独立的图形对象合并为一个整体。它可以将多个对象进行合并，对象包括直线、多段线、三维多段线、圆弧、椭圆弧、螺旋线和样条曲线等。

在 AutoCAD 2025 中【合并】命令有以下几种调用方法。

- ➢ 功能区：单击【修改】面板中的【合并】按钮，如图 4-186 所示。
- ➢ 菜单栏：执行【修改】｜【合并】命令，如图 4-187 所示。
- ➢ 命令行：JOIN 或 J。

图 4-186　【修改】面板中的【合并】按钮

图 4-187　【合并】菜单命令

执行以上任一命令后，选择要合并的对象按 Enter 键退出，如图 4-188 所示。命令行操作如下。

图 4-188　合并图形

```
命令：_join                                    //执行【合并】命令
选择源对象或要一次合并的多个对象：找到 1 个    //选择源对象
选择要合并的对象：找到 1 个，总计 2 个         //选择要合并的对象
选择要合并的对象：                             //按 Enter 键完成操作
```

【合并】命令产生的对象类型取决于所选定的对象类型、首先选定的对象类型以及对象是否共线（或共面）。因此，【合并】操作的结果与所选对象及选择顺序有关。

操作实例 4-19 使用合并还原活塞杆

在【操作实例 4-18】中，使用【打断】命令只保留了活塞杆左右两端的特征图形，而如果反过来需要恢复完整效果，则可以通过本节所学的【合并】命令来完成，具体操作方法如下。

① 打开"第4章\4-19 使用合并还原活塞杆.dwg"素材文件，或延续【操作实例 4-18】进行操作。

② 单击【修改】面板中的【合并】按钮 ，分别单击打断线段的两端，如图 4-189 所示。

图 4-189 选择要合并的线段

③ 单击 Enter 键确认，可见上侧线段被合并为一根，接着按相同方法合并下侧线段，删除样条曲线，结果如图 4-190 所示。

图 4-190 合并效果

④ 再使用【拉伸】命令，将其拉伸至原来的长度即可还原。

4.7 通过夹点编辑图形

所谓"夹点"，是指图形对象上的一些特征点，如端点、顶点、中点、中心点等，图形的位置和形状通常是由夹点的位置决定的。在 AutoCAD 中，夹点是一种集成的编辑模式，利用夹点可以编辑图形的大小、位置、方向以及对图形进行镜像复制操作等。

4.7.1 夹点模式概述

在夹点模式下，图形对象以虚线显示，图形上的特征点（如端点、圆心、象限点等）将显示为小方框，这样的小方框称为夹点，如图 4-191 所示。

夹点有未激活和被激活两种状态。蓝色小方框显示的夹点处于未激活状态，单击某个未激活夹点，该夹点以红色小方框显示，处于被激活状态，被称为热夹点。以热夹点为基点，可以对图形对象进行拉伸、平移、复制、缩放和镜像等操作。同时按 Shift 键可以选择激活多个热夹点。

图 4-191 不同对象的夹点

4.7.2 利用夹点拉伸对象

如需利用夹点来拉伸图形，则操作方法如下。

➢ 快捷操作：在不执行任何命令的情况下选择对象，然后单击其中的一个夹点，系统自动将其作为拉伸的基点，即进入"拉伸"编辑模式。通过移动夹点，就可以将图形对象拉伸至新位置。夹点编辑中的【拉伸】与 STRETCH【拉伸】命令一致，效果如图 4-192 所示。

(a) 选择夹点   (b) 拖动夹点   (c) 拉伸结果

图 4-192 利用夹点拉伸对象

> **提示** 对于某些夹点，拖动时只能移动而不能拉伸，如文字、块、直线中点、圆心、椭圆中心和点对象上的夹点。

4.7.3 利用夹点移动对象

如需利用夹点来移动图形，则操作方法如下。

➢ 快捷操作：选中一个夹点，单击一次 Enter 键，即进入【移动】模式。

➢ 命令行：在夹点编辑模式下确定基点后，输入"MO"进入【移动】模式，选中的夹点即为基点。

通过夹点进入【移动】模式后，命令行提示如下。

```
** MOVE **
指定移动点或 [基点(B)/复制(C)/放弃(U)/退出(X)]。
```

使用夹点移动对象，可以将对象从当前位置移动到新位置，同 MOVE【移动】命令，如图
4-193 所示。

(a) 选择夹点　　　　　(b) 按一次Enter键，拖动夹点　　　　　(c) 移动结果

图 4-193　利用夹点移动对象

4.7.4　利用夹点旋转对象

如需利用夹点来移动图形，则操作方法如下。

➢ 快捷操作：选中一个夹点，单击两次 Enter 键，即进入【旋转】模式。

➢ 命令行：在夹点编辑模式下确定基点后，输入"RO"进入【旋转】模式，选中的夹点即
为基点。

通过夹点进入【移动】模式后，命令行提示如下。

```
** 旋转 **
指定旋转角度或 [基点(B)/复制(C)/放弃(U)/参照(R)/退出(X)]：
```

默认情况下，输入旋转角度值或通过拖动方式确定旋转角度后，即可将对象绕基点旋转指
定的角度。也可以选择【参照】选项，以参照方式旋转对象。操作方法同 ROTATE【旋转】命
令，利用夹点旋转对象如图 4-194 所示。

(a) 选择夹点　　　　　(b) 按两次Enter键后拖动夹点　　　　　(c) 旋转结果

图 4-194　利用夹点旋转对象

4.7.5　利用夹点缩放对象

如需利用夹点来移动图形，则操作方法如下。

➢ 快捷操作：选中一个夹点，单击三次 Enter 键，即进入【缩放】模式。

➢ 命令行：选中的夹点即为缩放基点，输入"SC"进入【缩放】模式。

通过夹点进入【缩放】模式后，命令行提示如下。

** 比例缩放 **

指定比例因子或 [基点 (B) / 复制 (C) / 放弃 (U) / 参照 (R) / 退出 (X)]。

默认情况下，当确定了缩放的比例因子后，AutoCAD 将相对于基点进行缩放对象操作。当比例因子大于 1 时放大对象；当比例因子大于 0 而小于 1 时缩小对象，操作同 SCALE【缩放】命令，如图 4-195 所示。

(a) 选择夹点　　　　　　(b) 按三次Enter键后拖动夹点　　　　　(c) 缩放结果

图 4-195　利用夹点缩放对象

4.7.6　利用夹点镜像对象

如需利用夹点来镜像图形，则操作方法如下。

> 快捷操作：选中一个夹点，单击四次 Enter 键，即进入【镜像】模式。
> 命令行：输入"MI"进入【镜像】模式，选中的夹点即为镜像线第一点。

通过夹点进入【镜像】模式后，命令行提示如下。

** 镜像 **

指定第二点或 [基点 (B) / 复制 (C) / 放弃 (U) / 退出 (X)]：

指定镜像线上的第二点后，AutoCAD 将以基点作为镜像线上的第一点，将对象进行镜像操作并删除源对象。利用夹点镜像对象如图 4-196 所示。

(a) 选择夹点　　　　　　　　　　　　　　(b) 按四次Enter键后拖动夹点

图 4-196　利用夹点镜像对象

4.7.7　利用夹点复制对象

如需利用夹点来复制图形，则操作方法如下。

> 命令行：选中夹点后进入【移动】模式，然后在命令行中输入"C"，调用"复制（C）"选项即可，命令行操作如下。

** MOVE **　　　　　　　　　　　　　　　　　　　　　　　//进入【移动】模式

```
指定移动点 或 [基点(B)/复制(C)/放弃(U)/退出(X)]:C        //选择"复制"选项

** MOVE （多个）**                                      //进入【复制】模式
指定移动点 或 [基点(B)/复制(C)/放弃(U)/退出(X)]:          //指定放置点，并按
                                                         Enter 键完成操作
```

使用夹点复制功能，选定中心夹点进行拖动时需按住 Ctrl 键，复制效果如图 4-197 所示。

(a)选择夹点 　　　(b)进入复制模式，指定放置点 　　　(c)复制结果

图 4-197　夹点复制

操作实例 4-20　夹点操作调整图形

与夹点操作和按钮绘图综合运用一样，夹点操作和快捷键绘图同样结合二者优点提高了绘图速率，并且在某些图形中运用快捷键绘图往往比按钮绘图更加节省制图时间。

① 打开"第 4 章\4-20 夹点操作调整图形.dwg"素材文件，如图 4-198 所示。

② 单击图形的三角形使其呈夹点状态，然后将光标单击左端点向左水平拖动，输入直线长为 80，如图 4-199 所示。

图 4-198　素材

图 4-199　拉伸夹点

图 4-200　拉伸圆弧

图 4-201　拉伸效果

③ 单击图形的圆弧使其呈夹点状态，然后将光标移动到右边夹点处，出现菜单栏，如图 4-200 所示。

④ 选择【拉长】，拖动光标拉长圆弧，如图 4-201 所示。

⑤ 输入 "L"，执行【直线】命令，以圆弧右端点为起始点，绘制一条水平的线段，端点连接到圆弧，如图 4-202 所示。

⑥ 输入 "TR"，执行【修剪】命令删除多余的线条，如图 4-203 所示。

图 4-202　绘制直线

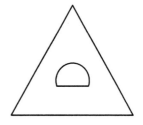

图 4-203　修剪图形

⑦ 输入 "O"，执行【偏移】命令将三角形依次向内偏移 3 和 5，如图 4-204 所示。

⑧ 输入 "L"，执行【直线】命令连接大三角形各个边的中点，如图 4-205 所示。

图 4-204　偏移图形

图 4-205　连接直线

⑨ 输入 "O"，执行【偏移】命令将上一步中绘制的直线依次向外偏移 5，如图 4-206 所示。

⑩ 利用 TR【修剪】和 E【删除】命令删除多余的线条，最终效果如图 4-207 所示。

图 4-206　偏移直线

图 4-207　最终效果

第二篇

精 通 篇

第 **5** 章

创建机械图形标注

（扫码获取配套资源）

使用 AutoCAD 进行设计绘图时，首先要明确的一点就是：图形中的线条长度，并不代表物体的真实尺寸，一切数值应以标注为准。无论是零件加工、还是装配件外形，所依据的是标注的尺寸值，因而尺寸标注是绘图中最为重要的部分。像一些成熟的设计师，在现场或无法使用 AutoCAD 的场合，会直接用笔在纸上手绘出一张草图，图不一定要画好看，但记录的数据却必须准确。由此也可见，图形仅是标注的辅助而已。

在 AutoCAD 中，图形注释可以是文字、尺寸标注、引线或表格说明，创建这些注释的命令都集中于"注释"面板中，如图 5-1 所示。

图 5-1 "注释"面板中的命令

5.1 图形标注的国家标准

为了统一图样中标注尺寸的基本规范，在标注机械图纸时应严格遵守各类国家标准（简称国标）。与图形标注有关的国标文件为 GB/T 4458.4—2023《机械制图 尺寸注法》。下面简单介绍各类基本尺寸的标注方法，读者也可以自行打开素材中附赠的相应国标文件进行查阅。

5.1.1 尺寸界线的画法

尺寸界线用细实线绘制，并应由图形的轮廓线、轴线或对称中心线处引出。也可利用轮廓线、轴线或对称中心线作尺寸界线，如图 5-2 所示。

5.1.2 曲线轮廓的尺寸注法

当表示曲线轮廓上各点的坐标时，可将尺寸线或其延长线作为尺寸界线，如图 5-3 所示。【尺寸界线】以及其他尺寸组成部分的概念可以查阅本书 5.2.1 节。

5.1.3 尺寸界线与尺寸线斜交的注法

尺寸界线一般应与尺寸线垂直，必要时才允许倾斜，如图 5-4 所示。

图 5-2　尺寸界线的画法

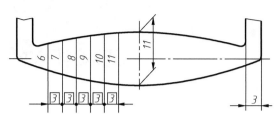

图 5-3　曲线轮廓的尺寸注法

5.1.4　圆弧过渡区域的尺寸注法

在圆弧光滑过渡处标注尺寸时,应用细实线将轮廓线延长,从它们的交点处引出尺寸界线,如图 5-5 所示。

图 5-4　尺寸界线与尺寸线斜交的注法

图 5-5　圆弧过渡区域的尺寸注法

5.1.5　对称机件的尺寸标注

当对称机件的图形只画出一半或略大于一半时,尺寸线应略超过对称中心线或断裂处的边界,此时仅在尺寸线的一端画出箭头,如图 5-6 所示。

5.1.6　直径及半径尺寸的标注

直径尺寸的数字前应加标注符号"ϕ",半径尺寸的数字前加符号"R",其尺寸线段通过圆弧的中心。当圆弧的半径过大时,可以使用如图 5-7 所示两种圆弧标注方法。

图 5-6　对称机件的尺寸标注

图 5-7　圆弧半径过大的标注

5.1.7　弧长尺寸的标注

弧长的尺寸界线应平行于该弧的垂直平分线，当弧度较大时，可沿径向引出尺寸界线。弧长的尺寸线为圆弧，在弧长的齿形上方须用细实线画出"⌒"圆弧符号，如图 5-8 所示。

5.1.8　球面尺寸的标注

标注球面的直径和半径时，应在符号"ϕ"和"R"前再加注符号"S"，如图 5-9 所示。

图 5-8　弧长的标注

图 5-9　球面标注方法

5.1.9　小尺寸的注法

在没有足够的位置画箭头或注写数字时，可按图 5-10 的形式标注，此时，允许用圆点或斜线代替箭头。

图 5-10　小尺寸的注法

5.1.10　尺寸数字的注写位置

线性尺寸数字的方向，有以下两种注写方法，一般应采用方法 1 注写；在不致引起误解时，也允许采用方法 2。但在一张图样中，应尽可能采用同一种方法。

➤ 方法 1：数字应按图 5-11 所示的方向注写，并尽可能避免在图示 30°范围内标注尺寸，当无法避免时可按图 5-12 的形式标注。

➤ 方法 2：对于非水平方向的尺寸，其数字可水平地注写在尺寸线的中断处（如图 5-13、图 5-14 所示）。

5.1.11　角度尺寸标注

角度尺寸的尺寸界限应沿径向引出，尺寸线应画成圆弧，其圆心是该角的顶点，尺寸线的终端应画成箭头。角度的数字一律写成水平方向，一般注写在尺寸线的中断处，角度尺寸标注如图 5-15 所示。

图 5-11　尺寸数字的注写方向

图 5-12　向左倾斜 30°范围内的尺寸数字的注写

图 5-13　非水平方向的尺寸注法（一）

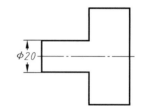

图 5-14　非水平方向的尺寸注法（二）

5.1.12　板状零件的尺寸标注

标注板状零件的厚度时，可在尺寸数字前加注符号 "t"，后接数字表示其厚度，如图 5-16 所示中的 $t2$ 即表示板厚度为 2mm。

图 5-15　角度尺寸的标注

图 5-16　角度尺寸的标注

5.1.13　正方形结构尺寸的标注

对于正截面为正方形的结构，可在正方形边长尺寸之前加注符号 "□" 或以 "边长×边长" 的形式进行标注，如图 5-17 所示。

5.1.14　倒角的标注

45° 的倒角可按图 5-18 的形式标注，非 45° 的倒角应按图 5-19 的形式标注。

图 5-17　正方形结构的尺寸注法

图 5-18　45°的倒角注法

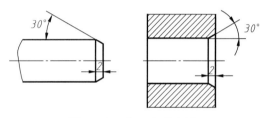

图 5-19　非 45°的倒角

5.2　尺寸标注的组成与原则

尺寸标注在 AutoCAD 中是一个复合体，以块的形式存储在图形中。在标注尺寸时需要遵循一定的规则，以避免标注混乱或引起歧义。

5.2.1　尺寸标注的组成

在 AutoCAD 中，一个完整的尺寸标注由尺寸界线、尺寸线、尺寸箭头和尺寸文字 4 个要素构成，如图 5-20 所示。AutoCAD 的尺寸标注命令和样式设置，都是围绕这 4 个要素进行的。

各组成部分的作用与含义分别如下。

➢ 尺寸界线：也称为投影线，用于标注尺寸的界限，由图样中的轮廓线、轴线或对称中心线引出。标注时，延伸线从所标注的对象上自动延伸出来，它的端点与所标注的对象接近但并未相连。

➢ 尺寸箭头：也称为标注符号。标注符号显示在尺寸线的两端，用于指定标注的起始位置。AutoCAD 默认使用闭合的填充箭头作为标注符号。此外，AutoCAD 还提供了多种箭头符号，以满足不同行业的需要。

图 5-20　尺寸标注的组成要素

> 尺寸线：用于表明标注的方向和范围。通常与所标注对象平行，放在两延伸线之间，一般情况下为直线，但在角度标注时，尺寸线呈圆弧形。

> 尺寸文字：表明标注图形的实际尺寸大小，通常位于尺寸线上方或中断处。在进行尺寸标注时，AutoCAD 会生动生成所标注对象的尺寸数值，我们也可以对标注的文字进行修改、添加等编辑操作。

5.2.2　尺寸标注的原则

尺寸标注要求对标注对象进行完整、准确、清晰的标注，标注的尺寸数值真实地反映标注对象的大小。国家标准对尺寸标注做了详细的规定，要求尺寸标注必须遵守以下基本原则。

> 物体的真实大小应以图形上所标注的尺寸数值为依据，与图形的显示大小和绘图的精确度无关。

> 图形中的尺寸为图形所表示的物体的最终尺寸，如果是绘制过程中的尺寸（如在涂镀前的尺寸等），则必须另加说明。

> 物体的每一尺寸，一般只标注一次，并应标注在最能清晰反映该结构的视图上。

对机械制图进行尺寸标注时，应遵循如下规定。

> 符合国家标准的有关规定，标注制造零件所需的全部尺寸，不重复不遗漏，尺寸排列整齐，并符合设计和工艺的要求。

> 每个尺寸一般只标注一次，尺寸数字为零件的真实大小，与所绘图形的比例及准确性无关。尺寸标注以毫米为单位，若采用其他单位则必须注明单位名称。

> 标注文字中的字体按照国家标准规定书写，图样中的字体为仿宋体，字号分 1.8、2.5、3.5、5、7、10、14 和 20 八种，其字体高度应按 $\sqrt{2}$ 的比率递增。

> 字母和数字分 A 型和 B 型，A 型字体的笔画宽度（d）与字体高度（h）符合 $d=h/14$，B 型字体的笔画宽度与字体高度符合 $d=h/10$。在同一张纸上，只允许选用一种形式的字体。

> 字母和数字分直体和斜体两种，但在同一张纸上只能采用一种书写形式，常用的是斜体。

5.3　尺寸标注样式

【标注样式】用来控制标注的外观，如箭头样式、文字位置和几何公差等。在同一个 AutoCAD 文档中，可以同时定义多个不同的命名样式。修改某个样式后，就可以自动修改所有用该样式创建的对象。

绘制不同的工程图纸，需要设置不同的尺寸标注样式，要系统地了解尺寸设计和制图的知识，请参考有关机械有关制图的国家规范和标准，以及其他的相关资料。

5.3.1　新建标注样式

同之前介绍过的【多线】命令一样，尺寸标注在 AutoCAD 中也需要指定特定的样式来进行下一步操作。但尺寸标注样式的内容相当丰富，涵盖了标注从箭头形状到尺寸线的消隐、伸出距离、文字对齐方式等诸多方面。因此可以通过在 AutoCAD 中设置不同的标注样式，使其适应不同的绘图环境。

如果要新建标注样式，可以通过【标注样式和管理器】对话框来完成。在 AutoCAD 中调用【标注样式和管理器】有如下几种常用方法。

> 功能区：在【默认】选项卡中单击【注释】面板下拉列表中的【标注样式】按钮 ，如图 5-21 所示。
> 菜单栏：执行【格式】|【标注样式】命令，如图 5-22 所示。
> 命令行：DIMSTYLE 或 D。

图 5-21　【注释】面板中的【标注样式】按钮　　　　图 5-22　【标注样式】菜单命令

执行上述任一命令后，系统弹出【标注样式管理器】对话框，如图 5-23 所示。

单击【新建】按钮，系统弹出【创建新标注样式】对话框，如图 5-24 所示。然后在【新样式名】文本框中输入新样式的名称，单击【继续】按钮，即可打开【新建标注样式】对话框进行新建。

5.3.2　设置标注样式

在新建标注样式的介绍中，打开【新建标注样式】对话框之后的操作是最重要的，这也是

图 5-23 【标注样式管理器】对话框   图 5-24 【创建新标注样式】对话框

本小节所要着重讲解的。在【新建标注样式】对话框中可以设置尺寸标注的各种特性，对话框中有【线】、【符号和箭头】、【文字】、【调整】、【主单位】、【换算单位】和【公差】7 个选项卡，每一个选项卡对应一种特性的设置，分别介绍如下。

（1）【线】选项卡

切换到【新建标注样式】对话框中的【线】选项卡，可见【线】选项卡中包括【尺寸线】和【尺寸界线】两个选项组。在该选项卡中可以设置尺寸线、尺寸界线的格式和特性。

❑【尺寸线】选项组

➤【颜色】：用于设置尺寸线的颜色，一般保持默认值"Byblock"（随块）即可。也可以使用变量 DIMCLRD 设置。

➤【线型】：用于设置尺寸线的线型，一般保持默认值"Byblock"（随块）即可。

➤【线宽】：用于设置尺寸线的线宽，一般保持默认值"Byblock"（随块）即可。也可以使用变量 DIMLWD 设置。

➤【超出标记】：用于设置尺寸线超出量。若尺寸线两端是箭头，则此框无效；若在对话框的【符号和箭头】选项卡中设置了箭头的形式是"倾斜"和"建筑标记"时，可以设置尺寸线超过尺寸界线外的距离，如图 5-25 所示。

➤【基线间距】：用于设置基线标注中尺寸线之间的间距。

➤【隐藏】：【尺寸线 1】和【尺寸线 2】分别控制了第一条和第二条尺寸线的可见性，如图 5-26 所示。

图 5-25 【超出标记】设置为 5 时的示例   图 5-26 【隐藏尺寸线 1】效果图

❑【尺寸界线】选项组

➤【颜色】：用于设置延伸线的颜色，一般保持默认值"Byblock"（随块）即可。也可以使用变量 DIMCLRD 设置。

> ➤【线型】：分别用于设置【尺寸界线 1】和【尺寸界线 2】的线型，一般保持默认值"Byblock"（随块）即可。

> ➤【线宽】：用于设置延伸线的宽度，一般保持默认值"Byblock"（随块）即可。也可以使用变量 DIMLWD 设置。

> ➤【隐藏】：【尺寸界线 1】和【尺寸界线 2】分别控制了第一条和第二条尺寸界线的可见性。

> ➤【超出尺寸线】：控制尺寸界线超出尺寸线的距离，如图 5-27 所示。

> ➤【起点偏移量】：控制尺寸界线起点与标注对象端点的距离，如图 5-28 所示。

图 5-27　【超出尺寸线】设置为 5 时的示例　　　图 5-28　【起点偏移量】设置为 3 时的示例

> 提示　　在机械制图的标注中，为了区分尺寸标注和被标注对象，用户应使尺寸界线与标注对象不接触，因此尺寸界线的【起点偏移量】一般设置为 2～3mm。

（2）【符号和箭头】选项卡

【符号和箭头】选项卡中包括【箭头】、【圆心标记】、【折断标注】、【弧长符号】、【半径折弯标注】和【线性折弯标注】6 个选项组，如图 5-29 所示。

图 5-29　【符号和箭头】选项卡

❑【箭头】选项组

> ➤【第一个】以及【第二个】：用于选择尺寸线两端的箭头样式。在建筑绘图中通常设为"建筑标注"或"倾斜"样式，如图 5-30 所示；机械制图中通常设为"箭头"样式，如图 5-31 所示。

> ➤【引线】：用于设置快速引线标注（命令：LE）中的箭头样式，如图 5-32 所示。

> ➤【箭头大小】：用于设置箭头的大小。

图 5-30　建筑标注　　　　图 5-31　机械标注　　　　图 5-32　引线样式

> **提示**　AutoCAD 中提供了 19 种箭头，如果选择了第一个箭头的样式，第二个箭头会自动选择和第一个箭头一样的样式。也可以在第二个箭头下拉列表中选择不同的样式。

□【圆心标记】选项组

圆心标记是一种特殊的标注类型，在使用【圆心标记】时，可以在圆弧中心生成一个标注符号，【圆心标记】选项组用于设置圆心标记的样式。各选项的含义如下。

➢【无】：使用【圆心标记】命令时，无圆心标记，如图 5-33 所示。

➢【标记】：创建圆心标记。在圆心位置将会出现小十字，如图 5-34 所示。

➢【直线】：创建中心线。在使用【圆心标记】命令时，十字线将会延伸到圆或圆弧外边，如图 5-35 所示。

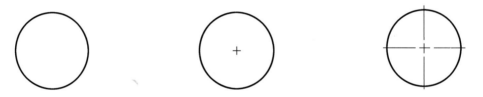

图 5-33　圆心标记为【无】　　　图 5-34　圆心标记为【标记】　　　图 5-35　圆心标记为【直线】

> **提示**　可以取消选中【调整】选项卡中的【在尺寸界线之间绘制尺寸线】复选框，这样就能在标注直径或半径尺寸时，同时创建圆心标记，如图 5-36 所示。

图 5-36　标注时同时创建尺寸与圆心标记

（3）【文字】选项卡

【文字】选项卡包括【文字外观】、【文字位置】和【文字对齐】3 个选项组，如图 5-37 所示。

图 5-37　【文字】选项卡

❑【文字外观】选项组

➤【文字样式】：用于选择标注的文字样式。也可以单击其后的 ⬚ 按钮，系统弹出【文字样式】对话框，选择文字样式或新建文字样式。

➤【文字颜色】：用于设置文字的颜色，一般保持默认值"Byblock"（随块）即可。也可以使用变量 DIMCLRT 设置。

➤【填充颜色】：用于设置标注文字的背景色。默认为"无"，如果图纸中尺寸标注很多，就会出现图形轮廓线、中心线、尺寸线与标注文字相重叠的情况，这时若将【填充颜色】设置为"背景"，即可有效改善图形，如图 5-38 所示。

图 5-38　【填充颜色】为"背景"效果

➤【文字高度】：设置文字的高度，也可以使用变量 DIMCTXT 设置。

➤【分数高度比例】：设置标注文字的分数相对于其他标注文字的比例，AutoCAD 将该比例值与标注文字高度的乘积作为分数的高度。

➤【绘制文字边框】：设置是否给标注文字加边框。

❑【文字对齐】选项组

在【文字对齐】选项组中，可以设置标注文字的对齐方式，如图 5-39 所示。各选项的含义如下。

➤【水平】单选按钮：无论尺寸线的方向如何，文字始终水平放置。

➤【与尺寸线对齐】单选按钮：文字的方向与尺寸线平行。

➤【ISO 标准】单选按钮：按照 ISO 标准对齐文字。当文字在尺寸界线内时，文字与尺寸线对齐。当文字在尺寸界线外时，文字水平排列。

| (a) 水平 | (b) 与尺寸线对齐 | (c) ISO标准 |

图 5-39　尺寸文字对齐方式

（4）【调整】选项卡

【调整】选项卡包括【调整选项】、【文字位置】、【标注特征比例】和【优化】4个选项组，可以设置标注文字、尺寸线、尺寸箭头的位置，如图 5-40 所示。

图 5-40　【调整】选项卡

❏【调整选项】选项组

在【调整选项】选项组中，可以设置当尺寸界线之间没有足够的空间同时放置标注文字和箭头时，应从尺寸界线之间移出的对象，如图 5-41 所示。各选项的含义如下。

➢【文字或箭头（最佳效果）】单选按钮：表示由系统选择一种最佳方式来安排尺寸文字和尺寸箭头的位置。

➢【箭头】单选按钮：表示将尺寸箭头放在尺寸界线外侧。

➢【文字】单选按钮：表示将标注文字放在尺寸界线外侧。

➢【文字和箭头】单选按钮：表示将标注文字和尺寸线都放在尺寸界线外侧。

➢【文字始终保持在尺寸界线之间】单选按钮：表示标注文字始终放在尺寸界线之间。

➢【若箭头不能放在尺寸界线内，则将其消除】单选按钮：表示当尺寸界线之间不能放置箭头时，不显示标注箭头。

| (a) 文字和箭头全部移出 | (b) 箭头移出 | (c) 文字保持在界线之间 | (d) 不绘制箭头 | (e) 文字移出 |

图 5-41　尺寸要素调整

❏【文字位置】选项组

在【文字位置】选项组中，可以设置当标注文字不在默认位置时应放置的位置，如图 5-42 所示。各选项的含义如下。

➢【尺寸线旁边】单选按钮：表示当标注文字在尺寸界线外部时，将文字放置在尺寸线旁边。

➢【尺寸线上方，带引线】单选按钮：表示当标注文字在尺寸界线外部时，将文字放置在尺寸线上方并加一条引线相连。

➢【尺寸线上方，不带引线】单选按钮：表示当标注文字在尺寸界线外部时，将文字放置在尺寸线上方，不加引线。

(a)尺寸线旁边　　　　(b)尺寸线上方，加引线　　　　(c)尺寸线上方，不加引线

图 5-42　文字位置调整

❑【标注特征比例】选项组

在【标注特征比例】选项组中，可以设置标注尺寸的特征比例，以便通过设置全局比例来调整标注的大小。各选项的含义如下。

➢【注释性】复选框：选择该复选框，可以将标注定义成可注释性对象。

➢【将标注缩放到布局】单选按钮：选中该单选按钮，可以根据当前模型空间视口与图纸之间的缩放关系设置比例。

➢【使用全局比例】单选按钮：选择该单选按钮，可以对全部尺寸标注设置缩放比例，该比例不改变尺寸的测量值，效果如图 5-43 所示。

(a) 全局比例值为1　　　　(b) 全局比例值为5　　　　(c) 全局比例值为10

图 5-43　设置全局比例值

（5）【主单位】选项卡

【主单位】选项卡包括【线性标注】、【测量单位比例】、【消零】、【角度标注】和【消零】

图 5-44　【主单位】选项卡

5个选项组，如图5-44所示。

【主单位】选项卡可以对标注尺寸的精度进行设置，并能给标注文本加入前缀或者后缀等。

❏【线性标注】选项组

➢【单位格式】：设置除角度标注之外的其余各标注类型的尺寸单位，包括【科学】、【小数】、【工程】、【建筑】、【分数】等选项。

➢【精度】：设置除角度标注之外的其他标注的尺寸精度。

➢【分数格式】：当单位格式是分数时，可以设置分数的格式，包括【水平】、【对角】和【非堆叠】3种方式。

➢【小数分隔符】：设置小数的分隔符，包括【逗点】、【句点】和【空格】3种方式。

➢【舍入】：用于设置除角度标注外的尺寸测量值的舍入值。

➢【前缀】和【后缀】：设置标注文字的前缀和后缀，在相应的文本框中输入字符即可。

❏【测量单位比例】选项组

使用【比例因子】文本框可以设置测量尺寸的缩放比例，AutoCAD的实际标注值为测量值与该比例的积。选中【仅应用到布局标注】复选框，可以设置该比例关系仅适用于布局。

❏【消零】选项组

该选项组中包括【前导】和【后续】两个复选框。设置是否消除角度尺寸的前导和后续零，如图5-45所示。

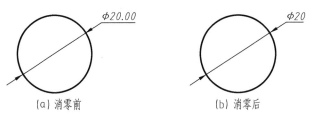

图5-45 【后续】消零示例

❏【角度标注】选项组

➢【单位格式】：在此下拉列表框中设置标注角度时的单位。

➢【精度】：在此下拉列表框中设置标注角度的精度。

（6）【换算单位】选项卡

【换算单位】选项卡包括【换算单位】、【消零】和【位置】3个选项组，如图5-46所示。

【换算单位】可以方便地改变标注的单位，通常我们用的就是公制单位与英制单位的互换。

选中【显示换算单位】复选框后，对话框的其他选项才可用，可以在【换算单位】选项组中设置换算单位的【单位格式】、【精度】、【换算单位倍数】、【舍入精度】、【前缀】及【后缀】等，方法与设置主单位的方法相同，在此不一一讲解。

（7）【公差】选项卡

【公差】选项卡包括【公差格式】、【公差对齐】、【消零】、【换算单位公差】和【消零】5个选项组，如图5-47所示。

➢【公差】选项卡可以设置公差的标注格式，其中常用功能含义如下。

➢【方式】：在此下拉列表框中有表示标注公差的几种方式，如图5-48所示。

图 5-46　【换算单位】选项卡

图 5-47　【公差】选项卡

(a) 对称公差

(b) 极限偏差

(c) 极限尺寸

(d) 基本尺寸

图 5-48　公差的各种表示方式效果图

➢【上偏差和下偏差】：设置尺寸上偏差、下偏差值。

➢【高度比例】：确定公差文字的高度比例因子。确定后系统会将该比例因子与尺寸文字高度之积作为公差文字的高度。

➢【垂直位置】：控制公差文字相对于尺寸文字的位置，包括上、中和下 3 种方式。

➢【换算单位公差】：当标注换算单位时，可以设置换算单位精度和是否消零。

操作实例 5-1　创建机械制图标注样式

机械制图有其特有的标注规范，因此本案例便运用上文介绍的知识，来创建用于机械制图的标注样式，步骤如下。

① 启动 AutoCAD，新建空白文档。

② 命令行中输入 "D" 并单击 Enter 键，弹出【标注样式管理器】对话框，如图 5-49 所示。

图 5-49　【标注样式管理器】对话框

图 5-50　【创建新标注样式】对话框

③ 单击【新建】按钮弹出【创建新标注样式】对话框，在【新样式名】文本框中输入"机械图标注样式"，如图5-50所示。

④ 单击【继续】按钮，弹出【修改标注样式：机械标注】对话框，切换到【线】选项卡，设置【基线间距】为8，设置【超出尺寸线】为2.5，设置【起点偏移量】为2，如图5-51所示。

⑤ 切换到【符号和箭头】选项卡，设置【引线】为无，设置【箭头大小】为2.5，设置【圆心标记】为2.5，设置【弧长符号】为"标注文字的上方"，设置【半径折弯角度】为90，如图5-52所示。

图5-51 【线】选项卡　　　　　　　　　　图5-52 【符号和箭头】选项卡

⑥ 切换到【文字】选项卡，单击【文字样式】中的⋯按钮，设置文字为gbenoR.Shx，设置【文字高度】为2.5，设置【文字对齐】为ISO标准，如图5-53所示。

⑦ 切换到【主单位】选项卡，设置【线性标注】中的【精度】为0.00，设置【角度标注】中的精度为0.0，【消零】都设为"后续"，如图5-54所示。然后单击【确定】按钮，选择"置为当前"后，单击【关闭】按钮，创建完成。

图5-53 【文字】选项卡　　　　　　　　　图5-54 【主单位】选项卡

操作实例 5-2　创建公制−英制的换算样式

在现实的设计工作中，有时会碰到一些国外设计师所绘制的图纸，或绘图发往国外。此时就必须注意图纸上所标注的尺寸是"公制"还是"英制"。一般来说，图纸上如果标有单位标记，如 INCHES、in（英寸），或在标注数字后有"'"标记，则为英制尺寸；反之，带有 METRIC、mm（毫米）字样的，则为公制尺寸。

1in（英寸）=25.4mm（毫米），因此英制尺寸如果换算为我国所用的公制尺寸，需放大 25.4 倍，反之缩小为 1/25.4（约 0.0393）。本例便通过新建标注样式的方式，在公制尺寸旁添加英制尺寸的参考，高效、快速地完成尺寸换算。

① 打开"第 5 章\5-2 创建公制-英制的换算样式.dwg"素材文件，其中已绘制好一法兰零件图形，并已添加公制尺寸标注，如图 5-55 所示。

② 单击【注释】面板中的【标注样式】按钮 ，打开【标注样式管理器】对话框，选择当前正在使用的"ISO-25"标注样式，单击【修改】按钮，如图 5-56 所示。

图 5-55　素材文件

图 5-56　【标注样式管理器】对话框

③ 用换算单位。打开【修改标注样式：ISO-25】对话框，切换到其中的【换算单位】选项卡，勾选【显示换算单位】复选框，然后在【换算单位倍数】文本框中输入 0.0393701，即毫米换算至英寸的比例值，再在【位置】区域选择换算尺寸的放置位置，如图 5-57 所示。

④ 单击【确定】按钮，返回绘图区，可见在原标注区域的指定位置处添加了带括号的数值，该值即为英制尺寸，如图 5-58 所示。

图 5-57　素材文件

图 5-58　【标注样式管理器】对话框

5.4   标注的创建

使用 AutoCAD 进行设计绘图时，首先要明确的一点就是：图形中的线条长度，并不代表物体的真实尺寸，一切数值应以标注为准。无论是零件加工、还是装配，所依据的是标注的尺寸值，因而尺寸标注是绘图中最为重要的部分。像一些成熟的设计师，在现场或无法使用AutoCAD 的场合，会直接用笔在纸上手绘出一张草图，图不一定要画得好看，但记录的数据却力求准确。由此也可见，图形仅是标注的辅助而已。

对于不同的对象，其定位所需的尺寸类型也不同。AutoCAD 包含了一套完整的尺寸标注的命令，可以标注线性、角度、弧长、半径、直径、坐标等在内的各类尺寸，如图 5-59 所示。

图 5-59   尺寸标注命令

5.4.1   智能标注

智能标注可以根据选定的对象类型自动创建相应的标注，例如，选择一条线段，则创建线性标注；选择一段圆弧，则创建半径标注。可以看作是以前快速标注命令的加强版。

执行智能标注命令有以下几种方式。

➢ 功能区：在【默认】选项卡中，单击【注释】面板中的【标注】按钮 ▦。

➢ 命令行：DIM。

使用上面任一种方式启动智能标注命令，将鼠标置于对应的图形对象上，就会自动创建出相应的标注，如图 5-60 所示。如果需要，可以使用命令行选项更改标注类型。具体操作命令行提示如下。

> 选择对象或指定第一个尺寸界线原点或 [角度 (A) / 基线 (B) / 连续 (C) / 坐标 (O) / 对齐
(G) / 分发 (D) / 图层 (L) / 放弃 (U)]：   //选择图形或标注对象

命令行中各选项的含义说明如下。

➢ 角度（A）：创建一个角度标注来显示三个点或两条直线之间的角度，操作方法同角度标注，如图 5-61 所示。

(a) 线性、对齐标注

(b) 角度标注

(c) 半径、直径标注

图 5-60　智能标注

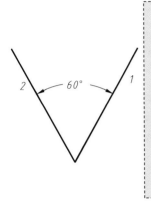

```
命令：_dim                               //执行智能标注命令
选择对象或指定第一个尺寸界线原点或  [角度 (A) /基线 (B) /连续
(C) /坐标 (O) /对齐 (G) /分发 (D) /图层 (L) /放弃 (U) ] :A↵
                                        //选择 "角度" 选项
选择圆弧、圆、直线或 [顶点 (V) ] :      //选择第 1 个对象
选择直线以指定角度的第二条边：           //选择第 2 个对象
指定角度标注位置或  [多行文字 (M) /文字 (T) /文字角度 (N) /放
弃 (U) ] ：

                                        //放置角度
```

图 5-61　"角度（A）"标注尺寸

➤ 基线（B）：从上一个或选定标准的第一条界线创建线性、角度或坐标标注，操作方法同基线标注，如图 5-62 所示。

选择基线的
参考尺寸

```
命令：_dim                               //执行智能标注命令
选择对象或指定第一个尺寸界线原点或  [角度 (A) /基线 (B) /连续
(C) /坐标 (O) /对齐 (G) /分发 (D) /图层 (L) /放弃 (U) ] :B↵
                                        //选择 "基线" 选项
当前设置：偏移 (DIMDLI) = 3.750000//当前的基线标注参数
指定作为基线的第一个尺寸界线原点或 [偏移 (O) ] ：
                                        //选择基线的参考尺寸
指定第二个尺寸界线原点或 [选择 (S) /偏移 (O) /放弃 (U) ] <选择>：
标注文字 = 20                           //选择基线标注的下一点 1
指定第二个尺寸界线原点或 [选择 (S) /偏移 (O) /放弃 (U) ] <选择>：
标注文字 = 30                           //选择基线标注的下一点 2
……                                     //按 Enter 键结束命令
```

图 5-62　"基线（B）"标注尺寸

➤ 连续（C）：从选定标注的第二条尺寸界线创建线性、角度或坐标标注，操作方法同连续标注，如图 5-63 所示。

```
命令：_dim                           //执行智能标注命令
选择对象或指定第一个尺寸界线原点或 [角度(A)/基线(B)/连续(C)/
坐标(O)/对齐(G)/分发(D)/图层(L)/放弃(U)]:C↙
                                     //选择"连续"选项
指定第一个尺寸界线原点以继续：       //选择标注的参考尺寸
指定第二个尺寸界线原点或 [选择(S)/放弃(U)] <选择>：
标注文字 = 10                        //选择连续标注的下一点1
指定第二个尺寸界线原点或 [选择(S)/放弃(U)] <选择>：
标注文字 = 10                        //选择连续标注的下一点2
        ......                       //按 Enter 键结束命令
```

图 5-63 "连续（C）"标注尺寸

➤ 坐标（O）：创建坐标标注，提示选取部件上的点，如端点、交点或对象中心点，如图5-64所示。

```
命令：_dim                           //执行智能标注命令
选择对象或指定第一个尺寸界线原点或[角度(A)/基线(B)/连续(C)/
坐标(O)/对齐(G)/分发(D)/图层(L)/放弃(U)]:O↙
                                     //选择"坐标"选项
指定点坐标或 [放弃(U)]：             //选择点1
指定引线端点或 [X 基准(X)/Y 基准(Y)/多行文字(M)/文字(T)/角
度(A)/放弃(U)]：
标注文字 = 8
指定点坐标或 [放弃(U)]：             //选择点2
指定引线端点或[X 基准(X)/Y 基准(Y)/多行文字(M)/文字(T)/角度
(A)/放弃(U)]：
标注文字 = 16
指定点坐标或 [放弃(U)]：↙           //按 Enter 键结束命令
```

图 5-64 "坐标（O）"标注尺寸

➤ 对齐（G）：将多个平行、同心或同基准的标注对齐到选定的基准标注，用于调整标注，让图形看起来工整、简洁，如图5-65所示，命令行操作如下。

```
命令：_dim                           //执行智能标注命令
选择对象或指定第一个尺寸界线原点或 [角度(A)/基线(B)/连续(C)/对齐(G)/分发
(D)/图层(L)/放弃(U)]:G↙
                                     //选择"对齐"选项
选择基准标注：                       //选择基准标注10
选择要对齐的标注:找到 1 个           //选择要对齐的标注12
选择要对齐的标注:找到 1 个，总计 2 个  //选择要对齐的标注15
选择要对齐的标注：↙                  //按 Enter 键结束命令
```

图 5-65　"对齐（G）"选项修改标注

➢ 分发（D）：指定可用于分发一组选定的孤立线性标注或坐标标注的方法，可将标注按一定间距隔开，如图 5-66 所示。命令行操作如下。

```
命令：_dim                                    //执行智能标注命令
选择对象或指定第一个尺寸界线原点或　[角度(A)/基线(B)/连续(C)/对齐(G)/分发
(D)/图层(L)/放弃(U)]:D✓
                                             //选择"分发"选项
当前设置：偏移 (DIMDLI) = 6.000000           //当前"分发"选项的参数
                                               设置，偏移值即为间距值
指定用于分发标注的方法 [相等(E)/偏移(O)] <相等>:O //选择"偏移"选项
选择基准标注或 [偏移(O)]:                     //选择基准标注 10
选择要分发的标注或 [偏移(O)]:找到 1 个        //选择要隔开的标注 12
选择要分发的标注或 [偏移(O)]:找到 1 个，总计 2 个 //选择要隔开的标注 15
选择要分发的标注或 [偏移(O)]: ✓               //按 Enter 键结束命令
```

图 5-66　"分发（D）"选项修改标注

➢ 图层（L）：为指定的图层指定新标注，以替代当前图层。输入 Use Current 或 "."以使用当前图层。

操作实例 5-3　使用智能标注注释图形

如果读者在使用 AutoCAD 之前，有用过 UG、Solidworks 或天正 CAD 等设计软件的话，那对智能标注命令的操作肯定不会感到陌生。传统的 AutoCAD 标注方法需要根据对象的类型来选择不同的标注命令，这种方式效率低下，已不合时宜。因此，快速选择对象，实现无差别标注的方法就应运而生，本例便仅通过智能标注对图形添加标注，读者也可以使用传统方法进行标注，以此来比较二者之间的差异。

① 打开"第 5 章\5-3 使用智能标注注释图形.dwg"素材文件，其中已绘制好一示例图形，如图 5-67 所示。

② 标注水平尺寸。在【默认】选项卡中，单击【注释】面板上的【标注】按钮，然后移动光标至图形上方的水平线段，系统自动生成线性标注，如图 5-68 所示。

图 5-67　素材文件

图 5-68　标注水平尺寸

③ 标注竖直尺寸。放置好上步骤创建的尺寸，即可继续执行智能标注命令。接着选择图形左侧的竖直线段，即可得到如图 5-69 所示的竖直尺寸。

④ 标注半径尺寸。放置好竖直尺寸，接着选择左下角的圆弧段，即可创建半径标注，如图 5-70 所示。

图 5-69　标注竖直尺寸

图 5-70　标注半径尺寸

⑤ 标注角度尺寸。放置好半径尺寸，继续执行智能标注命令。选择图形底边的水平线，然后不要放置标注，直接选择右侧的斜线，即可创建角度标注，如图 5-71 所示。

图 5-71　标注角度尺寸

⑥ 创建对齐标注。放置角度标注之后，移动光标至右侧的斜线，得到如图 5-72 所示的对齐标注。

⑦ 单击 Enter 键结束智能标注命令，最终标注结果如图 5-73 所示。读者也可自行使用【线性】、【半径】等传统命令进行标注，以比较两种方法之间的异同，选择自己所习惯的一种。

图 5-72　标注对齐尺寸

图 5-73　最终效果

5.4.2　线性标注

使用水平、竖直或旋转的尺寸线创建线性的标注尺寸。线性标注仅用于标注任意两点之间的水平或竖直方向的距离。执行性标注命令的方法有以下几种。

> 功能区：在【默认】选项卡中，单击【注释】面板中的【线性】按钮囗。
> 菜单栏：选择【标注】|【线性】命令。
> 命令行：DIMLINEAR 或 DLI。

执行"线性标注"命令后，依次指定要测量的两点，即可得到线性标注尺寸。命令行操作提示如下。

```
命令：_dimlinear                      //执行线性标注命令
指定第一个尺寸界线原点或 <选择对象>：    //指定测量的起点
指定第二条尺寸界线原点：               //指定测量的终点
指定尺寸线位置或                      //放置标注尺寸，结束操作
```

执行线性标注命令后，有两种标注方式，即"指定原点"和"选择对象"。这两种方式的操作方法与区别介绍如下。

（1）指定原点

默认情况下，在命令行提示下指定第一条尺寸界线的原点，并在"指定第二条尺寸界线原点"提示下指定第二条尺寸界线原点，操作方法示例如图 5-74 所示。

图 5-74　线性标注之"指定原点"

（2）选择对象

执行线性标注命令之后，直接按 Enter 键，则要求选择标注尺寸的对象。选择对象之后，系统便以对象的两个端点作为两条尺寸界线的起点。该标注的操作方法示例如图 5-75 所示，命令行的操作过程如下。

```
命令：_dimlinear                    //执行线性标注命令
指定第一个尺寸界线原点或 <选择对象>： //按 Enter 键选择"选择对象"选项
选择标注对象：                       //单击直线 AB
指定尺寸线位置或
[多行文字(M)/文字(T)/角度(A)/水平(H)/垂直(V)/旋转(R)]：
                                    //水平向右拖动指针，在合适位置放置尺寸线
                                    （若上下拖动，则生成水平尺寸）
标注文字=30
```

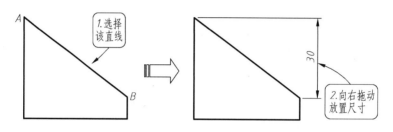

图 5-75　线性标注之"选择对象"

操作实例 5-4　标注零件图的线性尺寸

机械零件上具有多种结构特征，需灵活使用 AutoCAD 中提供的各种标注命令才能为其添加完整的注释。本例便先为零件图添加最基本的线性尺寸。

① 打开"第 5 章\5-4 标注零件图的线性尺寸.dwg"素材文件，其中已绘制好一零件图形，如图 5-76 所示。

② 单击【注释】面板中的【线性】按钮，执行线性标注命令，具体操作如下。

```
命令：_dimlinear
指定第一个尺寸界线原点或 <选择对象>：//指定标注对象起点
指定第二条尺寸界线原点：            //指定标注对象终点
指定尺寸线位置或
[多行文字(M)/文字(T)/角度(A)/水平(H)/垂直(V)/旋转(R)]：
标注文字 = 130                      //单击左键，确定尺寸线放置位置，完成操作
```

③ 用同样的方法标注其他水平或垂直方向的尺寸，标注完成后，其效果如图 5-77 所示。

5.4.3　对齐标注

在对直线段进行标注时，如果该直线的倾斜角度未知，那么使用线性标注的方法将无法得

到准确的测量结果，这时可以使用对齐标注完成如图 5-78 所示的标注效果。

图 5-76　素材图形　　　　　　　　　图 5-77　线性标注结果

图 5-78　对齐标注

在 AutoCAD 中调用对齐标注有如下几种常用方法。
- 功能区：在【默认】选项卡中，单击【注释】面板中的【对齐】按钮。
- 菜单栏：执行【标注】|【对齐】命令。
- 命令行：DIMALIGNED 或 DAL。

对齐标注的使用方法与线性标注相同，指定两目标点后就可以创建尺寸标注，命令行操作如下。

```
命令：_dimaligned
指定第一个尺寸界线原点或 <选择对象>：          //指定测量的起点
指定第二条尺寸界线原点：                      //指定测量的终点
指定尺寸线位置或                             //放置标注尺寸，结束操作
[多行文字(M)/文字(T)/角度(A)]：
标注文字 = 50
```

命令行中各选项含义与线性标注中的一致，这里不再赘述。

操作实例 5-5　标注零件图的对齐尺寸

在机械零件图中，有许多非水平、垂直的平行轮廓，这类尺寸的标注就需要用到"对齐"命令。本例延续"操作实例 5-4"的结果，为零件图添加对齐尺寸。

① 打开"第 5 章\5-5 标注零件图的对齐尺寸.dwg"素材文件，如图 5-77 所示。

② 在【默认】选项卡中，单击【注释】面板中的【对齐】按钮，执行对齐标注命令，具体步骤如下。

```
命令：_dimaligned
指定第一个尺寸界线原点或 <选择对象>：    //指定横槽的圆心为起点
指定第二条尺寸界线原点：              //指定横槽的另一圆心为终点
指定尺寸线位置或
[多行文字(M)/文字(T)/角度(A)]：
标注文字 = 75                       //单击左键，确定尺寸线放置位置，完成操作
```

③ 操作完成后，其效果如图 5-79 所示。

图 5-79　标注对齐尺寸 75

5.4.4　角度标注

利用【角度】标注命令不仅可以标注两条呈一定角度的直线或 3 个点之间的夹角，选择圆弧的话，还可以标注圆弧的圆心角。在 AutoCAD 中调用【角度】标注有如下几种方法。

➤ 功能区：在【默认】选项卡中，单击【注释】面板中的【角度】按钮　。
➤ 菜单栏：执行【标注】|【角度】命令。
➤ 命令行：DIMANGULAR 或 DAN。

通过以上任意一种方法执行该命令后，选择图形上要标注角度尺寸的对象，即可进行标注。操作示例如图 5-80 所示，命令行操作过程如下。

```
命令：_dimangular
选择圆弧、圆、直线或 <指定顶点>：        //选择直线 CO
选择第二条直线：                       //选择直线 AO
指定标注弧线位置或 [多行文字(M)/文字(T)/角度(A)/象限点(Q)]：
                                    //在锐角内放置圆弧线，结束命令
标注文字 = 45

                                    //单击 Enter，重复角度标注命令
命令：_dimangular                    //执行角度标注命令
选择圆弧、圆、直线或 <指定顶点>：        //选择圆弧 AB
指定标注弧线位置或 [多行文字(M)/文字(T)/角度(A)/象限点(Q)]：
                                    //在合适位置放置圆弧线，结束命令
标注文字 = 50
```

图 5-80　角度标注

角度标注同线性标注一样，也可以选择具体的对象来进行标注，其他选项含义均一样，在此不重复介绍。

操作实例 5-6　标注零件图的角度尺寸

在机械零件图中，有时会出现一些转角、拐角之类的特征，这部分特征可以通过角度标注并结合旋转剖面图来进行表达，常见于一些叉架类零件图。本例延续"操作实例 5-5"的结果，为零件图添加角度尺寸。

① 打开"第 5 章\5-6 标注零件图的角度尺寸.dwg"素材文件，如所示。

② 在【默认】选项卡中，单击【注释】面板上的【角度】按钮，标注角度，其具体步骤如下。

```
命令: _dimangular
选择圆弧、圆、直线或 <指定顶点>:                //选择竖直的中心线
选择第二条直线:                               //选择过左侧圆的中心线
指定标注弧线位置或 [多行文字(M)/文字(T)/角度(A)/象限点(Q)]:
                                            //指定尺寸线位置
标注文字 = 39
```

③ 标注完成后，其效果如图 5-81 所示。

④ 使用相同方法，标注其他的角度尺寸，得到如图 5-82 所示的效果。

图 5-81　标注第一个角度尺寸

图 5-82　角度标注结果

5.4.5　弧长标注

弧长标注用于标注圆弧、椭圆弧或者其他弧线的长度。在 AutoCAD 中调用【弧长】标注有如下几种常用方法。

> ➢ 功能区：在【默认】选项卡中，单击【注释】面板中的【弧长】按钮🔲。
> ➢ 菜单栏：执行【标注】|【弧长】命令。
> ➢ 命令行：DIMARC。

弧长标注的操作与半径、直径标注相同，直接选择要标注的圆弧即可。该标注的操作方法示例如图 5-83 所示，命令行的操作过程如下。

命令：_dimarc	//执行弧长标注命令
选择弧线段或多段线圆弧段：	//单击选择要标注的圆弧
指定弧长标注位置或 [多行文字(M)/文字(T)/角度(A)/部分(P)/引线(L)]：	
标注文字 = 67	//在合适的位置放置标注

图 5-83　弧长标注

5.4.6　半径标注

利用【半径】标注可以快速标注圆或圆弧的半径大小，系统自动在标注值前添加半径符号"*R*"。执行"半径标注"命令的方法有以下几种。

> ➢ 功能区：在【默认】选项卡中，单击【注释】面板中的【半径】按钮🔲。
> ➢ 菜单栏：执行【标注】|【半径】命令。
> ➢ 命令行：DIMRADIUS 或 DRA。

执行任一命令后，命令行提示选择需要标注的对象，单击圆或圆弧即可生成半径标注，拖动指针在合适的位置放置尺寸线。该标注方法的操作示例如图 5-84 所示，命令行操作过程如下。

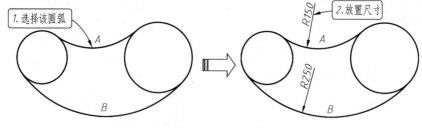

图 5-84　半径标注

命令：_dimradius	//执行"半径"标注命令

选择圆弧或圆：　　　　　　　　　　　　　　　　　//单击选择圆弧 A
标注文字 = 150
指定尺寸线位置或 [多行文字(M)/文字(T)/角度(A)]：　//在圆弧内侧合适位置放
　　　　　　　　　　　　　　　　　　　　　　　　　　置尺寸线，结束命令

单击 Enter 键可重复上一命令，按此方法重复半径标注命令，即可标注圆弧 B 的半径。

在系统默认情况下，系统自动加注半径符号"R"。但如果在命令行中选择"多行文字"和"文字"选项重新确定尺寸文字时，只有给输入的尺寸文字加前缀，才能使标注出的半径尺寸有半径符号"R"，否则没有该符号。

操作实例 5-7　标注零件图的半径尺寸

半径标注适用于标注图纸上一些未画成整圆的圆弧和圆角。如果为一整圆，宜使用直径标注；而如果对象的半径值过大，则应使用折弯标注。本例延续"操作实例 5-6"的结果，为零件图添加半径尺寸。

① 打开"第 5 章\5-7 标注零件图的半径尺寸.dwg"素材文件。

② 单击【注释】面板中的【半径】按钮，选择右侧的圆弧为对象，标注半径如图 5-85 所示，命令行操作如下。

命令：_dimradius
选择圆弧或圆：　　　　　　　　　　　　　　　　　//选择右侧圆弧
标注文字 = 30
指定尺寸线位置或 [多行文字(M)/文字(T)/角度(A)]：　//在合适位置放置尺
　　　　　　　　　　　　　　　　　　　　　　　　　　寸线，结束命令

③ 用同样的方法标注其他不为整圆的圆弧以及倒圆角，效果如图 5-86 所示。

图 5-85　标注第一个半径尺寸 R30　　　　　　图 5-86　半径标注结果

5.4.7　直径标注

利用直径标注可以标注圆或圆弧的直径大小，系统自动在标注值前添加直径符号"ϕ"。执行【直径】标注命令的方法有以下几种。

➢ 功能区：在【默认】选项卡中，单击【注释】面板中的【直径】按钮。

> ➤ 菜单栏：执行【标注】|【角度】命令。

> ➤ 命令行：DIMDIAMETER 或 DDI。

直径标注的方法与半径标注的方法相同，执行直径标注命令之后，选择要标注的圆弧或圆，然后指定尺寸线的位置即可，如图 5-87 所示，命令行操作如下。

```
命令：_dimdiameter                                      //执行"直径"标注命令
选择圆弧或圆：                                          //单击选择圆
标注文字 = 160
指定尺寸线位置或 [多行文字(M)/文字(T)/角度(A)]：        //在合适位置放置尺寸线，
                                                       结束命令
```

图 5-87　直径标注

操作实例 5-8　标注零件图的直径尺寸

图纸中的整圆一般直径用直径标注命令标注，而不用半径标注。本例延续"操作实例 5-7"的结果，为零件图添加直径尺寸。

① 打开"第 5 章\5-8 标注零件图的直径尺寸.dwg"素材文件。

② 单击【注释】面板中的【直径】按钮 ◯，选择中间的大圆为对象，标注直径如图 5-88 所示，命令行操作如下。

```
命令：_dimdiameter
选择圆弧或圆：                                          //选择中间的大圆
标注文字 = 91
指定尺寸线位置或 [多行文字(M)/文字(T)/角度(A)]：        //在合适位置放置尺寸线，
                                                       结束命令
```

③ 用同样的方法标注其他圆的直径尺寸，效果如图 5-89 所示。

图 5-88　标注第一个直径尺寸 φ91　　　　　　　图 5-89　直径标注结果

> **提示**
>
> 如果图形中有多个相同尺寸的结构，那么在标注时就可以通过简略方法来进行表示，如图 5-89 中 "2×ϕ41" 和 "2×ϕ23"，可表示左侧的两个圆直径也分别为 41 和 23。

5.4.8　坐标标注

坐标标注是一类特殊的引注，用于标注某些点相对于 UCS 坐标原点的 X 和 Y 坐标。在 AutoCAD 中调用坐标标注有如下几种常用方法。

➤ 功能区：在【默认】选项卡中，单击【注释】面板上的【坐标】按钮。

➤ 菜单栏：执行【标注】|【坐标】命令。

➤ 命令行：DIMORDINATE/DOR。

按上述方法执行【坐标】命令后，指定标注点，即可进行坐标标注，如图 5-90 所示，命令行提示如下。

```
命令: _dimordinate
指定点坐标:
指定引线端点或 [X 基准(X)/Y 基准(Y)/多行文字(M)/文字(T)/角度(A)]:
标注文字 = 100
```

图 5-90　坐标标注

命令行各选项的含义如下。

➤ 指定引线端点：通过拾取绘图区中的点确定标注文字的位置。

➤ X 基准（X）：系统自动测量所选择点的 X 轴坐标值并确定引线和标注文字的方向，如图 5-91 所示。

➤ Y 基准（Y）：系统自动测量所选择点的 Y 轴坐标值并确定引线和标注文字的方向，如图 5-92 所示。

图 5-91　标注 X 轴坐标值

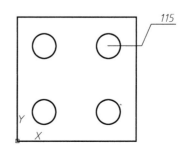

图 5-92　标注 Y 轴坐标值

> **提示** 也可以通过移动光标的方式在"X基准（X）"和"Y基准（Y）"中来回切换，光标上、下移动为 X 轴坐标；光标左、右移动为 Y 轴坐标。

> 多行文字（M）：选择该选项可以通过输入多行文字的方式输入多行标注文字。
> 文字（T）：选择该选项可以通过输入单行文字的方式输入单行标注文字。
> 角度（A）：选择该选项可以设置标注文字的方向与 X（Y）轴夹角，系统默认为 0°，与线性标注中的选项一致。

5.4.9 折弯标注

当圆弧半径相对于图形尺寸较大时，半径标注的尺寸线相对于图形显得过长，这时可以使用折弯标注。该标注方式与半径、直径标注方式基本相同，但需要指定一个位置代替圆或圆弧的圆心。

执行折弯标注命令的方法有以下几种。

> 功能区：在【默认】选项卡中，单击【注释】面板中的【折弯】按钮。
> 菜单栏：选择【标注】|【折弯】命令。
> 命令行：DIMJOGGED。

折弯标注与半径标注的使用方法基本相同，但需要指定一个位置代替圆或圆弧的圆心，操作示例如图 5-93 所示。命令行操作如下。

```
命令：_dimjogged                          //执行"折弯"标注命令
选择圆弧或圆：                             //单击选择圆弧
指定图示中心位置：                         //指定 A 点
标注文字 = 250
指定尺寸线位置或 [多行文字(M)/文字(T)/角度(A)]：
指定折弯位置：                             //指定折弯位置，结束命令
```

图 5-93 折弯标注

操作实例 5-9 标注零件图的折弯尺寸

机械设计中为追求零件外表面的流线、圆润效果，会设计成大半径的圆弧轮廓。这类图形在标注时如直接采用半径标注，则连线过大，影响视图显示效果，因此推荐使用折弯标注来注释这部分图形。本例仍延续"操作实例 5-8"进行操作。

① 打开"第 5 章\5-9 标注零件图的折弯尺寸.dwg"素材文件，如图 5-89 所示。
② 在【默认】选项卡中，单击【注释】面板中的【折弯】按钮，选择左下侧圆弧为对象，标注折弯半径如图 5-94 所示。

图 5-94　折弯标注结果

5.4.10　引线标注

引线工具可以用来创建带指引线的标注，指引线的一端可以是文字或数字，一般用来作为说明性注释。在 AutoCAD 中存在两种引线工具，即"多重引线"和"快速引线"，其中多重引线使用较多，【注释】面板中的引线工具均是多重引线，如图 5-95 所示。

图 5-95　引线工具

在 AutoCAD 中启用多重引线标注有如下几种常用方法。

➢ 功能区：在【默认】选项卡中，单击【注释】面板上的【引线】按钮 ╱○。
➢ 菜单栏：执行【标注】|【多重引线】命令。
➢ 命令行：MLEADER 或 MLD。

执行上述任一命令后，在图形中单击确定引线箭头位置；然后在打开的文字输入窗口中输入注释内容即可，如图 5-96 所示，命令行提示如下。

```
命令：_mleader                        //执行"多重引线"命令
指定引线箭头的位置或 [引线基线优先(L)/内容优先(C)/选项(O)] <选项>：
                                      //指定引线箭头位置
指定引线基线的位置：                  //指定基线位置，并输入注释文字，
                                         空白处单击即可结束命令
```

图 5-96　多重引线标注示例

命令行中各选项含义说明如下。

➢ 引线基线优先（L）：选择该选项，可以颠倒多重引线的创建顺序，先创建基线位置（即文字输入的位置），再指定箭头位置，如图 5-97 所示。

图 5-97　"引线基线优先（L）"标注多重引线

➢ 引线箭头优先（H）：即默认先指定箭头、再指定基线位置的方式。

➢ 内容优先（L）：选择该选项，可以先创建标注文字，再指定引线箭头来进行标注，如图 5-98 所示。该方式下的基线位置可以自动调整，随鼠标移动方向而定。

图 5-98　"内容优先（L）"标注多重引线

如果执行【多重引线】中的"选项（O）"命令，则命令行出现如下提示。

输入选项　[引线类型 (L) /引线基线 (A) /内容类型 (C) /最大节点数 (M) /第一个角度 (F) /第二个角度 (S) /退出选项 (X)] <退出选项>：

"引线类型（L）"可以设置多重引线的处理方法，其下分有 3 个子选项，介绍如下。

➤ 直线（S）：将多重引线设置为直线形式，如图 5-99 所示，为默认的显示状态。

➤ 样条曲线（P）：将多重引线设置为样条曲线形式，如图 5-100 所示，适合在一些凌乱、复杂的图形环境中进行标注。

➤ 无（N）：创建无引线的多重引线，效果就相当于"多行文字"，如图 5-101 所示。

图 5-99 　"直线（S）"形 　　　　图 5-100 　"样条曲线（P）" 　　图 5-101 　"无（N）"
式的多重引线 　　　　　　　　　形式的多重引线 　　　　　　形式的多重引线

"引线基线（A）"选项可以指定是否添加水平基线。如果输入"是"，将提示设置基线的长度，效果同"多重引线样式管理器"中的"设置基线距离"文本框。

"内容类型（C）"选项可以指定要用于多重引线的内容类型，其下同样有 3 个子选项，介绍如下。

➤ 块（B）：将多重引线后面的内容设置为指定图形中的块，如图 5-102 所示。

➤ 多行文字（M）：将多重引线后面的内容设置为多行文字，如图 5-103 所示，为默认设置。

➤ 无（N）：指定没有内容显示在引线的末端，显示效果为一纯引线，如图 5-104 所示。

图 5-102 　多重引线后接图块　　　图 5-103 　多重引线后接多行文字　　　图 5-104 　多重引线后不接内容

"最大节点数（M）"选项可以指定新引线的最大点数或线段数。选择该选项后命令行出现如下提示。

输入引线的最大节点数 <2>://输入"多行引线"的节点数，默认为 2，即由 2 条线段构成

所谓节点，可简单理解为在创建"多重引线"时鼠标的单击点（指定的起点即为第 1 点）。在不同的节点数显示效果如图 5-105 所示；而当选择"样条曲线（P）"形式的多重引线时，节点数即相当于样条曲线的控制点数，效果如图 5-106 所示。

图 5-105 　不同节点数的多重引线　　　　图 5-106 　样条曲线形式下的多节点引线

"第一个角度（F）"选项可以约束新引线中的第一个点的角度；"第二个角度（S）"选项则可以约束新引线中的第二个角度。这两个选项联用可以创建外形工整的多重引线，效果如图 5-107 所示。

(a) 未指定引线角度，效果凌乱　　　　(b) 指定引线角度60°，效果工整

图 5-107　设置多重引线的角度效果

操作实例 5-10　多重引线标注机械装配图

在机械装配图中，有时会因为零部件过多，而采用分类编号的方法（如螺钉一类、螺母一类、加工件一类），不同类型的编号在外观上自然也不一样（如外围圈圈、带方块），因此就需要灵活使用【多重引线】命令中的"块（B）"选项来进行标注。此外，还需要指定"多重引线"的角度，让引线在装配图中达到工整、整齐的效果。

① 打开"第 5 章\5-10 多重引线标注装配图.dwg"素材文件，其中已绘制好一球阀的装配图和一名称为"1"的属性图块，如图 5-108 所示。

② 绘制辅助线。单击【修改】面板中的【偏移】按钮，将图形中的竖直中心线向右偏移 50，如图 5-109 所示，用作多重引线的对齐线。

图 5-108　素材图形

图 5-109　多重引线标注菜单命令

③ 在【默认】选项卡中，单击【注释】面板上的【引线】按钮，执行【多重引线】命令，并选择命令行中的"选项（O）"命令，设置内容类型为"块"，指定块"1"；然后选择"第

一个角度（F）"选项，设置角度为 60°，再设置"第二个角度（F）"为 180°，在手柄处添加引线标注，如图 5-110 所示，命令行操作如下。

```
命令：_mleader
指定引线箭头的位置或 [引线基线优先(L)/内容优先(C)/选项(O)] <选项>：
输入选项　[引线类型(L)/引线基线(A)/内容类型(C)/最大节点数(M)/第一个角度
(F)/第二个角度(S)/退出选项(X)] <退出选项>：C↵
                                          //选择"内容类型"选项
选择内容类型 [块(B)/多行文字(M)/无(N)] <多行文字>：B↵
                                          //选择"块"选项
输入块名称 <1>：1              //输入要调用的块名称
输入选项　[引线类型(L)/引线基线(A)/内容类型(C)/最大节点数(M)/第一个角度
(F)/第二个角度(S)/退出选项(X)] <内容类型>：F↵ //选择"第一个角度"选项
输入第一个角度约束 <0>：60     //输入引线箭头的角度
输入选项　[引线类型(L)/引线基线(A)/内容类型(C)/最大节点数(M)/第一个角度
(F)/第二个角度(S)/退出选项(X)] <第一个角度>：S↵ //选择"第二个角度"选项
输入第二个角度约束 <0>：180    //输入基线的角度
输入选项　[引线类型(L)/引线基线(A)/内容类型(C)/最大节点数(M)/第一个角度
(F)/第二个角度(S)/退出选项(X)] <第二个角度>：X↵ //退出"选项"
指定引线箭头的位置或 [引线基线优先(L)/内容优先(C)/选项(O)] <选项>：
                                //在手柄处单击放置引线箭头
指定引线基线的位置：            //在辅助线上单击放置,结束命令
```

④ 按相同方法，标注球阀中的阀芯和阀体，分别标注序号 2、3，如图 5-111 所示。

图 5-110　添加第一个多重引线标注　　　图 5-111　添加其余多重引线标注

5.5　几何公差的标注

几何公差是指实际加工出的零件与理想尺寸之间的偏差，公差即这种误差的限定范围，在零件图上重要的尺寸均需要标明公差值。

5.5.1 机械行业中的几何公差

在机械设计的制图工作中，标注几何公差是其中很重要的一项工作内容。而要想掌握好几何公差的标注，就必须先了解什么是几何公差。

（1）公差

几何公差是一种对误差的控制。举个例子来说，某零件的设计尺寸是 $\phi 25$mm，要加工 8 个，由于误差的存在，最后做出来的成品尺寸如表 5-1 所示。

表 5-1　加工结果（单位：mm）

设计尺寸	1 号	2 号	3 号	4 号	5 号	6 号	7 号	8 号
$\phi 25.00$	$\phi 24.3$	$\phi 24.5$	$\phi 24.8$	$\phi 25$	$\phi 25.2$	$\phi 25.5$	$\phi 25.8$	$\phi 26.2$

如果不了解几何公差的概念，可能就会认为只有 4 号零件符号要求，其余都属于残次品。其实不然，如果 $\phi 25$mm 的几何公差为±0.4mm，那尺寸在 $\phi 25\pm0.4$mm 之间的零件都能算合格产品（3、4、5 号）。

上述判断该零件是否合格，取决于零件尺寸是否在 $\phi 25\pm0.4$mm 这个范围之内。因此，$\phi 25\pm0.4$mm 这个范围就显得十分重要了，那这个范围又该确定呢？这个范围通常可以根据设计人员的经验确定，但如果要与其他零件进配合的话，则必须严格按照国家标准（GB/T 1800）进行取值。

这些公差从 A 到 Z 共计 22 个公差带（大小写字母容易混淆的除外，大写字母表示孔，小写字母表示轴），精度等级从 IT1 到 IT13 共计 13 个等级。通过选择不同的公差带，再选用相应的精度等级，就可以最终确定尺寸的公差范围。如 $\phi 100$H8，则表示尺寸为 $\phi 100$，公差带分布为 H，精度等级为 IT8，通过查表就可以知道该尺寸的范围为 100.00~10.054mm 之间。

（2）配合

$\phi 100$H8 表示的是孔的尺寸，与之对应的轴尺寸又该如何确定呢？这时就需要加入配合的概念。

配合是零件之间互换性的基础。而所谓互换性，就是指一个零件，不用改变即可代替另一零件，并能满足同样要求的能力。比如，自行车坏了，那可以在任意自行车店进行维修，因为自行车店内有可以互换的各种零部件，所以无需返厂进行重新加工。因此通俗地讲，配合就是指多大的孔，对应多大的轴。

机械设计中将配合分为了三种：间隙配合、过渡配合、过盈配合，分别介绍如下。

➢ 间隙配合：是指具有间隙（不包括最小间隙等于零）的配合，如图 5-112 所示。间隙配合主要用于活动连接，如滑动轴承和轴的配合。

➢ 过渡配合：是指可能具有间隙或过盈的配合，如图 5-113 所示。过渡配合用于方便拆卸和定位的连接，如滚动轴承内径和轴。

➢ 过盈配合：是指孔小于轴的配合，如图 5-114 所示。过盈配合属于紧密配合，必须采用特殊工具挤压进去，或利用热胀冷缩的方法才能进行装配。过盈配合主要用于相对位置不能移动的连接，如大齿轮和轮毂。

| 图 5-112　间隙配合 | 图 5-113　过渡配合 | 图 5-114　过盈配合 |

孔和轴常用的配合如图 5-115 所示（基孔制），其中灰色底纹显示的为优先选用配合。

基准孔	轴																				
	a	b	c	d	e	f	g	h	js	k	m	n	p	r	s	t	u	v	x	y	z
	间隙配合								过渡配合				过盈配合								
H6						H6/f5	H6/g5	H6/h5	H6/js5	H6/k5	H6/m5	H6/n5	H6/p5	H6/r5	H6/s5	H6/t5					
H7						H7/f6	H7/g6	H7/h6	H7/js6	H7/k6	H7/m6	H7/n6	H7/p6	H7/r6	H7/s6	H7/t6	H7/u6	H7/v6	H7/x6	H7/y6	H7/z6
H8					H8/e7	H8/f7	H8/g7	H8/h7	H8/js7	H8/k7	H8/m7	H8/n7	H8/p7	H8/r7	H8/s7	H8/t7	H8/u7	H8/v7	H8/x7	H8/y7	H8/z7
H8				H8/d8	H8/e8	H8/f8		H8/h8													
H9			H9/c9	H9/d9	H9/e9	H9/f9		H9/h9													
H10			H10/c10	H10/d10				H10/h10													
H11	H11/a11	H11/b11	H11/c11	H11/d11				H11/h11													
H12		H12/b12						H12/h12													

图 5-115　基孔制的优先与常用配合

5.5.2　标注几何公差

在 AutoCAD 中有两种添加几何公差的方法：一种是通过【标注样式管理器】对话框中的【公差】选项卡修改标注；另一种是编辑尺寸文字，在文本中添加公差值。

（1）通过【文字编辑器】选项卡标注公差

在【公差】选项卡中设置的公差将应用于整个标注样式，因此所有该样式的尺寸标注都将添加相同的公差。实际中零件上不同的尺寸有不同的公差要求，这时就可以双击某个尺寸文字，利用【格式】面板标注公差。

双击尺寸文字之后，进入【文字编辑器】选项卡，如图 5-116 所示。如果是对称公差，可在尺寸值后直接输入"±公差值"，例如"200±0.5"。如果是非对称公差，在尺寸值后面按"上偏差^下偏差"的格式输入公差值，然后选择该公差值，单击【格式】面板中的【堆叠】按钮，即可将公差变为上、下标的形式。

图 5-116 【格式】面板

（2）通过【标注样式管理器】对话框设置公差

选择【格式】|【标注样式】命令，弹出【标注样式管理器】对话框，选择某一个标注样式，切换到【公差】选项卡，如图 5-117 所示。

图 5-117 【公差】选项卡

在【公差格式】选项组的【方式】下拉列表框中选择一种公差样式，不同的公差样式所需要的参数也不同。

> 对称：选择此方式，则【下偏差】微调框将不可用，因为上下公差值对称。

> 极限偏差：选择此方式，需要在【上偏差】和【下偏差】微调框中输入上下极限公差。

> 极限尺寸：选择此方式，同样在【上偏差】和【下偏差】微调框中输入上下极限公差，但尺寸上不显示公差值，而是以尺寸的上下极限表示。

> 基本尺寸：选择此方式，将在尺寸文字周围生成矩形方框，表示基本尺寸。

> 在【公差】选项卡的【公差对齐】选项组中有两个选项，通过这两个选项可以控制公差的对齐方式，各项的含义如下。

> 对齐小数分隔符（A）：通过值的小数分隔符来堆叠值。

> 对齐运算符（G）：通过值的运算符堆叠值。

如图 5-118 所示为【对齐小数分隔符】与【对齐运算符】的标注区别。

图 5-118　公差对齐方式

操作实例 5-11　标注连杆公差

连杆和通过【文字编辑器】选项卡标注公差的方法都已经在前面的章节介绍过了，因此本案例将同时使用【标注样式管理器】与【文字编辑器】选项卡的方法来标注公差。

① 打开素材文件"第 5 章\5-11 标注连杆公差.dwg"，如图 5-119 所示。

② 选择【格式】|【标注样式】命令，在弹出的对话框中新建名为"圆弧标注"的标注样式，在【公差】选项卡中设置公差值，如图 5-120 所示。

图 5-119　素材图形

图 5-120　设置公差值

③ 将"圆弧标注"样式设置为当前样式。单击【注释】面板中的【直径】按钮，标注圆弧直径，如图 5-121 所示。

④ 将"ISO-25"标注样式设置为当前样式，单击【注释】面板中的【线性】按钮，标注线性尺寸，如图 5-122 所示。

⑤ 双击标注的线性尺寸，在文本框中输入上下偏差，如图 5-123 所示。

⑥ 选中公差值"+0.15^–0.08"，然后单击【格式】面板中的【堆叠】按钮，按 Ctrl+Enter 组合键退出文字编辑，添加公差后的效果如图 5-124 所示。

图 5-121　圆弧的标注效果

图 5-122　标注线性尺寸

图 5-123　输入公差值

图 5-124　添加公差后的效果

5.6　形位公差的标注

　　实际加工出的零件不仅有尺寸误差，而且还有形状上的误差和位置上的误差，例如加工出的轴不是绝对理想的圆柱，平键的表面不是理想平面，这种形状或位置上的误差限值称为形位公差。AutoCAD 有标注形位公差的命令，但一般需要与引线和基准符号配合使用才能够完整地表达公差信息。

5.6.1　机械行业中的形位公差

　　形位公差的标注与几何公差的标注一样，均有相应的标准与经验可循，不能任意标注。就拿某根轴零件来说，轴上的形位公差标注要结合它与其他零部件的装配关系来看（轴上的零件装配如图 5-125 所示）。可知该轴为一阶梯轴，在不同的阶梯段上装配有不同的零件，其中大齿轮的安装段上还有一凸出的部分，用来阻拦大齿轮进行定位。因此可知该轴上的主要形位公差即为控制同轴零件装配精度的同轴度，以及凸出部分侧壁上相对于轴线的垂直度（与大齿轮相接触的面）。

5.6.2　形位公差的结构

通常情况下，形位公差的标注主要由公差框格和指引线组成，而公差框格内又主要包括公差代号、公差值以及基准代号，以及简单形位公差的标注方法。

（1）基准代号和公差指引

大部分的形位公差都要以另一个位置的对象作为参考，即公差基准。AutoCAD 中没有专门的基础符号工具，需要用户绘制，通常可将基准符号创建为外部块，方便随时调用。公差的指引线一般使用【多重引线】命令绘制，绘制不含文字注释的多重引线即可，如图 5-126 所示。除此之外还可以修改【快速引线】命令（LE）的设置，来快速绘制形位公差。

图 5-125　轴的装配

图 5-126　基准符号与多重引线

（2）形位公差

创建公差指引后，插入形位公差并放置到指引位置即可。调用【形位公差】命令有以下几种常用方法。

- ➢ 功能区：单击【注释】选项卡中【标注】面板下的【公差】按钮 ⊞ 。
- ➢ 菜单栏：选择【标注】|【公差】命令。
- ➢ 命令行：TOLERANCE 或 TOL。

执行以上任一命令后，弹出【形位公差】对话框，如图 5-127 所示。单击对话框中的【符号】黑色方块，弹出【特征符号】对话框，如图 5-128 所示，在该对话框中选择公差符号。

图 5-127　【形位公差】对话框

图 5-128　【特征符号】对话框

在【公差 1】选项组的文本框中输入公差值，单击色块会弹出【附加符号】对话框，在该对话框中选择所需的包容符号，其中符号Ⓜ代表材料的一般中等情况；Ⓛ代表材料的最大状况；Ⓢ代表材料的最小状况。

在【基准 1】选项组的文本框中输入公差代号，单击【确定】按钮，最后在指引线处放置形位公差即完成公差标注，如图 9-115 所示。

操作实例 5-12 标注轴的形位公差

形位公差的作用已经介绍过，因此本例便根据前面所学的方法来创建形位公差，以期让读者达到学以致用的目的，并能举一反三。

① 打开素材文件"第 5 章\5-12 标注轴的形位公差.dwg"，如图 5-129 所示。

② 单击【绘图】面板中的【矩形】、【直线】按钮，绘制基准符号，并添加文字，如图 5-130 所示。

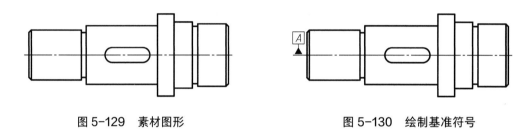

图 5-129 素材图形   图 5-130 绘制基准符号

③ 选择【标注】|【公差】命令，弹出【形位公差】对话框，选择公差类型为【同轴度】，然后输入公差值 $\phi 0.03$ 和公差基准 A，如图 5-131 所示。

④ 单击【确定】按钮，在要标注的位置附近单击，放置该形位公差，如图 5-132 所示。

图 5-131 设置公差参数   图 5-132 生成的形位公差

⑤ 单击【注释】面板中的【多重引线】按钮，绘制多重引线指向公差位置，如图 5-133 所示。

⑥ 使用【快速引线】命令快速绘制形位公差。在命令行中输入"LE"并按 Enter 键，利用快速引线标注形位公差，命令行操作如下。

```
命令：LE                        //调用【快速引线】命令
QLEADER
指定第一个引线点或 [设置（S）] <设置>：//选择【设置】选项，弹出【引线设置】
                                  对话框，设置类型为【公差】，如图 5-134
                                  所示，单击【确定】按钮，继续执行以下
```

命令行操作

指定第一个引线点或 [设置（S）] <设置>：　//在要标注公差的位置单击，指定引线箭
头位置
指定下一点：　　　　　　　　　　　　//指定引线转折点
指定下一点：　　　　　　　　　　　　//指定引线端点

图 5-133　添加多重引线

图 5-134　【引线设置】对话框

⑦ 在需要标注形位公差的地方定义引线，如图 5-135 所示。定义之后，弹出【形位公差】对话框，设置公差参数，如图 5-136 所示。

图 5-135　绘制快速引线

图 5-136　设置公差参数

⑧ 单击【确定】按钮，创建的形位公差标注如图 5-137 所示。

图 5-137　标注的形位公差

5.7　其他标注方法

在创建尺寸标注后，如未能达到预期的效果，还可以对尺寸标注进行编辑，如修改尺寸标

注文字的内容、编辑标注文字的位置、更新标注和关联标注等操作，而不必删除所标注的尺寸对象再重新进行标注。除了【注释】面板中的标注命令外，还有部分标注命令比较常用，它们出现在【注释】选项卡中，如图 5-138 所示。由于篇幅有限，这里仅介绍其中常用的几种。

图 5-138 【注释】选项卡

5.7.1 标注打断

在图纸内容丰富、标注繁多的情况下，过于密集的标注线就会影响图纸的观察效果，甚至让用户混淆尺寸，引起疏漏，造成损失。因此为了使图纸尺寸结构清晰，就可使用标注打断命令在标注线交叉的位置将其打断。

执行标注打断命令的方法有以下几种。

➢ 功能区：在【注释】选项卡中，单击【标注】面板中的【打断】按钮，如图 5-139 所示。

➢ 菜单栏：选择【标注】|【标注打断】命令。

➢ 命令行：DIMBREAK。

图 5-139 【标注】面板上的"打断"按钮

标注打断的操作示例如图 5-140 所示，命令行操作过程如下。

```
命令：_DIMBREAK                              //执行标注打断命令
选择要添加/删除折断的标注或 [多个(M)]：        //选择线性尺寸标注 50
选择要折断标注的对象或 [自动(A)/手动(M)/删除(R)] <自动>:↙
                                           //选择多重引线或直接按 Enter 键
1 个对象已修改
```

图 5-140 标注打断操作示例

命令行中各选项的含义如下。

> 多个（M）：指定要向其中添加折断或要从中删除折断的多个标注。

> 自动（A）：此选项是默认选项，用于在标注相交位置自动生成打断。普通标注的打断距离为【修改标注样式】对话框中【箭头和符号】选项卡下"折断大小"文本框中的值。

> 手动（M）：选择此项，需要用户指定两个打断点，将两点之间的标注线打断。

> 删除（R）：选择此项可以删除已创建的打断。

操作实例 5-13　打断标注优化图形

如果图形中孔系繁多，结构复杂，那图形的定位尺寸、定形尺寸就相当丰富，而且互相交叉，对我们观察图形有一定影响。而且这类图形打印出来之后，如果打印机像素不高，就可能模糊成一团，让加工人员无从下手。因此本例便通过对一定位块的标注进行优化，让读者进一步理解标注打断命令的操作。

① 打开素材文件"第 5 章\5-13 打断标注优化图形.dwg"，如图 5-141 所示，可见各标注相互交叉，有尺寸被遮挡。

② 在【注释】选项卡中，单击【标注】面板中的【打断】按钮，然后在命令行中输入"M"，执行"多个（M）"选项，接着选择最上方的尺寸 40，连按两次 Enter 键，完成打断标注的选取，结果如图 5-142 所示，命令行操作如下。

```
命令：_DIMBREAK
选择要添加/删除折断的标注或 [多个(M)]：M↙        //选择"多个"选项
选择标注：找到 1 个                              //选择最上方的尺寸 40 为
                                                  要打断的尺寸
选择标注：↙                                     //按 Enter 键完成选择
选择要折断标注的对象或 [自动(A)/删除(R)] <自动>:↙  //按 Enter 键完成要显示
                                                  的标注选择，即所有其他
                                                  标注

1 个对象已修改
```

图 5-141　素材图形

图 5-142　打断尺寸 40

③ 根据相同的方法，打断其余要显示的尺寸，最终结果如图 5-143 所示。

5.7.2　调整标注间距

在 AutoCAD 中进行基线标注时，如果没有设置合适的基线间距，可能使尺寸线之间的间

图 5-143　图形的最终打断效果

距过大或过小，如图 5-144 所示。利用【调整间距】命令，可调整互相平行的线性尺寸或角度尺寸之间的距离。

执行标注打断命令的方法有以下几种。

➢ 功能区：在【注释】选项卡中，单击【标注】面板中的【调整间距】按钮 ，如图 5-145 所示。

➢ 菜单栏：选择【标注】|【调整间距】命令。

➢ 命令行：DIMSPACE。

图 5-144　标注间距过小

图 5-145　【标注】面板上的【调整间距】按钮

【调整间距】命令的操作示例如图 5-146 所示，命令行操作如下。

```
命令：_DIMSPACE                          //执行标注间距命令
选择基准标注：                            //选择尺寸 29
选择要产生间距的标注:找到 1 个            //选择尺寸 49
选择要产生间距的标注:找到 1 个，总计 2 个  //选择尺寸 69
选择要产生间距的标注：                    //单击 Enter 键，结束选择
输入值或 [自动(A)] <自动>：10             //输入间距值
```

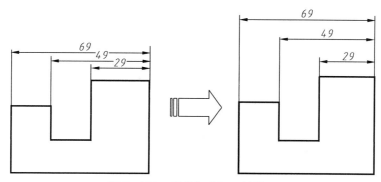

图 5-146　调整标注间距的效果

【调整间距】命令可以通过"输入值"和"自动（A）"两种方式来创建间距，两种方式的含义解释如下。

➢ 输入值：为默认选项。可以在选定的标注间隔开所输入的间距距离。如果输入的值为0，则可以将多个标注对齐在同一水平线上，如图 5-147 所示。

➢ 自动（A）：根据所选择的基准标注的标注样式中指定的文字高度自动计算间距。所得的间距距离是标注文字高度的 2 倍，如图 5-148 所示。

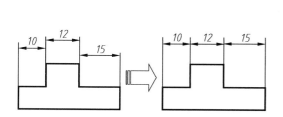

图 5-147　输入间距值为 0 的效果

图 5-148　"自动（A）"根据字高自动调整间距

5.7.3　折弯线性标注

在标注一些长度较大的轴类打断视图的长度尺寸时，可以对应地使用折弯线性标注。在 AutoCAD 中调用"折弯线性"标注有如下几种常用方法。

➢ 功能区：在【注释】选项卡中，单击【标注】面板中的【折弯线性】按钮，如图 5-149 所示。

➢ 菜单栏：执行【标注】|【折弯线性】命令。

➢ 命令行：DIMJOGLINE。

图 5-149　【标注】面板上的【折弯线性】按钮

执行上述任一命令后,选择需要添加折弯的线性标注或对齐标注,然后指定折弯位置即可,如图 5-150 所示,命令行操作如下。

```
命令: _DIMJOGLINE                        //执行"折弯线性"标注命令
选择要添加折弯的标注或 [删除(R)]:        //选择要折弯的标注
指定折弯位置 (或按 ENTER 键):            //指定折弯位置,结束命令
```

图 5-150　折弯线性标注

5.7.4　连续标注

连续标注是以指定的尺寸界线(必须以"线性""坐标"或"角度"标注界限)为基线进行标注,但连续标注所指定的基线仅作为与该尺寸标注相邻的连续标注尺寸的基线,依此类推,下一个尺寸标注都以前一个标注与其相邻的尺寸界线为基线进行标注。

在 AutoCAD 中调用【连续】标注有如下几种常用方法:

> 功能区:在【注释】选项卡中,单击【标注】面板中的【连续】按钮，如图 5-151 所示。
> 菜单栏:执行【标注】|【连续】命令。
> 命令行:DIMCONTINUE 或 DCO。

图 5-151　【标注】面板上的【连续】按钮

标注连续尺寸前,必须存在一个尺寸界线起点。进行连续标注时,系统默认将上一个尺寸界线终点作为连续标注的起点,提示用户选择第二条延伸线起点,重复指定第二条延伸线起点,则创建出连续标。

操作实例 5-14　连续标注轴段尺寸

轴类零件通常由多个轴段组合而成,因此使用【连续】命令进行轴段标注时极为方便,这样标注出来的图形尺寸完整、外形美观工整。

① 打开"第 5 章\5-14 连续标注轴段尺寸.dwg"素材文件,其中已绘制好一轴零件图,共分 7 段,并标注了部分长度尺寸,如图 5-152 所示。

图 5-152　素材图形

② 分析图形可知，L5 段为齿轮段，因此其两侧的 L4、L6 为轴肩，而 L3 和 L7 段则为轴承安装段，这几段长度为重要尺寸，需要标明；而 L2 为伸出段，没有装配关系，因此可不标尺寸，作为补偿环。

③ 在【注释】选项卡中，单击【标注】面板中的【连续】按钮，执行连续标注命令，命令行提示如下。

```
命令：_DIMCONTINUE            //调用连续标注命令
选择连续标注：               //选择 L7 段的标注 20 为起始标注
指定第二条尺寸界线原点或 [放弃（U）/选择（S）] <选择>：
                            //向左指定 L6 段的左侧端点为尺寸界线原点
标注文字 = 15
指定第二条尺寸界线原点或 [放弃（U）/选择（S）] <选择>：
                            //向左指定 L5 段的左侧端点为尺寸界线原点
标注文字 = 45
指定第二条尺寸界线原点或 [放弃（U）/选择（S）] <选择>：
                            //向左指定 L4 段的左侧端点为尺寸界线原点
标注文字 = 15
指定第二条尺寸界线原点或 [放弃（U）/选择（S）] <选择>：
                            //向左指定 L3 段的左侧端点为尺寸界线原点
标注文字 = 20                 //按 Esc 键退出绘制
```

④ 标注连续尺寸后的图形结果如图 5-153 所示。

图 5-153　标注的连续尺寸效果

5.7.5　基线标注

基线标注用于以同一尺寸界线为基准的一系列尺寸标注，即从某一点引出的尺寸界线作为第一条尺寸界线，依次进行多个对象的尺寸标注。

在 AutoCAD 中调用基线标注有如下几种常用方法：

➢ 功能区：在【注释】选项卡中，单击【标注】面板中的【基线】按钮，如图 5-154 所示。

➢ 菜单栏：【标注】|【基线】命令。

➢ 命令行：DIMBASELINE 或 DBA。

图 5-154　【标注】面板上的【基线】按钮

按上述方式执行【基线】标注命令后，将光标移动到第一条尺寸界线起点，单击鼠标左键，即完成一个尺寸标注。重复拾取第二条尺寸界线的终点即可以完成一系列基线尺寸的标注，如图 5-155 所示，命令行操作如下。

```
命令：_dimbaseline                    //执行基线标注命令
选择基准标注：                        //选择作为基准的标注
指定第二个尺寸界线原点或 [选择（S）/放弃（U）] <选择>：
                                      //指定标注的下一点，系统自动放置尺寸
标注文字 = 20
指定第二个尺寸界线原点或 [选择（S）/放弃（U）] <选择>：
                                      //指定标注的下一点，系统自动放置尺寸
标注文字 = 30
指定第二个尺寸界线原点或 [选择（S）/放弃（U）] <选择>：↙
                                      //按 Enter 键完成标注
选择基准标注：↙                       //按 Enter 键结束命令
```

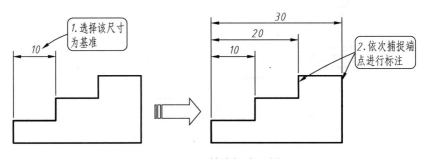

图 5-155　基线标注示例

在机械零件图中，为了确定零件上各结构特征（点、线、面）的位置关系，必须确定一个"基准"，因此"基准"即是零件上用来确定其他点、线、面的位置所依据的点、线、面。在加工过程中，作为基准的点、线、面应首先加工出来，以便尽快为后续工序的加工提供精基准，称为"基准先行"。而到了质检环节，各尺寸的校验也应以基准为准。

在零件图中如果各尺寸标注边共用一个点、线、面，则可以认定该点、线、面为定位基准。如图 5-156 中的平面 A，即是平面 B、平面 C 以及平面 D 的基准，在加工时需先精加工平面 A，才能进行其他平面的加工；同理，图 5-157 中的平面 E 是平面 F 和平面 G 的设计基准，也是 $\phi16$ 孔的垂直度和平面 F 平行度的设计基准（形位公差的基准按基准符号为准）。

图 5-156　基准分析示例

图 5-157　基准分析示例（带基准符号）

提示　　图 5-156 所示的钻套中心线 $O-O$ 是各外圆表面 $\phi38$、$\phi24$ 及内孔 $\phi10$、$\phi17$ 的设计基准。

操作实例 5-15　基线标注密封沟槽尺寸

如果机械零件中有多个面平行的结构特征，那就可以先确定基准面，然后使用基线标注命令来添加标注。而在各类工程机械的设计中，液压部分的密封沟槽就具有这样的特征，如图 5-158 所示，因此非常适合使用基线标注。本例便通过基线标注命令对图 5-158 中的活塞密封沟槽添加尺寸标注。

图 5-158　液压缸中的活塞结构示意图

① 打开"第 5 章\5-15 基线标注密封沟槽尺寸.dwg"素材文件，其中已绘制好一活塞的半边剖面图，如图 5-159 所示。

② 标注第一个水平尺寸。单击【注释】面板中的【线性】按钮，在活塞上端添加一个

水平，如图 5-160 所示。

图 5-159　素材图形

图 5-160　标注第一个水平标注

> **提示**　如果图形为对称结构，那在绘制剖面图时可以选择只绘制半边图形，如图 5-159 所示。

③ 标注沟槽定位尺寸。切换至【注释】选项卡，单击【标注】面板中的【基线】按钮，系统自动以上步骤创建的标注为基准，接着依次选择活塞图上各沟槽的右侧端点，用作定位尺寸，如图 5-161 所示。

④ 补充沟槽定型尺寸。退出【基线】命令，重新切换到【默认】选项卡，再次执行【线性】标注，依次将各沟槽的定型尺寸补齐，如图 5-162 所示。

图 5-161　基线标注定位尺寸

图 5-162　补齐沟槽的定型尺寸

5.7.6　翻转箭头

当尺寸界线内的空间狭窄时，可使用翻转箭头将尺寸箭头翻转到尺寸界限之外，使尺寸标注更清晰。选中需要翻转箭头的标注，则标注会以夹点形式显示，指针移到尺寸线夹点上，弹出快捷菜单，选择其中的翻转箭头命令即可翻转该侧的一个箭头。使用同样的操作翻转另一端的箭头，操作示例如图 5-163 所示。

5.7.7　编辑多重引线

使用【多重引线】命令注释对象后，可以对引线的位置和注释内容进行编辑。在 AutoCAD 中，提供了 4 种【多重引线】的编辑方法，分别介绍如下。

图 5-163　翻转箭头

（1）添加引线

【添加引线】命令可以将引线添加至现有的多重引线对象，从而创建一对多的引线效果。执行方法如下。

➤ 功能区 1：在【默认】选项卡中，单击【注释】面板中的【添加引线】按钮 ，如图 5-164 所示。

➤ 功能区 2：在【注释】选项卡中，单击【引线】面板中的【添加引线】按钮 ，如图 5-165 所示。

图 5-164　【标注】面板上的【添加引线】按钮　　图 5-165　【引线】面板上的【添加引线】按钮

单击【添加引线】按钮 执行命令后，直接选择要添加引线的【多重引线】，然后在指定引线的箭头放置点即可，如图 5-166 所示，命令行操作如下。

> 选择多重引线：　　　　　　　　　//选择要添加引线的多重引线
> 找到 1 个
> 指定引线箭头位置或 [删除引线（R）]：//指定新的引线箭头位置，按 Enter 结束命令

图 5-166　【添加引线】操作示例

（2）删除引线

【删除引线】命令可以将引线从现有的多重引线对象中删除，即将【添加引线】命令所创建的引线删除。执行方式如下。

➢ 功能区 1：在【默认】选项卡中，单击【注释】面板中的【删除引线】按钮 ，如图5-164 所示。

➢ 功能区 2：在【注释】选项卡中，单击【引线】面板中的【删除引线】按钮 ，如图5-165 所示。

单击【删除引线】按钮 执行命令后，直接选择要删除引线的【多重引线】即可，如图5-167 所示，命令行操作如下。

选择多重引线：	//选择要删除引线的多重引线
找到 1 个	
指定要删除的引线或 [添加引线（A）]： ↙	//按 Enter 结束命令

图 5-167 【删除引线】操作示例

（3）对齐引线

【对齐】引线命令可以将选定的多重引线对齐，并按一定的间距进行排列。执行方式如下。

➢ 功能区 1：在【默认】选项卡中，单击【注释】面板中的【对齐】按钮 ，如图 5-164 所示。

➢ 功能区 2：在【注释】选项卡中，单击【引线】面板中的【对齐】按钮 ，如图 5-165 所示。

➢ 命令行：MLEADERALIGN。

单击【对齐】按钮 执行命令后，选择所有要进行对齐的多重引线，然后单击 Enter 键确认，接着根据提示指定一多重引线，则其余多重引线均对齐至该多重引线，如图 5-168 所示，命令行操作如下。

命令：_mleadeRalign	//执行对齐引线命令
选择多重引线：指定对角点：找到 6 个	//选择所有要进行对齐的多重引线
选择多重引线：↙	//单击 Enter 完成选择
当前模式：使用当前间距	//显示当前的对齐设置
选择要对齐到的多重引线或 [选项（O）]：	//选择作为对齐基准的多重引线
指定方向：	//移动光标指定对齐方向，单击左键结束命令

图 5-168 【对齐引线】操作示例

（4）合并引线

【合并】引线命令可以将包含"块"的多重引线组织成一行或一列，并使用单引线显示结果，多见于机械行业中的装配图。在装配图中，有时会遇到若干个零部件成组出现的情况，如1个螺栓，就可能配有 2 个弹性垫圈和 1 个螺母。如果都一一对应一条多重引线来表示，那图形就非常凌乱，因此一组紧固件以及装配关系清楚的零件组，可采用公共指引线，如图 5-169所示。

图 5-169 零件组的编号形式

执行方式如下。

➢ 功能区 1：在【默认】选项卡中，单击【注释】面板中的【合并】按钮 ⫝̸，如图 5-164所示。

➢ 功能区 2：在【注释】选项卡中，单击【引线】面板中的【合并】按钮 ⫝̸，如图 5-165所示。

➢ 命令行：MLEADERCOLLECT。

单击【合并】按钮 ⫝̸ 执行命令后，选择所有要合并的多重引线，然后单击 Enter 确认，接着根据提示选择多重引线的排列方式，或直接单击鼠标左键放置多重引线，如图 5-170 所示，命令行操作如下。

```
命令：_mleadercollect              //执行合并引线命令
选择多重引线：指定对角点：找到 3 个  //选择所有要进行对齐的多重引线
选择多重引线：↙                     //单击 Enter 完成选择
指定收集的多重引线位置或 [垂直（V）/水平（H）/缠绕（W）] <水平>：
                                   //选择引线排列方式，或单击左键结束命令
```

图 5-170 【合并引线】操作示例

> **提示** 　　执行【合并】命令的多重引线，其注释的内容必须是"块"。如果是多行文字，则无法操作。

命令行中提供了 3 种多重引线合并的方式，分别介绍如下。

> ➤ 垂直（V）：将多重引线集合放置在一列或多列中，如图 5-171 所示。
> ➤ 水平（H）：将多重引线集合放置在一行或多行中，为默认选项，如图 5-172 所示。

图 5-171 "垂直（V）"合并多重引线

图 5-172 "水平（H）"合并多重引线

> ➤ 缠绕（W）：指定缠绕的多重引线集合的宽度。选择该选项后，可以指定"缠绕宽度"和"数目"，可以指定序号的列数，效果如图 5-173 所示。

(a) 列数量为2　　　　　　　　　　　　　(b) 列数量为3

图 5-173 不同数量的合并效果

　　对【多重引线】执行【合并】命令时，最终的引线序号应按顺序依次排列，而不能出现数字颠倒、错位的情况。错位现象的出现是由于用户在操作时没有按顺序选择多重引线所致，因此无论是单独点选、还是一次性框选，都需要考虑各引线的选择先后顺序，如图 5-174 所示。

　　除了序号排列效果，最终合并引线的水平基线和箭头所指点也与选择顺序有关，具体总结如下。

> ➤ 水平基线即为所选的第一个多重引线的基线；
> ➤ 箭头所指点即为所选的最后一个多重引线的箭头所指点。

(a) 合并前　　　　(b) 正确排列(选择顺序1、2、3)　　(c) 错误排列(选择顺序2、1、3)

图 5-174　选择顺序对【合并引线】的影响效果

操作实例 5-16　合并引线调整序列号

装配图中有一些零部件是成组出现的，因此可以采用公共指引线的方式来调整，使图形显示效果更为简洁。

① 打开素材文件"第 5 章\5-16 合并引线调整序列号.dwg"，为装配图的一部分，其中已经创建好了 3 个多重引线标注，序号 21、22、23，如图 5-175 所示。

② 在【默认】选项卡中，单击【注释】面板中的【合并】按钮，选择序号 21 为第一个多重引线，然后选择序号 22，最后选择序号 23，如图 5-176 所示。

图 5-175　素材图形　　　　　　图 5-176　选择要合并的多重引线

③ 此时可预览到合并后引线序号顺序为 21、22、23，且引线箭头点与原引线 23 一致。在任意点处单击放置，即可结束命令，最终图形效果如图 5-177 所示。

图 5-177　图形最终效果

第 **6** 章

文字和表格

（扫码获取配套资源）

本章将介绍有关文字与表格的知识，包括设置文字样式、创建单行文字与多行文字、编辑文字、创建表格和编辑表格的方法等。

6.1　文字、表格在机械设计上的应用

文字和表格是机械制图和工程制图中不可缺少的组成部分，广泛用于各种注释说明、零件明细等。其实在实际的设计工作中，很多时候就是在完善图纸的注释与创建零部件的明细表。图纸不管多么复杂，所传递的信息也十分有限，因此文字说明是必需的；而大多数机械产品，均由各种各样的零部件组成，有车间自主加工的，有外包加工的，也有外购的标准件（如螺钉等），这些都需要设计人员在设计时加以考虑。

图 6-1　图纸中的明细表

这种考虑的结果，便在装配图上以明细表的方式体现，如图 6-1 所示。明细表的重要性不亚于图纸，是公司 BOM 表（物料清单）的基础组成部分，如果没有设计人员提供产品的明细表，那公司管理部门以及采购部门就无法制作出相应的 BOM 表，也就无法向生产部门（车间）传递下料、加工等信息，也无法对外采购所需的零部件。

6.1.1　文字的国家标准

机械制图所用的字体应该字体端正、笔画清楚、排列整齐、间隔均匀。在前面已对制图所用文字做了简单介绍，现补充细节如下，具体详情可翻阅 GB/T 14665—2012《机械工程　CAD 制图规则》。

- ➢ 数字：一般均以正体输出。
- ➢ 小数点：小数点进行输出时，应占一个字位，并位于中间靠下处。
- ➢ 字母：除表示变量外，一般应以正体输出。
- ➢ 汉字：汉字在输出时一般采用正体，并采用国家正式公布和推行的简化字。
- ➢ 标点符号：标点符号应按 GB/T 15834 的规定正确使用，除省略号和破折号为两个字位外，其余均为一个符号。

字体与图纸幅面之间的选用关系如表 6-1 所示。

表 6-1　字体与图纸幅面之间的关系

字符类别	图幅				
	A0	A1	A2	A3	A4
	字体高度 h				
字母与数字	5			3.5	
汉字	7			5	

> 提示　h=汉字、字母和数字的高度。

字体的最小字（词）距、行距以及间隔线或基准线与书写字体之间的最小距离如表 6-2 所示。

表 6-2　最小间距

字体	最小距离	
汉字	字距	1.5
	行距	2
	间隔线或基准线与汉字的间距	1
字母与数字	字符	0.5
	词距	1.5
	行距	1
	间隔线或基准线与字母、数字的间距	1

> 提示　当汉字与字母、数字混合使用时，字体的最小间距、行距等应根据汉字的规定使用。

6.1.2 表格的国家标准

在前面已对制图所用表格做了简单介绍，现补充细节如下，具体详情可翻阅 GB/T 10609.1—2008《技术制图　标题栏》和 GB/T 10609.2—2009《技术制图　明细栏》。

（1）零件图标题栏

❑ 零件图标题栏的基本要求

➤ 每张技术图样中均应有标题栏。

➤ 标题栏在技术图样中应按 GB/T 14689 中所规定的位置配置。

➤ 标题栏中的字体，签字除外应符合 GB/T 14691 中的要求。

➤ 标题栏的线型应按 GB/T 17450 中规定的粗实线和细实线的要求绘制。

➤ 标题栏中的年月日应按照 GB/T 7408 的规定格式填写。

➤ 需缩微复制的图样，其标题栏应满足 GB/T 10609.4 的要求。

❑ 零件图标题栏的组成

标题栏一般由更改区、签字区、其他区、名称及代号区组成，见图 6-2 和图 6-3。也可按实际需要增加或减少。

图 6-2　零件图标题栏的形式（一）

图 6-3　零件图标题栏的形式（二）

➤ 更改区：一般由更改标记、处数、分区、更改文件号、签名和年月日等组成。

➤ 签字区：一般由设计、审核、工艺、标准化、批准、签名和年月日等组成。

➤ 其他区：一般由材料标记、阶段标记、重量、比例和共张第张和投影符号等组成。

➤ 名称及代号区：一般由单位名称、图样名称、图样代号和存储代号等组成。

❑ 标题栏的填写

零件图标题栏的形式与尺寸可参考图 6-4，填写要求介绍如下。

图 6-4　零件图标题栏的形式与尺寸参考

①　更改区的填写　更改区中的内容应按由下而上的顺序填写，也可根据实际情况顺延，或放在图样中其他的地方，但应有表头。

➢ 标记：按照有关规定或要求填写更改标记。

➢ 处数：填写同一标记所表示的更改数量。

➢ 分区：必要时，按照有关规定填写。

➢ 更改文件号：填写更改所依据的文件号。

➢ 签名和年月日：填写更改人的姓名和更改的时间。

②　签字区的填写　签字区一般按设计、审核、工艺、标准化、批准等有关规定签署姓名和年月日。

③　其他区

➢ 材料标记：对于需要该项目的图样一般应按照相应标准或规定填写所使用的材料。

➢ 阶段标记：按有关规定由左向右填写图样的各生产阶段。

➢ 重量：填写所绘制图样相应产品的计算重量，以千克（公斤)为计量单位时，允许不写出其计量单位。

➢ 比例：填写绘制图样时所采用的比例。

➢ 共　张/第　张：填写同一图样代号中图样的总张数及该张所在的张次。

④　名称及代号区

➢ 单位名称：填写绘制图样单位的名称或单位代号。必要时，也可不予填写。

➢ 图样名称：填写所绘制对象的名称。

➢ 图样代号：按有关标准或规定填写图样的代号。

（2）装配图明细栏

❑ 装配图明细栏的基本要求

➢ 明细栏一般配置在装配图中标题栏的上方，按由下而上的顺序填写，其格数应根据需要而定，如图 6-5 所示。

图 6-5　装配图明细栏的形式与尺寸参考

➢ 当由下而上延伸位置不够时，可以紧靠在标题栏的左边自下而上延续，如图 6-6 所示。

右侧明细表（上部延伸）：

20		封油圈	1	耐油橡胶			装配自制
19	JSQ-4-10	M12油口塞	1	45			
18	JSQ-4-09	大齿轮	1	45			m=2,z=96
17	GB/T 276	深沟球轴承 6207	2	成品			外购
16	GB/T 1096	键 C12×32	1	45			外购
15	JSQ-4-08	轴承端盖(6207闭)	1	HT150			
14		封油毡圈(小)	1	半粗羊毛毡			外购
13	JSQ-4-07	高速齿轮轴	1	45			m=2,z=24
12	GB/T 1096	键 C8×30	1	45			外购
11	JSQ-4-06	轴承端盖(6205闭)	1	HT150			
10	GB/T 5783	外六角螺钉M6X25	16	8.8级			外购
9	GB/T 276	深沟球轴承6205	2	成品			外购
8	JSQ-4-05	轴承端盖(6205闭)	1	HT150			
7	JSQ-4-04	隔套	1	45			
6		封油毡圈Φ45×Φ33	1	半粗羊毛毡			外购
5	JSQ-4-03	低速轴	1	45			
4	GB/T 1096	平键C8×50	1	45			外购
3	JSQ-4-02	轴承端盖(6205通)	1	HT150			
2		调整垫片	2组	08F			装配自制
1	JSQ-4-01	箱座	1	HT200			
序号	代号	名称	数量	材料	单件	总计	备注
					重量		

零件图标题栏

左侧明细表：

34	GB/T 5782	起盖螺钉	1	10.9级			外购
33	JSQ-4-14	箱盖	1	HT200			
32		视孔垫片	1	软钢纸板			装配自制
31	GB/T 5783	外六角螺钉M6×10	4	8.8级			外购
30	JSQ-4-13	视孔盖	1	45			
29	JSQ-4-12	通气器	1	45			
28	GB93	弹性垫圈10	6	65Mn			外购
27	GB/T 6170	六角螺母M10	6	10级			外购
26	GB/T 5782	外六角螺栓M10×9	6	8.8级			外购
25	GB/T 117	圆锥销8×35	2	45			外购
24	GB93	弹性垫圈8	2	65Mn			外购
23	GB/T 6170	六角螺母M8	2	10级			外购
22	GB/T 5782	外六角螺栓M8×35	2	8.8级			外购
21	JSQ-4-11	油标	1	组合件			
序号	代号	名称	数量	材料	单件	总计	备注
					重量		

图 6-6　装配图明细栏延伸注法

> 当有两张或两张以上同一图样代号的装配图，而又按照延伸注法时，明细栏应放在第一张装配图上。

> 明细栏中的字体应符合 GB/T 14691 中的要求。

> 明细栏中的线型按 GB/T 17450 和 GB/T 4457.4 中规定的粗实线和细实线的要求绘制。

> 需缩微复制的图样，其明细栏位满足 GB/T 10609.4 的规定。

❑ 装配图明细栏的组成和填写

明细栏一般由序号、代号、名称、数量、材料、重量（单件、总计）、备注等组成，也可按实际需要增加或减少。

> 序号：填写图样中相应组成部分的序号。

> 代号：填写图样中相应组成部分的图样代号或标准编号。

> 名称：填写图样中相应组成部分的名称。必要时，也可写出其型式与尺寸。

> 数量：填写图样中相应组成部分在装配中的数量。

> 材料：填写图样中相应组成部分的材料标记。

> 重量：填写图样相应组成部分单件和总件数的计算重量，以千克（公斤）为计量单位时，允许不写出其计量单位。

> 备注：填写该项的附加说明或其他有关的内容。

6.2　创建文字

文字在机械制图中用于注释和说明，如引线注释、技术要求、尺寸标注等，本节将详细讲解文字的创建和编辑方法。在 AutoCAD 中文字可以分为多行文字和单行文字，可以分别通过在【注释】面板中单击各自的命令按钮来进行操作，如图 6-7 所示。

图 6-7 【注释】面板中的文字命令

6.2.1 创建多行文字

"多行文字"又称为段落文字,是一种更易于管理的文字对象,可以由两行以上的文字组成,而且各行文字都是作为一个整体处理。在制图中常使用多行文字功能创建较为复杂的文字说明,如图样的工程说明或技术要求等。与"单行文字"相比,"多行文字"格式更工整规范,可以对文字进行更为复杂的编辑,如为文字添加下划线,设置文字段落对齐方式,为段落添加编号和项目符号等。

可以通过如下 3 种方法创建多行文字。

➢ 功能区:在【默认】选项卡中,单击【注释】面板上的【多行文字】按钮 🄰。

➢ 菜单栏:选择【绘图】|【文字】|【多行文字】命令。

➢ 命令行:T 或 MT 或 MTEXT。

调用该命令后,命令行操作如下。

```
命令: MTEXT
当前文字样式: "景观设计文字样式"  文字高度: 600  注释性: 否
指定第一角点:                          //指定多行文字框的第一个角点
指定对角点或 [高度(H)/对正(J)/行距(L)/旋转(R)/样式(S)/宽度(W)/栏(C)]:
                                      //指定多行文字框的对角点
```

在指定输入文字的对角点之后,弹出如图 6-8 所示的【文字编辑器】选项卡和编辑框,用户可以在编辑框中输入、插入文字。

图 6-8 多行文字编辑器

"多行文字编辑器"由"多行文字编辑框"和"文字编辑器"选项卡组成,它们的作用说明如下。

➢ 多行文字编辑框：包含制表位和缩进，可以十分快捷地对所输入的文字进行调整，各部分功能如图 6-9 所示。

图 6-9　多行文字编辑器标尺功能

【文字编辑器】选项卡：包含【样式】面板、【格式】面板、【段落】面板、【插入】面板、【拼写检查】面板、【工具】面板、【选项】面板和【关闭】面板，如图 6-10 所示。在多行文字编辑框中，选中文字，通过【文字编辑器】选项卡可以修改文字的大小、字体、颜色等，完成在一般文字编辑中常用的一些操作。

图 6-10　【文字编辑器】选项卡

操作实例 6-1　使用多行文字创建技术要求

技术要求是机械图纸的补充，需要用文字注解说明制造和检验零件时在技术指标上应达到的要求。技术要求的内容包括零件的表面结构要求、零件的热处理和表面修饰的说明、加工材料的特殊性、成品尺寸的检验方法、各种加工细节的补充等。本案例将使用多行文字创建一般性的技术要求，可适用于各类机加工零件。

① 打开"第 6 章\6-1 使用多行文字创建技术要求.dwg"素材文件，如图 6-11 所示。

② 在【默认】选项卡中，单击【注释】面板中的【文字】下拉列表中的【多行文字】按钮 A，如图 6-12 所示，执行"多行文字"命令。

图 6-11　素材文件

图 6-12　【注释】面板中的【多行文字】按钮

③ 系统弹出【文字编辑器】选项卡，然后移动十字光标划出多行文字的范围，操作之后绘

图区会显示一个文字输入框，如图 6-13 所示。命令行操作如下。

```
命令：_mtext                              //调用"多行文字"命令
当前文字样式："Standard"  文字高度：2.5  注释性：否
指定第一角点：                            //在绘图区域合适位置拾取一点
指定对角点或 [高度(H)/对正(J)/行距(L)/旋转(R)/样式(S)/宽度(W)/栏(C)]：
                                         //指定对角点
```

图 6-13　"文字编辑器"选项卡与文字输入框

④ 在文本框内输入文字，每输入一行按 Enter 键输入下一行，输入结果如图 6-14 所示。

⑤ 接着选中"技术要求"这 4 个文字，然后在【样式】面板中修改文字高度为 3.5，如图 6-15 所示。

图 6-14　素材文件

图 6-15　修改"技术要求"4 字的文字高度

⑥ 按 Enter 键执行修改，修改文字高度后的效果如图 6-16 所示。

图 6-16　创建的不同字高的多行文字

6.2.2　创建单行文字

单行文字是将输入的文字以行为单位作为一个对象来处理。即使在单行文字中输入若干行文字，每一行文字仍是单独的对象。单行文字的特点就是每一行均可以独立移动、复制或编辑，因此，可以用来创建内容比较简短的文字对象，如图形标签、名称、时间等。

在 AutoCAD 2025 中启动【单行文字】命令的方法如下。

➢ 功能区：在【默认】选项卡中，单击【注释】面板上的【单行文字】按钮 Ａ 。

➢ 菜单栏：执行【绘图】|【文字】|【单行文字】命令。

➢ 命令行：DT 或 TEXT 或 DTEXT。

调用"单行文字"命令后，就可以根据命令行的提示输入文字，命令行提示如下。

命令：_dtext	//执行单行文字命令
当前文字样式："Standard"　文字高度：2.5000　注释性：否	//显示当前文字样式
指定文字的起点或 [对正(J)/样式(S)]：	//在绘图区域合适位置任意拾取一点
指定高度 <2.5000>：3.5✓	//指定文字高度
指定文字的旋转角度 <0>：✓	//指定文字旋转角度，一般默认为 0

在调用命令的过程中，需要输入的参数有文字起点、文字高度（此提示只有在当前文字样式的字高为 0 时才显示）、文字旋转角度和文字内容。文字起点用于指定文字的插入位置，是文字对象的左下角点。文字旋转角度指文字相对于水平位置的倾斜角度。设置完成后，绘图区域将出现一个带光标的矩形框，在其中输入相关文字即可，如图 6-17 所示。

图 6-17　输入单行文字

> 提示　输入单行文字之后，按 Ctrl+Enter 组合键才可结束文字输入。按 Enter 键将执行换行，可输入另一行文字，但每一行文字为独立的对象。输入单行文字之后，不退出的情况下，可在其他位置继续单击，创建其他文字。

操作实例 6-2　用单行文字注释断面图 📱

单行文字输入完成后，可以不退出命令，而直接在另一个要输入文字的地方单击鼠标，同样会出现文字输入框。因此在需要进行多次单行文字标注的图形中使用此方法，可以大大节省时间。如机械制图中的断面图标识，可以在最后统一使用单行文字进行标注。

① 打开"第 6 章\6-2 用单行文字注释断面图.dwg"素材文件，其中已绘制好了一轴类零件图，其中包含两个断面图，如图 6-18 所示。

② 在【默认】选项卡中，单击【注释】面板中的【文字】下拉列表中的【单行文字】按钮 Ａ ，然后根据命令行提示输入文字："A"，如图 6-19 所示，命令行提示如下：

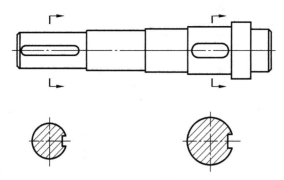

图 6-18 素材文件

```
命令：_text
当前文字样式："Standard" 文字高度：2.5000 注释性：否 对正：左
指定文字的起点 或 [对正（J）/样式（S）]：   //在左侧剖切符号的上半部分单击一点
指定高度 <2.5000>：8↙                    //指定文字高度
指定文字的旋转角度 <0>：↙                  //直接单击 Enter 键确认默认角度
                                        //输入文字 A
                                        //在左侧剖切符号的下半部分单击一点
                                        //输入文字 A
```

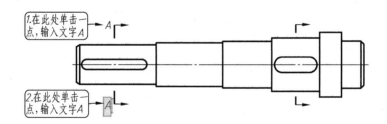

图 6-19　输入剖切标记 *A*

③ 输入完成后，可以不退出命令，直接移动鼠标至右侧的剖切符号处，按相同方法输入剖切标记 "*B*"，如图 6-20 所示。

图 6-20　输入剖切标记 *B*

④ 按相同方法，无需退出命令，直接移动鼠标至合适位置，然后输入剖切标记 "*A—A*" "*B—B*" 即可，全部完毕后即可按 Ctrl+Enter 键结束操作，最终效果如图 6-21 所示。

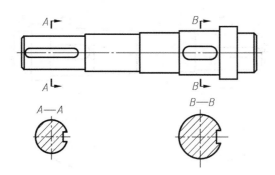

图 6-21　输入单行文字效果

6.2.3　插入特殊符号

机械绘图中，往往需要标注一些特殊的字符，这些特殊字符不能从键盘上直接输入，因此 AutoCAD 提供了插入特殊符号的功能，插入特殊符号有以下几种方法。

（1）使用文字控制符

AutoCAD 的控制符由两个百分号（%%）和一个字符构成，当输入控制符时，这些控制符会临时显示在屏幕上，当结束文本创建命令时，这些控制符将从屏幕上消失，转换成相应的特殊符号。如表 6-3 所示为机械制图中常用的控制符及其对应的含义。

表 6-3　特殊符号的代码及含义

控制符	含义
%%C	ϕ（直径符号）
%%P	±（正负公差符号）
%%D	（°）（度）
%%O	上划线
%%U	下划线

（2）使用【文字编辑器】选项卡

在多行文字编辑过程中，单击【文字编辑器】选项卡中的【符号】按钮，弹出如图 6-22 所示的下拉菜单，选择某一符号即可插入该符号到文本中。

6.2.4　创建堆叠文字

如果要创建堆叠文字（一种垂直对齐的文字或分数），可先输入要堆叠的文字，然后在其间使用"/""#"或"^"分隔。选中要堆叠的字符，然后单击【文字编辑器】选项卡中【格式】面板中的【堆叠】按钮 ，则文字按照要求自动堆叠。堆叠文字在机械绘图中应用很多，可以用来创建尺寸公差、分数等，如图 6-23 所示。需要注意的是，这些分割符号必须是英文格式的符号。

图 6-22　特殊符号下拉菜单　　　　　　　　图 6-23　文字堆叠效果

6.2.5　编辑文字

在 AutoCAD 中，可以对已有的文字特性和内容进行编辑。

（1）编辑文字内容

执行【编辑】文字命令的方法有以下几种。

➢ 功能区：单击【文字】面板中的【编辑】文字按钮，然后选择要编辑的文字。

➢ 菜单栏：选择【修改】|【对象】|【文字】|【编辑】命令，然后选择要编辑的文字。

➢ 命令行：DDEDIT 或 ED。

鼠标动作：双击要修改的文字。

执行以上任一操作，将进入该文字的编辑模式。文字的可编辑特性与文字的类型有关，单行文字没有格式特性，只能编辑文字内容。而多行文字除了可以修改文字内容，还可使用【文字编辑器】选项卡修改段落的对齐、字体等。修改文字之后，按 Ctrl+Enter 组合键即完成文字编辑。

（2）文字的查找与替换

在一个图形文件中往往有大量的文字注释，有时需要查找某个词语，并将其替换，例如替换某个拼写上的错误，这时就可以使用【查找】命令查找到特定的词语。执行【查找】命令的方法有以下几种。

➢ 功能区：单击【文字】面板中的【查找】按钮。

➢ 菜单栏：选择【编辑】|【查找】命令。

➢ 命令行：FIND。

执行以上任一操作之后，弹出【查找和替换】对话框，如图 6-24 所示。该对话框中各选项的含义如下。

➢ 查找：用于指定要查找的内容。

➢ 替换为：指定用于替换查找内容的文字。

➢ 全字匹配：即遇到与要找的词完全匹配的完整的词，才提示找到字串。该选项针对英文单词的查找和替换，如搜索 CAD，那么只有 CAD 单独出现时才会显示，而 AutoCAD 则不会被显示。

➤ 区分大小写：用于指定搜索文字的大小写区分。

➤ 使用通配符：可使用特殊的字符（如*和？）来代替一个或多个真正的字符，从而进行模糊匹配或搜索。

➤ 区分变音符号：用于指定搜索文字上字母上面表示音节的符号。

➤ 区分半/全角：用于区别搜索文字中中文或英文输入法造成的偏差。

➤ 替换：用于将光标当前选中的文字替换为指定文字。

➤ 全部替换：将图形中所有的查找结果替换为指定文字。

图 6-24 【查找和替换】对话框

操作实例 6-3 标注孔的精度尺寸

在机械制图中，不带公差的尺寸是很少见的，这是因为在实际生产中，误差是始终存在的。因此制定公差的目的就是确定产品的几何参数，使其变动量在一定的范围之内，以便达到互换或配合的要求。

如图 6-25 所示的零件图，内孔设计尺寸为 $\phi 25$，公差为 K7，公差范围在 –0.015~ +0.006 之间，因此最终的内孔尺寸只需在 $\phi 24.985$~ $\phi 25.006$ mm 之间，就可以算作合格。而图 6-26 中显示实际测量值为 24.99mm，在公差范围内，因此可以算合格产品。本案例便标注该尺寸公差，操作步骤如下。

图 6-25 零件图

图 6-26 实际的测量尺寸

① 打开素材文件"第 6 章\6-3 标注孔的精度尺寸.dwg"，如图 6-27 所示，已经标注好了所需的尺寸。

② 添加直径符号。双击尺寸 25，打开【文字编辑器】选项卡，然后将鼠标移动至 25 之前，输入"%%C"，为其添加直径符号，如图 6-28 所示。

图 6-27　素材图形

图 6-28　添加直径符号

③ 输入公差文字。将鼠标移动至 25 的后方，依次输入"K7 +0.006^–0.015"，如图 6-29 所示。

图 6-29　输入公差文字

④ 创建尺寸公差。按住鼠标左键，向后拖移，选中"+0.006^–0.015"文字，然后单击【文字编辑器】选项卡中【格式】面板中的【堆叠】按钮，即可创建尺寸公差，如图 6-30 所示。

图 6-30　堆叠公差文字

6.3　创建表格

在机械设计过程中，表格主要用于标题栏、零件参数表、材料明细表等内容。使用 AutoCAD 的表格功能，能够自动地创建和编辑表格，其操作方法与 Word、Excel 相似。

6.3.1　创建表格

表格是在行和列中包含数据的对象，在设置表格样式后便可以从空格或表格样式创建表格对象，还可以将表格链接至 Microsoft Excel 电子表格中的数据。在 AutoCAD 2025 中插入表格有以下几种常用方法。

> 功能区：在【默认】选项卡中，单击【注释】面板中的【表格】按钮，如图 6-31 所示。
> 菜单栏：执行【绘图】|【表格】命令。
> 命令行：TABLE 或 TB。

通过以上任意一种方法执行该命令后，系统弹出【插入表格】对话框，如图 6-32 所示。在【插入表格】面板中包含多个选项组和对应选项。

图 6-31 【注释】面板中的【表格】按钮　　　图 6-32 【插入表格】对话框

设置好列数和列宽、行数和行高后，单击"确定"按钮，并在绘图区指定插入点，将会在当前位置按照表格设置插入一个表格，然后在此表格中添加上相应的文本信息即可完成表格的创建。【插入表格】对话框中包含 5 大区域，各区域参数的含义说明如下。

>"表格样式"区域：在该区域中不仅可以从下拉列表框中选择表格样式，也可以单击右侧的 按钮后创建新表格样式。

>"插入选项"区域：该区域中包含 3 个单选按钮，其中选中"从空表格开始"单选按钮可以创建一个空的表格；而选中"自数据连接"单选按钮可以从外部导入数据来创建表格，如 Excel；若选中"自图形中的对象数据（数据提取）"单选按钮则可以用于从可输出到表格或外部的图形中提取数据来创建表格。

>"插入方式"区域：该区域中包含两个单选按钮，其中选中"指定插入点"单选按钮可以在绘图窗口中的某点插入固定大小的表格；选中"指定窗口"单选按钮可以在绘图窗口中通过指定表格两对角点的方式来创建任意大小的表格。

>"列和行设置"区域：在此选项区域中，可以通过改变"列""列宽""数据行"和"行高"文本框中的数值来调整表格的外观大小。

>"设置单元样式"区域：在此选项组中可以设置"第一行单元样式""第二行单元样式"和"所有其他单元样式"选项。默认情况下，系统均以"从空表格开始"方式插入表格。

操作实例 6-4　通过表格创建标题栏

与其他技术制图类似，机械制图中的标题栏也配置在图框的右下角。

① 打开素材文件"第 6 章\6-4 通过表格创建标题栏.dwg"，其中已经绘制好了一零件图。

② 在命令行输入"TB"并按 Enter 键，系统弹出【插入表格】对话框。选择插入方式为

"指定窗口"，然后设置"列数"为 7，"行数"为 2，设置所有行的单元样式均为"数据"，如图 6-33 所示。

③ 单击【插入表格】对话框上的"确定"按钮，然后在绘图区单击确定表格左下角点，向上拖动指针，在合适的位置单击确定表格右下角点。生成的表格如图 6-34 所示。

图 6-33　设置表格参数

图 6-34　插入表格

> 提示　在设置行数的时候需要看清楚对话框中输入的是"数据行数"，这里的数据行数是应该减去标题与表头的数值，即"最终行数=输入行数+2"。

6.3.2　编辑表格

在添加完成表格后，不仅可根据需要对表格整体或表格单元执行拉伸、合并或添加等编辑操作，而且可以对表格的表指示器进行所需的编辑，其中包括编辑表格形状和添加表格颜色等设置。

当选中整个表格，单击鼠标右键，弹出的快捷菜单如图 6-35 所示。可以对表格进行剪切、复制、删除、移动、缩放和旋转等简单操作，还可以均匀调整表格的行、列大小，删除所有特性替代。当选择"输出"命令时，还可以打开"输出数据"对话框，以.csv 格式输出表格中的数据。

当选中表格后，也可以通过拖动夹点来编辑表格，其各夹点的含义，如图 6-36 所示。

图 6-35　快捷菜单

图 6-36　选中表格时各夹点的含义

6.3.3 编辑表格单元

当选中表格单元时，其右键快捷菜单如图 6-37 所示。而在表格单元格周围也会出现夹点，也可以通过拖动这些夹点来编辑单元格，其各夹点的含义如图 6-38 所示。如果要选择多个单元，可以按鼠标左键并在与欲选择的单元上拖动；也可以按住 Shift 键并在欲选择的单元内按鼠标左键，可以同时选中这两个单元以及它们之间的所有单元。

图 6-37　快捷菜单　　　　　　　图 6-38　通过夹点调整单元格

6.3.4 添加表格内容

在 AutoCAD 2025 中，表格的主要作用就是能够清晰、完整、系统地表现图纸中的数据。表格中的数据都是通过表格单元进行添加的，表格单元不仅可以包含文本信息，而且还可以包含多个块。此外，还可以将 AutoCAD 中的表格数据与 Microsoft Excel 电子表格中的数据进行连接。

确定表格的结构之后，最后在表格中添加文字、块、公式等内容。添加表格内容之前，必须了解单元格的选中状态和激活状态。

➢ 选中状态：单元格的选中状态在上一节已经介绍，如图 6-38 所示。单击单元格内部即可选中单元格，选中单元格之后系统弹出【表格单元】选项卡。

➢ 激活状态：在单元格的激活状态，单元格呈灰底显示，并出现闪动光标，如图 6-39 所示。双击单元格可以激活单元格，激活单元格之后系统弹出【文字编辑器】选项卡。

（1）添加数据

当创建表格后，系统会自动亮显第一个表格单元，并打开【文字格式】工具栏，此时可以开始输入文字，在输入文字的过程中，单元的行高会随输入文字的高度或行数的增加而增加。要移动到下一单元，可以按 Tab 键或是用箭头键向左、向右、向上和向下移动。通过在选中的单元中按 F2 键可以快速编辑单元格文字。

（2）在表格中添加块

在表格中添加块和方程式需要选中单元格。选中单元格之后，系统将弹出【表格单元】选项卡，单击【插入】面板上的【块】按钮，系统弹出【在表格单元中插入块】对话框，如图 6-40 所示，浏览到块文件然后插入块。在表格单元中插入块时，块可以自动适应单元的大小，也可以调整单元以适应块的大小，并且可以将多个块插入到同一个表格单元中。

图 6-39　激活单元格

图 6-40　【在表格单元中插入块】对话框

（3）在表格中添加方程式

在表格中添加方程式可以将某单元格的值定义为其他单元格的组合运算值。选中单元格之后，在【表格单元】选项卡中，单击【插入】面板上的【公式】按钮，弹出图 6-41 所示的选项，选择"方程式"选项，将激活单元格，进入文字编辑模式。输入与单元格标号相关的运算公式，如图 6-42 所示。该方程式的运算结果如图 6-43 所示。如果修改方程所引用的单元格，运算结果也随之更新。

图 6-41　【公式】下拉列表

图 6-42　输入方程表达式

图 6-43　方程运算结果

操作实例 6-5　填写标题栏表格

机械制图中的标题栏一般由更改区、签字区、其他区、名称以及代号区组成。填写的内容主要有零件的名称、材料、数量、比例、图样代号以及设计、审核、批准者的姓名、日期等。本例延续"操作实例 6-4"的结果，填写已经创建完成的标题栏。

① 打开素材文件"第 6 章\6-5 填写标题栏表格.dwg"，如图 6-34 所示，其中已经绘制好了零件图形和标题栏。

② 编辑标题栏。框选左上角的 6 个单元格，然后单击【表格单元】选项卡中【合并】面板上的合并全部按钮，合并结果如图 6-44 所示。

③ 合并其余单元格。使用相同的方法，合并其余的单元格，最终结果如图 6-45 所示。

④ 输入文字。双击左上角合并之后的大单元格，输入图形的名称："低速传动轴"，如图 6-46 所示。此时输入的文字，其样式为"标题栏"表格样式中所设置的样式。

⑤ 按相同方法，输入其他文字，如"设计""审核"等，如图 6-47 所示。

⑥ 调整文字内容。单击左上角的大单元格，在【表格单元】选项卡中，选择【单元样式】面板下的【正中】选项，将文字对齐至单元格的中心，如图 6-48 所示。

图 6-44　合并单元格

图 6-45　合并其余单元格

图 6-46　输入单元格文字

图 6-47　在其他单元格中输入文字

图 6-48　调整单元格内容的对齐方式

⑦　按相同方法，对齐所有单元格内容（也可以直接选中表格，再单击"正中"，即将表格中所有单元格对齐方式统一为"正中"），再将两处文字字高调整为8，则最终结果如图6-49所示。

图 6-49　对齐其他单元格

第**7**章

图层与图层特性命令

（扫码获取配套资源）

图层是 AutoCAD 提供给用户的组织图形的强有力工具。AutoCAD 的图形对象必须绘制在某个图层上，它可以是默认的图层，也可以是用户自己创建的图层。此外，AutoCAD 还提供了大量的图层管理功能（打开/关闭、冻结/解冻、加锁/解锁等），这些功能使用户在组织图层时非常方便。

7.1 图层在机械设计上的应用

图层工具在实际的机械设计工作中应用非常多，因为一张机械图纸，不管是零件图还是装配图，都含有非常多的信息，如各种外形轮廓线、尺寸标注、文字说明、辅助线和中心线、各种绘图符号（表面粗糙度符号与基准、公差符号）等，如图 7-1 所示。这些图纸的组成部分根据机械制图国家标准（GB/T 4457.4）的要求，除在线宽与线型上有所区别外，在 AutoCAD 中，还可以对它们设置不同的颜色来进一步区分，如图 7-2 所示。

图 7-1 图形中包含多种组成部分

图 7-2 图形
中的颜色

> **提示** AutoCAD 中的黑色与白色指的是同一种颜色。当背景颜色为黑色的时候，即为白色；而当背景为白色时，即为黑色。

7.1.1 制图的常用线型与应用场合

在本书第 1 章中介绍了机械制图中所用的几种图线类型，而这些图线的具体应用场合可参照表 7-1~表 7-6。

表 7-1 细实线的应用场合

过渡线	尺寸线与尺寸界线	指引线和基准线
剖面线	重合断面轮廓线	短中心线
螺纹牙底线	表示平面的对角线	零件成形前的弯折线
范围线或分界线	重复要素表示线（如齿轮的齿根线）	投影线

表 7-2 粗实线的应用场合

可见轮廓线	螺纹牙顶线和螺纹终止线	表格图、流程图中的主要表示线

续表

| 系统结构线（金属结构工程） | 模样分型线 | 剖切符号用线 |

表 7-3　细虚线的应用场合

| 不可见轮廓线 | 不可见棱边线 |

表 7-4　粗虚线的应用场合

允许表面处理的表示线

表 7-5　细点画线的应用场合

| 轴线 | 剖切符号用线 |

| 对称中心线 | 孔系分布的中心线 | 剖切线 |

表 7-6　粗点画线的应用场合

限定范围表示线（例如：限定测量热处理表面的范围）

7.1.2　线型的颜色

在 AutoCAD 中设置图层颜色时，可以参照 GB/T 14665—2012《机械工程　CAD 制图规则》中的要求来进行设置，并且相同类型的图形应采用同样的颜色，如表 7-7 所示。

表 7-7　图线的颜色

线型名称	图线型式	颜色
粗实线		白色
细实线		绿
波浪线		
双折线		
粗虚线		白色
细虚线		黄色
粗点画线		棕色
细点画线		红色
双点画线		洋红色

7.2　图层的创建与设置

图层的新建、设置等操作通常在【图层特性管理器】选项板中进行。此外，用户也可以使用【图层】面板或【图层】工具栏快速管理图层。【图层特性管理器】选项板中可以控制图层的颜色、线型、线宽、透明度、是否打印等，本节仅介绍其中常用的三种，其余的设置操作方法与此相同，便不再介绍。

7.2.1　新建并命名图层

在使用 AutoCAD 进行绘图工作前，用户宜先根据自身行业要求创建好对应的图层。AutoCAD 的图层创建和设置都在【图层特性管理器】选项板中进行。

打开【图层特性管理器】选项板有以下几种方法。

➤ 功能区：在【默认】选项卡中，单击【图层】面板中的【图层特性】按钮 ▦ ，如图 7-3 所示。

> 菜单栏：选择【格式】|【图层】命令，如图 7-4 所示。
> 命令行：LAYER 或 LA。

图 7-3 【图层】面板中的【图层特性】按钮

图 7-4 粗实线图层

执行任一命令后，弹出【图层特性管理器】选项板，如图 7-5 所示，单击对话框上方的【新建】按钮 ，即可新建一个图层项目。默认情况下，创建的图层会依"图层 1""图层 2"等顺序进行命名，用户也可以自行输入易辨别的名称，如"轮廓线""中心线"等。输入图层名称之后，依次设置该图层对应的颜色、线型、线宽等特性。

设置为当前的图层项目前会出现 符号。如图 7-6 所示为将粗实线图层置为当前图层、颜色设置为红色、线型为实线、线宽为 0.3mm 的结果。

图 7-5 【图层特性管理器】选项板

图 7-6 粗实线图层

> **提示** 图层的名称最多可以包含 255 个字符，并且中间可以含有空格，图层名区分大小写字母。图层名不能包含的符号有：<、>、^、"、"、;、？、*、|、,、=、'等，如果用户在命名图层时提示失败，可检查是否含有这些非法字符。

7.2.2 设置图层颜色

如前面所述，为了区分不同的对象，通常为不同的图层设置不同的颜色。设置图层颜色之后，该图层上的所有对象均显示为该颜色（修改了对象特性的图形除外）。

打开【图层特性管理器】选项板，单击某一图层对应的【颜色】项目，如图 7-7 所示，弹出【选择颜色】对话框，如图 7-8 所示。在调色板中选择一种颜色，单击【确定】按钮，即完成颜色设置。

7.2.3 设置图层线型

线型是指图形基本元素中线条的组成和显示方式，如实线、中心线、点画线、虚线等。通

图 7-7　单击图层颜色项目

图 7-8　【选择颜色】对话框

过线型的区别,可以直观判断图形对象的类别。在 AutoCAD 中默认的线型是实线(Continuous),其他的线型需要加载才能使用。

　　在【图层特性管理器】选项板中,单击某一图层对应的【线型】项目,弹出【选择线型】对话框,如图 7-9 所示。在默认状态下,【选择线型】对话框中只有 Continuous 一种线型。如果要使用其他线型,必须将其添加到【选择线型】对话框中。单击【加载】按钮,弹出【加载或重载线型】对话框,如图 7-10 所示,从对话框中选择要使用的线型,单击【确定】按钮,完成线型加载。

图 7-9　【选择线型】对话框

图 7-10　【加载或重载线型】对话框

操作实例 7-1　调整中心线线型比例

　　有时设置好了非连续线型（如虚线、中心线）的图层,但绘制时仍会显示出实线的效果。这通常是因为线型的【线型比例】值过大,修改数值即可显示出正确的线型效果,如图 7-11 所示。具体操作方法说明如下。

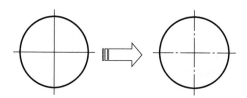

图 7-11　线型比例的变化效果

　　① 打开"第 7 章\7-1 调整中心线线型比例.dwg"素材文件,如图 7-12 所示,图形的中心线为实线显示。

② 在【默认】选项卡中，单击【特性】面板中【线型】下拉列表中的【其他】按钮，如图7-13 所示。

图 7-12　素材图形

图 7-13　【特性】面板中的【其他】按钮

③ 系统弹出【线型管理器】对话框，在中间的线型列表框中选中中心线所在的图层【CENTER】，然后在右下方的【全局比例因子】文本框中输入新值为 0.25，如图 7-14 所示。

④ 设置完成之后，单击对话框中的【确定】按钮返回绘图区，可以看到中心线的效果发生了变化，为合适的点画线，如图 7-15 所示。

图 7-14　【线型管理器】对话框

图 7-15　修改线型比例值之后的图形

7.2.4　设置图层线宽

线宽即线条显示的宽度。使用不同宽度的线条表现对象的不同部分，可以提高图形的表达能力和可读性，如图 7-16 所示。

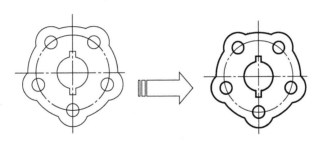

图 7-16　线宽变化

在【图层特性管理器】选项板中，单击某一图层对应的【线宽】项目，弹出【线宽】对话框，如图 7-17 所示，从中选择所需的线宽即可。

如果需要自定义线宽，在命令行中输入"LWEIGHT"或"LW"并按 Enter 键，弹出【线宽设置】对话框，如图 7-18 所示，通过调整线宽比例，可使图形中的线宽显示得更宽或更窄。

机械制图中通常采用粗、细两种线宽，在 AutoCAD 中常设置粗细比例为 2∶1。共有 0.25/0.13、0.35/0.18、0.5/0.25、0.7/0.35、1/0.5、1.4/0.7、2/1（单位均为 mm）这 7 种组合，同一图纸只允许采用一种组合。其余行业制图请查阅相关标准。

图 7-17 【线宽】对话框　　　　　　　图 7-18 【线宽设置】对话框

操作实例 7-2 创建机械绘图用图层

本案例介绍绘图基本图层的创建，在该实例中要求分别建立轮廓线、中心线、标注线、剖面线和虚线层，这些图层的主要特性如表 7-8 所示（根据 GB/T 17450—1998《技术制图 图线》所述适用于机械工程制图）。

表 7-8 图层列表

序号	图层名	线宽/mm	线型	颜色	打印属性
1	轮廓线	0.3	CONTINUOUS	黑	打印
2	标注线	0.18	CONTINUOUS	绿	打印
3	中心线	0.18	CENTER	红	打印
4	剖面线	0.18	CONTINUOUS	黄	打印
5	符号线	0.18	CONTINUOUS	33	打印
6	虚线	0.18	DASHED	洋红	打印

① 单击【图层】面板中的【图层特性】按钮，打开如图 7-19 所示的【图层特性管理器】选项板。

② 新建图层。单击【新建】按钮，新建"图层 1"，如图 7-20 所示。此时文本框呈可编辑状态，在其中输入文字"中心线"并按 Enter 键，完成中心线图层的创建，如图 7-21 所示。

③ 设置图层特性。单击中心线图层对应的【颜色】项目，弹出【选择颜色】对话框，选择红色作为该图层的颜色，如图 7-22 所示。单击【确定】按钮，返回【图层特性管理器】选项板。

图 7-19　【图层特性管理器】选项板

图 7-20　新建图层

图 7-21　重命名图层

④ 单击中心线图层对应的【线型】项目，弹出【选择线型】对话框，如图 7-23 所示。

图 7-22　选择图层颜色

图 7-23　【选择线型】对话框

⑤ 加载线型。对话框中没有需要的线型，单击【加载】按钮，弹出【加载或重载线型】对话框，如图 7-24 所示，选择 CENTER 线型，单击【确定】按钮，将其加载到【选择线型】对话框中，如图 7-25 所示。

⑥ 选择 CENTER 线型，单击【确定】按钮即为中心线图层指定了线型。

⑦ 单击中心线图层对应的【线宽】项目，弹出【线宽】对话框，选择线宽为 0.18 mm，如图 7-26 所示，单击【确定】按钮，即为中心线图层指定了线宽。

⑧ 创建的中心线图层如图 7-27 所示。

图 7-24 【加载或重载线型】对话框

图 7-25 加载的 CENTER 线型

图 7-26 选择线宽

图 7-27 创建的中心线图层

⑨ 重复上述步骤，分别创建轮廓线、标注线、剖面线、符号线和虚线图层，为各图层选择合适的颜色、线型和线宽特性，结果如图 7-28 所示。

图 7-28 创建剩余的图层

⑩ 设置完成后，单击【另存为】按钮，在【文件类型】中选择"AutoCAD 图形样板（*.dwt）"，如图 7-29 所示。

⑪ 系统会自动将保存位置调整至样板文件库，然后输入新文件名"机械制图样板"进行保存，如图 7-30 所示，以后新建文件时选择该样板文件，即可启用所保存的图层。

图 7-29　另存为图形样板　　　　　　　　图 7-30　输入样板文件名

7.3　图层的其他操作

在 AutoCAD 中，还可以对图层进行隐藏、冻结以及锁定等操作，这样在使用 AutoCAD 绘制复杂的图形对象时，就可以有效地降低误操作，提高绘图效率。

7.3.1　打开与关闭图层

在绘图的过程中可以将暂时不用的图层关闭，被关闭的图层中的图形对象将不可见，并且不能被选择、编辑、修改以及打印。在 AutoCAD 中关闭图层的常用方法有以下几种。

➤ 对话框：在【图层特性管理器】对话框中选中要关闭的图层，单击 按钮即可关闭选择图层，图层被关闭后该按钮将显示为 ，表明该图层已经被关闭，如图 7-31 所示。

➤ 功能区：在【默认】选项卡中，打开【图层】面板中的【图层控制】下拉列表，单击目标图层 按钮即可关闭图层，如图 7-32 所示。

图 7-31　通过图层特性管理器关闭图层　　　图 7-32　通过功能面板图标关闭图层

> **提示**　当关闭的图层为【当前图层】时，将弹出如图 7-33 所示的确认对话框，此时单击【关闭当前图层】链接即可。如果要恢复关闭的图层，重复以上操作，单击图层前的【关闭】图标 即可打开图层。

图 7-33　确定关闭当前图层

操作实例 7-3　通过关闭图层控制图形

在使用 AutoCAD 绘图时，有时会在绘图区的空白处随意绘制一些辅助图形。待图纸全部绘制完毕后，既不想让辅助图形影响整张设计图的完整性，又不想删除这些辅助图形，这时就可以使用图层【关闭】工具来将其隐藏。

① 打开素材文件"第 7 章\7-3 通过关闭图层控制图形.dwg"，其中已经绘制好了一完整图形，但在图形上方还有绘制过程中遗留的辅助图，如图 7-34 所示。

② 冻结图层。在【默认】选项卡中，打开【图层】面板中的【图层控制】下拉列表，在列表框内找到【Defpoints】层，单击该层前的【关闭】按钮 ，即可关闭【Defpoints】层，如图 7-35 所示。

图 7-34　素材图形

图 7-35　关闭不需要的图形图层

③ 关闭【Defpoints】层之后的图形如图 7-36 所示，可见上方的辅助图形被消隐。

7.3.2　冻结与解冻图层

将长期不需要显示的图层冻结，可以提高系统运行速度，减少图形刷新的时间，因为这些图层将不会被加载到内存中。AutoCAD 不会在被冻结的图层上显示、打印或重生成对象。

在 AutoCAD 中关闭图层的常用方法有以下几种。

➢ 对话框：在【图层特性管理器】对话框中单击要冻结的图层前的【冻结】按钮 ，即可冻结该图层，图层冻结后将显示为 ，如图 7-37 所示。

图 7-36　图层关闭之后的结果

➢ 功能区：在【默认】选项卡中，打开【图层】面板中的【图层控制】下拉列表，单击目标图层 ☼ 按钮，如图 7-38 所示。

图 7-37　通过图层特性管理器冻结图层

图 7-38　通过功能面板图标冻结图层

> **提示**　如果要冻结的图层为【当前图层】，将弹出如图 7-39 所示的对话框，提示无法冻结【当前图层】，此时需要将其他图层设置为【当前图层】才能冻结该图层。如果要恢复冻结的图层，重复以上操作，单击图层前的【解冻】图标 ❄ 即可解冻图层。

图 7-39　图层无法冻结

操作实例 7-4　通过冻结图层控制图形

除了图层【关闭】工具可以隐藏图形外，还可以使用【冻结】工具来达到相同的效果。本

图 7-40　冻结不需要的图形图层

例便同样使用【操作实例 7-3】中的素材，仅将操作换为【冻结】，然后解释这两种操作之间的异同。

① 打开素材文件"第 7 章\7-4 通过冻结图层控制图形.dwg"。

② 冻结图层。在【默认】选项卡中，打开【图层】面板中的【图层控制】下拉列表，在列表框内找到【Defpoints】层，单击该层前的【冻结】按钮 ☀️，变成 ❄️，即可冻结【Defpoints】层，如图 7-40 所示。

③ 冻结【Defpoints】层之后的图形如图 7-41 所示，可见上方的辅助图形被消隐。

图 7-41　图层冻结之后的结果

图层的【冻结】和【关闭】，都能使该图层上的对象全部被隐藏，看似效果一致，其实仍有不同。被【关闭】的图层，不能显示、不能编辑、不能打印，但仍然存在于图形当中，图形刷新时仍会计算该层上的对象，可以近似理解为被"忽视"；而被【冻结】的图层，除了不能显示、不能编辑、不能打印之外，还不会再被认为属于图形，图形刷新时也不会再计算该层上的对象，可以理解为被"无视"。

图层【冻结】和【关闭】的一个典型区别就是视图刷新时的处理差别，以【操作实例 7-4】为例，如果选择关闭【Defpoints】层，那双击鼠标中键进行【范围】缩放时，则效果如图 7-42 所示，辅助图虽然已经隐藏，但图形上方仍空出了它的区域；反之【冻结】则如图 7-43 所示，相当于删除了辅助图。

被【关闭】的图形不显示，但缩放时仍会保留其位置

图 7-42　图层【关闭】时的视图缩放效果

被【冻结】的图形不显示，缩放时也不会保留其位置

图 7-43　图层【冻结】时的视图缩放效果

7.3.3　锁定与解锁图层

如果某个图层上的对象只需要显示、不需要选择和编辑，那么可以锁定该图层。被锁定图层上的对象仍然可见，但会淡化显示，而且可以被选择、标注和测量，但不能被编辑、修改和删除，另外还可以在该层上添加新的图形对象。因此使用 AutoCAD 绘图时，可以将中心线、辅助线等基准线条所在的图层锁定。

锁定图层的常用方法有以下几种。

➢ 对话框：在【图层特性管理器】对话框中单击【锁定】图标🔓，即可锁定该图层，图层锁定后该图标将显示为🔒，如图 7-44 所示。

➢ 功能区：在【默认】选项卡中，打开【图层】面板中的【图层控制】下拉列表，单击🔓图标即可锁定该图层，如图 7-45 所示。

图 7-44　通过图层特性管理器锁定图层

图 7-45　通过功能面板图标锁定图层

提示　如果要解除图层锁定，重复以上的操作单击【解锁】按钮🔒，即可解锁已经锁定的图层。

7.3.4　设置当前图层

当前图层是当前工作状态下所处的图层。设定某一图层为当前图层之后，接下来所绘制的对象都位于该图层中。如果要在其他图层中绘图，就需要更改当前图层。

在 AutoCAD 中设置当前层有以下几种常用方法。

➢ 对话框：在【图层特性管理器】选项板中选择目标图层，单击【置为当前】按钮 ![icon]，如图7-46所示。被置为当前的图层在项目前会出现 ✔ 符号。

➢ 功能区1：在【默认】选项卡中，单击【图层】面板中【图层控制】下拉列表，在其中选择需要的图层，即可将其设置为当前图层，如图7-47所示。

➢ 功能区2：在【默认】选项卡中，单击【图层】面板中【置为当前】按钮 ![置为当前]，即可将所选图形对象的图层置为当前，如图7-48所示。

➢ 命令行：在命令行中输入"CLAYER"命令，然后输入图层名称，即可将该图层置为当前。

图7-46 【图层特性管理器】中置为当前

图7-47 【图层控制】下拉列表

图7-48 【置为当前】按钮

7.3.5 转换图形所在图层

在 AutoCAD 中还可以十分灵活地进行图层转换，即将某一图层内的图形转换至另一图层，同时使其颜色、线型、线宽等特性发生改变。

如果某图形对象需要转换图层，可以先选择该图形对象，然后单击【图层】面板中的【图层控制】下拉列表框，选择要转换的目标图层即可，如图7-49所示。

(a)转换前 　　　　(b)选择图层 　　　　(c)转换后
图7-49 图层转换

绘制复杂的图形时，由于图形元素的性质不同，用户常需要将某个图层上的对象转换到其他图层上，同时使其颜色、线型、线宽等特性发生改变。除了之前所介绍的方法之外，其余在 AutoCAD 中转换图层的方法如下。

（1）通过【图层控制】列表转换图层

选择图形对象后，在【图层控制】下拉列表选择所需图层。操作结束后，列表框自动关闭，被选中的图形对象转移至刚选择的图层上。

（2）通过【图层】面板中的命令转换图层

在【图层】面板中，有如下命令可以帮助转换图层。

➤【匹配图层】按钮 📑 匹配图层：先选择要转换图层的对象，然后单击 Enter 键确认，再选择目标图层对象，即可将源对象匹配至目标图层。

➤【更改为当前图层】按钮 📑：选择图形对象后单击该按钮，即可将对象图层转换为当前图层。

操作实例 7-5　切换图形至 Defpoint 层

【操作实例 7-4】中素材遗留的辅助图，已经事先设置为【Defpoints】层，这在现实的工作当中是不大可能出现的。因此习惯的做法是最后新建一个单独的图层，然后将要隐藏的图形转移至该图层上，再进行冻结、关闭等操作。

① 打开"第 7 章\7-5 切换图形至 Defpoint 层.dwg"素材文件，其中已经绘制好了一完整图形，在图形上方还有绘制过程中遗留的辅助图，如图 7-50 所示。

② 选择要切换图层的对象。框选上方的辅助图，如图 7-51 所示。

图 7-50　素材文件

图 7-51　选择对象

③ 切换图层。然后在【默认】选项卡中，打开【图层】面板中的【图层控制】下拉列表，在列表框内选择【Defpoints】层并单击，如图 7-52 所示。

④ 此时图形对象由其他图层转换为【Defpoints】层，如图 7-53 所示。延续【操作实例 7-4】的操作，即可完成冻结。

图 7-52　【图层控制】下拉列表

图 7-53　最终效果

7.3.6 删除多余图层

在图层创建过程中，如果新建了多余的图层，此时可以在【图层特性管理器】选项板中单击【删除】按钮将其删除，但 AutoCAD 规定以下 4 类图层不能被删除，如下所述。

> 图层 0 层 Defpoints。
> 当前图层。要删除当前层，可以改变当前层到其他层。
> 包含对象的图层。要删除该层，必须先删除该层中所有的图形对象。
> 依赖外部参照的图层。要删除该层，必先删除外部参照。

如果图形中图层太多且杂不易管理，而找不使用的图层进行删除时，却被系统提示无法删除，如图 7-54 所示。

图 7-54 【图层-未删除】对话框

不仅如此，局部打开图形中的图层也被视为已参照并且不能删除。对于 0 图层和 Defpoints 图层是系统自己建立的，无法删除这是常识，用户应该把图形绘制在别的图层；对于当前图层无法删除，可以更改当前图层再实行删除操作；对于包含对象或依赖外部参照的图层进行移动操作比较困难，用户可以使用"图层转换"或"图层合并"的方式删除。

（1）图层转换的方法

图层转换是将当前图像中的图层映射到指定图形或标准文件中的其他图层名和图层特性，然后使用这些贴图对其进行转换。下面介绍其操作步骤。

单击功能区【管理】选项卡【CAD 标准】组面板中【图层转换器】按钮，系统弹出【图层转换器】对话框，如图 7-55 所示。

图 7-55 【图层转换器】对话框

单击对话框【转换为】功能框中【新建】按钮,系统弹出【新图层】对话框,如图 7-56 所示。在【名称】文本框中输入现有的图层名称或新的图层名称,并设置线型、线宽、颜色等属性,单击【确定】按钮。

单击对话框【设置】按钮,弹出如图 7-57 所示【设置】对话框。在此对话框中可以设置转换后图层的属性状态和转换时的请求,设置完成后单击【确定】按钮。

图 7-56　【新图层】对话框

图 7-57　【设置】对话框

在【图层转换器】对话框【转换自】选项列表中选择需要转换的图层名称,在【转换为】选项列表中选择需要转换到的图层,这时激活【映射】按钮,单击此按钮,在【图层转换映射】列表中将显示图层转换映射列表,如图 7-58 所示。

映射完成后单击【转换】按钮,系统弹出【图层转换器-未保存更改】对话框,如图 7-59 所示,选择【仅转换】选项即可。这时打开【图层特性管理器】对话框,会发现选择的【转换自】图层不见了,这是由于转换后图层被系统自动删除,如果选择的【转换自】图层是 0 图层和 Defpoints 图层,将不会被删除。

图 7-58　【图层转换器】对话框

图 7-59　【图层转换器-未保存更改】对话框

（2）图层合并的方法

可以通过合并图层来减少图形中的图层数。将所合并图层上的对象移动到目标图层,并从图形中清理原始图层。以这种方法同样可以删除顽固图层,下面介绍其操作步骤。

在命令行中输入"LAYMRG"并单击 Enter 键,系统提示:选择要合并的图层上的对象或〔命名（N）〕。可以用鼠标在绘图区框选图形对象,也可以输入"N"并单击 Enter 键。输入"N"并单击 Enter 键后弹出【合并图层】对话框,如图 7-60 所示。在【合并图层】对话框中选择要合并的图层,单击【确定】按钮。

如需继续选择合并对象可以框选绘图区对象或输入"N"并单击 Enter 键;如果选择完毕,

单击 Enter 键即可。命令行提示：选择目标图层上的对象或［名称（N）］。可以用鼠标在绘图区
框选图形对象，也可以输入"N"并单击 Enter 键。输入"N"并单击 Enter 键弹出【合并图层】
对话框，如图 7-61 所示。

图 7-60 选择要合并的图层　　　　　　图 7-61 选择合并到的图层

在【合并图层】对话框中选择要合并的图层，单击【确定】按钮。命令行出行合并提示，
如图 7-62 所示。单击【是】按钮，这时打开【图层特性管理器】对话框，所选择的图层就被删
除了。

选择目标图层上的对象或 [名称(N)]:
******** 警告 ********
将要把图层"Defpoints"合并到图层"轮廓线"中。

图 7-62 【合并到图层】

7.3.7　清理图层和线型

由于图层和线型的定义都要保存在图形数据库中，它们会增加图形的大小。因此，清除图
形中不再使用的图层和线型就非常有用。当然，也可以删除多余的图层，但有时很难确定哪个
图层中没有对象。而使用【清理】命令就可以删除不再使用的定义，包括图层和线型。

图 7-63 应用程序菜单按钮中选择【清理】　　　图 7-64 【清理】对话框

调用【清理】命令的方法如下。

➢ 应用程序菜单按钮：在应用程序菜单按钮中选择【图形实用工具】，然后选择【清理】选项，如图 7-63 所示。

➢ 命令行：PURGE。

执行上述命令后都会打开如图 7-64 所示的【清理-确认清理】对话框。在对话框的顶部，可以选择查看能清理的对象或不能清理的对象。不能清理的对象可以帮助用户分析对象不能被清理的原因。

要开始进行清理操作，选择【查看能清理的项目】选项。每种对象类型前的"+"号表示它包含可清理的对象。要清理个别项目，只需选择该选项然后单击【清理】按钮；也可以单击【全部清理】按钮对所有项目进行清理。清理的过程中将会弹出如图 7-65 所示的对话框，提示用户是否确定清理该项目。

图 7-65　【清理-确认清理】对话框

7.4　图形特性设置

在用户确实需要的情况下，可以通过【特性】面板或工具栏为所选择的图形对象单独设置特性，绘制出既属于当前层，又具有不同于当前层特性的图形对象。

> 提示　频繁设置对象特性，会使图层的共同特性减少，不利于图层组织。

7.4.1　查看并修改图形特性

一般情况下，图形对象的显示特性都是【随图层】(ByLayer)，表示图形对象的属性与其所在的图层特性相同；若选择【随块】(ByBlock)选项，则对象从它所在的块中继承颜色和线型。

（1）通过【特性】面板编辑对象属性

在【默认】选项卡的【特性】面板中选择要编辑的属性栏，如图 7-66 所示，即可执行命令。该面板分为多个选项列表框，分别控制对象的不同特性。选择一个对象，然后在对应选项列表框中选择要修改为的特性，即可修改对象的特性。

默认设置下，对象颜色、线宽、线型 3 个特性为 ByLayer（随图层），即与所在图层一致，这种情况下绘制的对象将使用当前图层的特性，通过 3 种特性的下拉列表框（见图 7-67），

图 7-66　【特性】面板

可以修改当前绘图特性。

(a)调整颜色　　　　　　　　　(b)调整线宽　　　　　　　　　(c)调整线型

图 7-67 【特性】面板选项列表

图形对象有几个基本属性，即颜色、线型、线宽等，这几个属性可以控制图形的显示效果和打印效果，合理设置好对象的属性，不仅可以使图面看上去更美观、清晰，更重要的是可以获得正确的打印效果。在设置对象的颜色、线型、线宽属性时都会看到列表中的 Bylayer（随层）、Byblock（随块）这两个选项。

Bylayer（随层）即对象属性使用它所在的图层的属性。绘图过程中通常会将同类的图形放在同一个图层中，用图层来控制图形对象的属性很方便。因此通常设置好图层的颜色、线型、线宽等，然后在所在图层绘制图形，假如图形对象属性有误，还可以调换图层。

图层特性是硬性的，图形对象、图块、外部参照等都会分配在图层中。图块对象所属图层跟图块定义时图形所在图层和块参照插入的图层都有关系。如果图块在 0 层创建定义，图块插入哪个层，图块就属于哪个层；如果图块不在 0 层创建定义，图块无论插入到哪个层，图块仍然属于原来创建的那个图层。

Byblock（随块）即对象属性使用它所在的图块的属性。通常将要做成图块的图形对象设置为这个属性。当图形对象设置为 Byblock 并被定义成图块后，我们可以直接调整图块的属性，设置成 Byblock 属性的对象属性将跟随图块设置变化而变化。

（2）通过【特性】选项板编辑对象属性

【特性】选项板能查看和修改的图形特性只有颜色、线型和线宽，【特性】选项板则能查看并修改更多的对象特性。在 AutoCAD 中打开对象的【特性】选项板有以下几种常用方法。

➢ 功能区：选择要查看特性的对象，然后单击【标准】面板中的【特性】按钮。

➢ 菜单栏：选择要查看特性的对象，然后选择【修改】|【特性】命令；也可先执行菜单命令，再选择对象。

➢ 命令行：选择要查看特性的对象，然后在命令行中输入 PROPERTIES 或 PR 或 CH 并按 Enter 键。

➢ 快捷键：选择要查看特性的对象，然后按快捷键 Ctrl+1。

如果只选择了单个图形，执行以上任意一种操作将打开该对象的【特性】选项板，如图 7-68 所示，对其中所显示的图形信息进行修改即可。

从选项板中可以看到，该选项板不但列出了颜色、线宽、线型、打印样式、透明度等图形常规属性，还增添了【三维效果】以及【几何图形】两大属性列表框，可以查看和修改其材质效果以及几何属性。

如果同时选择了多个对象，弹出的选项板则显示了这些对象的共同属性，在不同特性的项目上显示"*多种*"，如图 7-69 所示。在【特性】选项板中包括选项列表框和文本框等项目，选择相应的选项或输入参数，即可修改对象的特性。

图 7-68　单个图形的【特性】选项板

图 7-69　多个图形的【特性】选项板

7.4.2　匹配图形属性

特性匹配的功能就如同 Office 软件中的"格式刷"一样，可以把一个图形对象（源对象）的特性完全"继承"给另外一个（或一组）图形对象（目标对象），这些图形对象的部分或全部特性和源对象相同。

在 AutoCAD 中执行【特性匹配】命令有以下两种常用方法。

➤ 菜单栏：执行【修改】|【特性匹配】命令。

➤ 功能区：单击【默认】选项卡内【特性】面板的【特性匹配】按钮，如图 7-70 所示。

➤ 命令行：MATCHPROP 或 MA。

特性匹配命令执行过程当中，需要选择两类对象：源对象和目标对象。操作完成后，目标对象的部分或全部特性和源对象相同。命令行输入如下所示。

```
命令：MA↙                          //调用【特性匹配】命令
MATCHPROP
选择源对象：                        //单击选择源对象
当前活动设置：颜色 图层 线型 线型比例 线宽 透明度 厚度 打印样式 标注 文字 图
案填充 多段线 视口 表格材质 阴影显示 多重引线
选择目标对象或 [设置（S）]：         //光标变成格式刷形状，选择目标对
                                    象，可以立即修改其属性
选择目标对象或 [设置（S）]：↙        //选择目标对象完毕后单击 Enter
                                    键，结束命令
```

通常，源对象可供匹配的特性很多，选择"设置"备选项，将弹出如图 7-71 所示的【特性设置】对话框。在该对话框中，可以设置哪些特性允许匹配，哪些特性不允许匹配。

图 7-70 【特性】面板

图 7-71 【特性设置】对话框

操作实例 7-6　特性匹配图形

为如图 7-72 所示的素材文件进行特性匹配，其最终效果如图 7-73 所示。

图 7-72　素材图样

图 7-73　完成后效果

① 打开"第 7 章\7-6 特性匹配图形.dwg"素材文件，如图 7-72 所示。

② 单击【默认】选项卡中【特性】面板中的【特性匹配】按钮，选择如图 7-74 所示的源对象。

③ 当鼠标由方框变成刷子时，表示源对象选择完成。单击素材图样中的六边形，此时图形效果如图 7-75 所示。命令行操作如下。

```
命令：'_matchprop
选择源对象：                              //选择如图 7-74 所示中的直线
                                              为源对象

当前活动设置：颜色 图层 线型 线型比例 线宽 透明度 厚度 打印样式 标注 文字 图
案填充 多段线 视口 表格材质 阴影显示 多重引线
选择目标对象或 [设置（S）]：              //选择如图 7-75 所示中的六边
                                              形目标对象
```

④ 重复以上操作，继续给素材图样进行特性匹配，最后完成效果如图 7-73 所示。

图 7-74　选择源对象

图 7-75　选择目标对象

第 **8** 章

块、外部参照与设计中心

（扫码获取配套资源）

图块也称块，它是由图形组成的集合。一旦图形被定义为了图块，那么它将成为一个整体，选中图块中任意一个图形对象即可选中构成图块的所有对象。AutoCAD 可以把一个图块作为一个对象进行编辑、修改等操作，也可以根据需要将图块插入到图形中的指定位置，在插入时还可以指定不同的缩放比例和旋转角度。如果需要对组成图块的单个图形对象进行修改，还可以利用"分解"命令将图形炸开，分解成若干个对象。图块还可以被重新定义，一旦被重新定义，那么整个文件中基于该图块的对象都会随之改变。

8.1　图块在机械设计上的应用

在绘制图形时，如果图形中有大量相同或相似的内容，或者所绘制的图形与已有的图形文件相同（如机械图纸中常见的表面粗糙度符号、基准符号以及各种标准件图形），都可以把要重复绘制的图形创建为块（也称为图块），并根据需要为块创建属性，指定块的名称、用途及设计者等信息，在需要时直接插入它们，从而提高绘图效率。

8.2　块

块（Block）是由多个绘制在不同图层上的不同特性对象组成的集合，并具有块名。块创建后，用户可以将其作为单一的对象插入零件图或装配图的图形中。块是系统提供给用户的重要绘图工具之一，具有以下主要特点。

> ➢ 提高绘图速度。
> ➢ 节省储存空间。
> ➢ 便于修改图形。
> ➢ 便于数据管理。

8.2.1　创建内部块

将一个或多个对象定义为新的单个对象，定义的新单个对象即为块，保存在图形文件中的块又称内部块。

调用【块】命令的方法如下。

> ➢ 面板：单击【默认】选项卡中【块】面板上的【创建】按钮 。

> 菜单栏：选择【绘图】|【块】|【创建】命令。
> 命令行：BLOCK 或 B。

执行上述任一命令后，系统弹出【块定义】对话框，如图 8-1 所示，可以将绘制的图形创建为块。

图 8-1 【块定义】对话框

【块定义】对话框中主要选项的功能如下。

> 【名称】文本框：用于输入块名称，还可以在下拉列表框中选择已有的块。
> 【基点】选项区域：设置块的插入基点位置。用户可以直接在 X、Y、Z 文本框中输入，也可以单击【拾取点】按钮，切换到绘图窗口并选择基点。一般基点选在块的对称中心、左下角或其他有特征的位置。
> 【对象】选项区域：选择组成块的对象。其中，单击【选择对象】按钮，可切换到绘图窗口选择组成块的各对象；单击【快速选择】按钮，可以使用弹出的【快速选择】对话框设置所选择对象的过滤条件；选中【保留】单选按钮，创建块后仍在绘图窗口中保留组成块的各对象；选中【转换为块】单选按钮，创建块后将组成块的各对象保留并把它们转换成块；选中【删除】单选按钮，创建块后删除绘图窗口上组成块的源对象。
> 【方式】选项区域：设置组成块的对象显示方式。选择【注释性】复选框，可以将对象设置成注释性对象；选择【按同一比例缩放】复选框，设置对象是否按统一的比例进行缩放；选择【允许分解】复选框，设置对象是否允许被分解。
> 【设置】选项区域：设置块的基本属性。单击【超链接】按钮，将弹出【插入超链接】对话框，在该对话框中可以插入超链接文档。
> 【说明】文本框：用来输入当前块的说明部分。

操作实例 8-1 创建表面粗糙度符号块

下面以创建如所示的表面粗糙度符号为例，具体讲解如何定义创建块。

① 打开素材文件"第 8 章\8-1 创建表面粗糙度符号块.dwg"，如图 8-2 所示。

② 在命令行中输入"B"并按回车键，调用【块】命令，系统弹出【块定义】对话框。

③ 在【名称】文本框中输入块的名称"表面粗糙度"。

④ 在【基点】选项区域中单击【拾取点】按钮，然后拾取图形中的下方端点，确定基点位置。

⑤ 在【对象】选项区域中选中【保留】单选按钮，再单击【选择对象】按钮，返回绘图窗口，选择要创建块的表面粗糙度符号，然后按回车键或单击鼠标右键，返回【块定义】对话框。

⑥ 在【块单位】下拉列表中选择【毫米】选项，设置单位为毫米。

⑦ 完成参数设置，如图 8-3 所示，单击【确定】按钮保存设置，完成图块的定义。

图 8-2　素材图形

图 8-3　【块定义】对话框

> **提示**　【创建块】命令所创建的块保存在当前图形文件中，可以随时调用并插入到当前图形文件中。其他图形文件如果要调用该图块，则可以通过设计中心或剪贴板。

8.2.2　控制图块颜色和线型

尽管图块总是创建在当前图层上，但块定义中保存了图块中各个对象的原图层、颜色和线型等特性信息。为了控制插入块实例的颜色、线型和线宽特性，在定义块时有如下三种情况。

➤ 若要使块实例完全继承当前层的属性，那么在定义块时应将图形对象绘制在 0 层，将当前层颜色、线型和线宽属性设置为"随层"（ByLayer）。

➤ 若希望能为块实例单独设置属性，那么在块定义时应将颜色、线型和线宽属性设置为"随块"（ByBlock）。

➢ 若要使块实例中的对象保留属性，而不从当前层继承；那么在定义块时，应为每个对象分别设置颜色、线型和线宽属性，而不应当设置为"随块"或"随层"。

8.2.3　插入块

将需要重复绘制的图形创建成块后，可以通过【插入】命令直接调用它们，插入到图形中的块称为块参照。

调用【插入】命令的方法有以下几种。

➢ 面板：单击【默认】选项卡【块】面板上的【插入】按钮📦。

➢ 菜单栏：选择【插入】|【块】命令。

➢ 命令行：INSERT 或 I。

执行上述任一命令，即可调用【插入】命令，系统弹出图块库，如图 8-4 所示。

该对话框中各选项的含义如下。

➢【名称】下拉列表框：用于选择块或图形名称。也可以单击其后的【浏览】按钮，系统弹出【打开图形文件】对话框，选择保存的块和外部图形。

➢【插入点】选项区域：设置块的插入点位置。用户可以直接在 X、Y、Z 文本框中输入，也可以通过选中【在屏幕上指定】复选框，在屏幕上选择插入点。

➢【比例】选项区域：用于设置块的插入比例。可直接在 X、Y、Z 文本框中输入块在三个方向的比例；也可以通过选中【在屏幕上指定】复选框，在屏幕上指定。此外，该选项区域中的【统一比例】复选框用于确定所插入块在 X、Y、Z 方向的插入比例是否相同，选中时表示相同，用户只需在 X 文本框中输入比例值即可。

➢【旋转】选项区域：用于设置块的旋转角度。可直接在【角度】文本框中输入角度值，也可以通过选中【在屏幕上指定】复选框，在屏幕上指定旋转角度。

➢【块单位】选项区域：用于设置块的单位以及比例。

➢【分解】复选框：可以将插入的块分解成块的各基本对象。

操作实例 8-2　插入螺钉图块

在如图 8-5 所示的通孔图形中，插入定义好的"螺钉"块。因为定义的螺钉图块公称直径为 10，该通孔的直径仅为 6，因此图块应缩小至原来的 0.6 倍。

① 打开素材文件"第 8 章\8-2 插入螺钉图块.dwg"，其中已经绘制好了一通孔，如图 8-5 所示。

图 8-4　【插入】对话框

图 8-5　素材图形

② 调用 I【插入】命令，系统弹出图块库。

③ 选择需要插入的内部块。打开【名称】下拉列表框，选择【螺钉】图块。

④ 确定缩放比例。选择【统一比例】选项，在文本框中输入"0.6"，如图8-6所示。

⑤ 确定插入基点位置。勾选【在屏幕上指定】复选框，单击【确定】按钮退出对话框。插入块实例到所示的 B 点位置，如图8-7所示，结束操作。

图 8-6 设置插入参数

图 8-7 完成图形

8.2.4 创建外部块

外部块是以类似于块操作的方法组合对象，然后将对象输出成一个文件，输出的该文件会将图层、线型、样式和其他特性（如系统变量等）设置作为当前图形的设置。这个新图形文件可以由当前图形中定义的块创建，也可以由当前图形中被选择的对象组成，甚至可以将全部的当前图形输入成一个新的图形文件。

在命令行输入"WBLOCK"或"W"命令，并按回车键，系统弹出【写块】对话框。在【源】选项组中选中【块】单选按钮，表示选择新图形文件由块创建。在下拉列表框中指定块，并在【目标】选项组中指定一个图形名称及其保存位置即可，如图8-8所示。

图 8-8 【写块】对话框

> 提示
>
> 在指定文件名称时，只需输入文件名称而不用带扩展名。系统一般将扩展名定义为.dwg。此时，如果在【目标】选项组中未指定文件名，则系统将在默认保存位置保存该文件。

操作实例 8-3 创建基准外部图块

本例创建好的基准图块，不仅存在于"8-3 创建基准外部图块-OK.dwg"中，还存在于所指定的路径（桌面）上。

① 单击【快速访问】工具栏中的【打开】按钮，打开"第 8 章\8-3 创建基准外部图块.dwg"素材文件，如图 8-9 所示。

图 8-9　素材图形

② 在命令行中输入"WB"，打开【写块】对话框，在【源】选项区域选择【块】复选框，然后在其右侧的下拉列表框中选择【基准】图块，如图 8-10 所示。

③ 指定保存路径。在【目标】选项区域，单击【文件和路径】文本框右侧的按钮，在弹出的对话框中选择保存路径，将其保存于桌面上，如图 8-11 所示。

④ 单击【确定】按钮，完成外部块的创建。

图 8-10　选择目标块

图 8-11　指定保存路径

8.2.5　分解图块

分解图块可使其变成定义图块之前的各自独立状态。在 AutoCAD 中，分解图块可以通过【修改】面板中的【分解】按钮来实现，它可以分解块参照、填充图案和标注等对象。

（1）分解特殊的块对象

特殊的块对象包括带有宽度特性的多段线和带有属性的块两种类型。带有宽度特性的多段线被分解后，将转换为宽度为 0 的直线和圆弧，并且分解后相应的信息也将丢失；分解带有宽度和相切信息的多段线时，还会提示信息丢失。如图 8-12 所示就是带有宽度的多段线被分解前后的效果。

图 8-12　分解多段线

当块定义中包含属性定义时，属性（如名称和数据）作为一种特殊的文本对象也被一同插入。此时包含属性的块被分解，块中的属性将转换为原来的属性定义状态，即在屏幕上显示属性标记，同时丢失了在块插入时指定的属性值。

（2）分解块参照中的嵌套元素

在分解包含嵌套块和多段线的块参照时，只能分解一层。这是因为最高一层的块参照被分解，而嵌套块或者多段线仍保留其块特性或多段线特性。只有在它们已处于最高层时，才能被分解。

8.2.6 图块属性

块属性是属于块的非图形信息，是块的组成部分。块属性用来描述块的特性，包括标记、提示、值的信息、文字格式、位置等。当插入块时，其属性也一起插入到图中；当对块进行编辑时，其属性也将改变。

（1）创建块属性

调用定义【块属性】的方法有以下几种。

➤ 面板：单击【默认】选项卡中【块】面板上的【定义属性】按钮 ◌。

➤ 菜单栏：执行【绘图】|【块】|【定义属性】命令。

➤ 命令行：ATTDEF 或 ATT。

执行上述任一操作后，系统弹出【属性定义】对话框，如图 8-13 所示。

该对话框中各选项的含义如下。

➤ 模式：用于设置属性模式，其包括【不可见】、【固定】、【验证】、【预设】、【锁定位置】和【多行】六个复选框，勾选相应的复选框可设置相应的属性值。

➤ 属性：用于设置属性数据，包括【标记】、【提示】、【默认】三个文本框。

➤ 插入点：该选项组用于指定图块属性的位置，若选中【在屏幕上指定】复选框，则可以在绘图区中指定插入点，用户可以直接在 X、Y、Z 文本框中输入坐标值确定插入点。

➤ 文字设置：该选项组用于设置属性文字的对正、样式、高度和旋转角度。包括对正、文字样式、文字高度、旋转和边界宽度五个选项。

➤ 在上一个属性定义对齐：选择该复选框，将属性标记直接置于定义的上一个属性的下面。若之前没有创建属性定义，则此项不可用。

（2）修改属性定义

直接双击块属性，系统弹出【增强属性编辑器】对话框。在【属性】选项卡的列表中选择要修改的文字属性，然后在下面的【值】文本框中设置相应的参数，如图 8-14 所示。

在【增强属性编辑器】对话框中，各选项卡的含义如下。

➤【属性】选项卡：用于显示块中每个属性的标识、提示和值。在列表框中选择某一属性后，在【值】文本框中将显示出该属性对应的属性值，并可以通过它来修改属性值。

➤【文字选项】选项卡：用于修改属性文字的格式，该选项卡如图 8-15 所示。在该选项卡中可以设置文字样式、对齐方式、高度、旋转角度、宽度比例、倾斜角度等参数。

图 8-13 【属性定义】对话框

图 8-14 【增强属性编辑器】对话框

➢【特性】选项卡：用于修改属性文字的图层以及其线宽、线型、颜色及打印样式等，该选项卡如图 8-16 所示。

图 8-15 【文字选项】选项卡

图 8-16 【特性】选项卡

操作实例 8-4 创建表面粗糙度属性块

表面粗糙度符号在图形中形状相似，仅数值不同，因此可以创建为属性块，在绘图时直接调用，然后输入具体数值即可，方便快捷，具体方法如下。

① 打开"第 8 章\8-4 创建表面粗糙度属性块.dwg"素材文件，其中已绘制好了一表面粗糙度符号，如图 8-17 所示。

图 8-17 素材图形

图 8-18 【属性定义】对话框

② 在【默认】选项卡中，单击【块】面板上的【定义属性】按钮，系统弹出【属性定义】对话框，定义属性参数，如图 8-18 所示。

③ 单击【确定】按钮，在水平线上合适位置放置属性定义，如图 8-19 所示。

④ 在【默认】选项卡中，单击【块】面板上的【创建】按钮，系统弹出【块定义】对话框。在【名称】下拉列表框中输入"标高"；单击【拾取点】按钮，拾取三角形的下角点作为基点；单击【选择对象】按钮，选择符号图形和属性定义，如图 8-20 所示。

图 8-19　插入属性定义

图 8-20　【块定义】对话框

⑤ 单击【确定】按钮，便会打开【编辑属性】对话框，在其中便可以灵活输入所需的表面粗糙度数值，如图 8-21 所示。

⑥ 单击【确定】按钮，标高符创建完成，如图 8-22 所示。

图 8-21　【编辑属性】对话框

图 8-22　表面粗糙度属性块

8.2.7　创建动态图块

动态图块就是将一系列内容相同或相近的图形通过块编辑将图形创建为块，并设置该块具有参数化的动态特性，在操作时通过自定义夹点或自定义特性来操作动态块。设置该类图块相对于常规图块来说具有极大的灵活性和智能性，提高绘图效率的同时减小图块库中的块数量。

（1）块编辑器

块编辑器是专门用于创建块定义并添加动态行为的编写区域。

调用【块编辑器】的方法有以下几种。

➤ 面板：单击【默认】选项卡中【块】面板上的【编辑】按钮 。

➤ 菜单栏：执行【工具】|【块编辑器】命令。

➤ 命令行：BEDIT 或 BE。

执行上述任一操作后，系统弹出【编辑块定义】对话框，如图 8-23 所示。

在该对话框中提供了多种编辑和创建动态块的块定义，选择一个图块名称，则可在右侧预览块效果。单击【确定】按钮，系统进入默认为灰色背景的绘图区域，一般称该区域为块编辑窗口，并弹出【块编辑器】选项卡和【块编写选项板】，如图 8-24 所示。

在右侧的【块编写选项卡】中，包含参数、动作、参数集和约束四个选项卡，可创建动态块的所有特征。

图 8-23　【编辑块定义】对话框

图 8-24　块编辑窗口

【块编辑器】选项卡位于标签栏的上方，其各选项功能如表 8-1 所示。

表 8-1　各选项的功能

图标	名称	功能
	编辑块按钮	单击该按钮，系统弹出【编辑块定义】对话框，用户可重新选择需要创建的动态块
	保存块按钮	单击该按钮，保存当前块定义
	将块另存为	单击此按钮，系统弹出【将块另存为】对话框，用户可以重新输入块名称后保存此块
	测试块	测试此块能否被加载到图形中
	自动约束对象	对选择的块对象进行自动约束
	显示/隐藏约束栏	显示或者隐藏约束符号
	参数约束	对块对象进行参数约束
	块表	单击块表按钮系统弹出【块特性表】对话框，通过此对话框对参数约束进行函数设置
	属性定义	单击此按钮系统弹出【属性定义】对话框，从中可定义模式属性标记、提示、值等的文字选项
	编写选项板	显示或隐藏编写选项板
fx	参数管理器	打开或者关闭参数管理器

在该绘图区域，UCS 命令是被禁用的，绘图区域显示一个 UCS 图标，该图标的原点定义

了块的基点。用户可以通过相对 UCS 图标原点移动几何体图形或者添加基点参数来更改块的基点。这样在完成参数的基础上添加相关动作，然后通过【保存块】按钮保存块定义，此时可以立即关闭编辑器并在图形中测试块。

如果在块编辑窗口中执行【文件】|【保存】命令，则保存的是图形而不是块定义。因此处于块编辑窗口时，必须专门对块定义进行保存。

（2）块编写选项板

该选项板中一共四个选项卡，即【参数】、【动作】、【参数集】和【约束】选项卡。

➤【参数】选项卡：如图 8-25 所示，用于向块编辑器中的动态块添加参数，动态块的参数包括点参数、线型参数、极轴参数等。

➤【动作】选项卡：如图 8-26 所示，用于向块编辑器中的动态块添加动作，包括移动动作、缩放动作、拉伸动作、极轴拉伸动作等。

➤【参数集】选项卡：如图 8-27 所示，用于在块编辑器中向动态块定义中添加一个参数和至少一个动作的工具时，创建动态块的一种快捷方式。

➤【约束】选项卡：如图 8-28 所示，用于在块编辑器中向动态块进行几何或参数约束。

图 8-25 【参数】选项卡　　图 8-26 【动作】选项卡　　图 8-27 【参数集】选项卡　　图 8-28 【约束】选项卡

操作实例 8-5　创建基准动态图块

前面已经介绍了如何创建普通的基准图块，但是在一些复杂的图纸中，可能存在多个基准，而且要求基准能够被适当拉长或旋转一定角度，以满足不同的标注需要，这时就可以创建基准的动态图块来完成。

① 打开"第 8 章\8-5 创建基准动态图块.dwg"素材文件，如图 8-9 所示。

② 选中该图块，然后右击，在弹出的快捷菜单中选择【块编辑器】命令，如图 8-29 所示，进入块编辑模式，此时绘图窗口变为浅灰色。

③ 在【块编写选项板】右侧单击【参数】选项卡，再单击【旋转】按钮，如图 8-30 所示，为块添加旋转参数。

第 8 章 块、外部参照与设计中心

图 8-29 【块编辑器】面板

图 8-30 单击【旋转】按钮

④ 为图块添加一个旋转参数，命令行操作如下。

```
命令：_BParameter 旋转                    //执行【旋转参数】命令
指定基点或 [名称(N)/标签(L)/链(C)/说明(D)/选项板(P)/值集(V)]：
                                          //选择底边中点为基点，如图 8-31 所示
指定参数半径：                            //拖动指针指定任意长度为半径即可，如
                                            图 8-32 所示
指定默认旋转角度或 [基准角度(B)] <0>：  //使用默认旋转角度 0°，即 360°，如
                                            图 8-33 所示
                                          //自动退出旋转参数命令
```

图 8-31 指定旋转基点　　　图 8-32 指定旋转的参数半径　　　图 8-33 指定所需的旋转角度

⑤ 在【块编写选项板】中，单击【动作】选项卡中的【旋转】按钮，如图 8-34 所示，根据提示为旋转参数添加一个旋转动作，命令行操作如下。

```
命令：_BActionTool 旋转
选择参数：                                //选择上一步创建的旋转参数，如图 8-35 所示
指定动作的选择集
选择对象：找到 0 个
选择对象：找到 8 个，总计 8 个           //选择基准符号的所有线条作为动作对象，如图 8-36
                                            所示
选择对象：                                //按 Enter 键完成操作，得到的旋转动作效果如图
                                            8-37 所示
```

图 8-34　单击旋转 　　图 8-35　选择角度标记 　　图 8-36　选择整个基 　　图 8-37　得到的旋转
　　　　　按钮 　　　　　　　　　　　　　　　　　　　　　　　　准符号图形 　　　　　　　动作

⑥ 按相同方法，单击【参数】选项卡中的【线性】按钮，为图块添加一个线性参数，命令行操作如下。

命令：_BParameter 线性	//执行【线性参数】命令
指定起点或[名称(N)/标签(L)/链(C)/说明(D)/基点(B)/选项板(P)/值集(V)]:	
	//选择如图 8-38 所示的端点
指定端点：	//选择如图 8-39 所示的端点
指定标签位置：	//拖动标签，在合适位置单击放置线性标签，
	得到线性参数如图 8-40 所示

图 8-38　指定下侧端点 　　　　图 8-39　指定上侧端点 　　　　图 8-40　得到的线性参数

⑦ 在【块编写选项板】中，单击【动作】选项卡中的【拉伸】按钮，为线性参数添加一个拉伸动作，命令行操作如下。

命令：_BActionTool 拉伸	//执行【拉伸动作】命令
选择参数：	//选择上一步创建的线性参数
指定要与动作关联的参数点或输入 [起点(T)/第二点(S)] <第二点>:	
	//选择线性标签的端点，如图 8-41 所示
指定拉伸框架的第一个角点或 [圈交(CP)]:	
指定对角点：	//由两对角点指定拉伸框架，如图 8-42 所示
指定要拉伸的对象	

```
选择对象：找到 1 个
选择对象：找到 1 个，总计 2 个
选择对象：找到 1 个，总计 3 个
选择对象：找到 1 个，总计 4 个     //选除底部黑三角之外的所有线条作为拉伸对象
选择对象：                         //按 Enter 键结束选择，得到的拉伸动作如图
                                   8-43 所示
```

图 8-41　指定拉伸的基点

图 8-42　框选要拉伸的对象

图 8-43　得到的拉伸动作按钮

⑧ 单击绘图区上方的【关闭块编辑器】按钮，弹出【块-是否保存参数更改】对话框，单击【保存更改】按钮，完成动态块的创建，如图 8-44 所示。

图 8-44　保存提示

⑨ 选中创建的块，块上显示一个三角形拉伸夹点和一个圆形旋转夹点，如图 8-45 所示。拖动三角形拉伸夹点可以修改引线长度，如图 8-46 所示；拖动圆形的旋转夹点可以修改基准符号的角度，如图 8-47 所示。

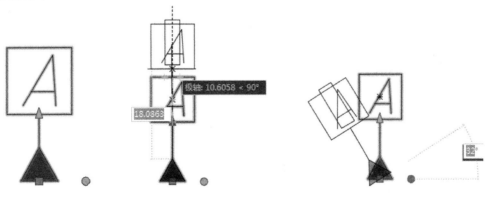

图 8-45　块的夹点显示　　图 8-46　拖动三角夹点可改变长度　　图 8-47　拖动圆形夹点可旋转角度

8.3 外部参照

AutoCAD 将外部参照作为一种图块类型定义，它也可以提高绘图效率。但外部参照与图块有一些重要的区别，将图形作为图块插入时，它存储在图形中，不随原始图形的改变而更新；将图形作为外部参照时，会将该参照图形链接到当前图形，对参照图形所做的任何修改都会显示在当前图形中。一个图形可以作为外部参照同时附着插入到多个图形中，同样也可以将多个图形作为外部参照附着到单个图形中。

8.3.1 了解外部参照

外部参照通常称为 XREF，用户可以将整个图形作为参照图形附着到当前图形中，而不是插入它。这样可以通过在图形中参照其他用户的图形协调用户之间的工作，查看当前图形是否与其他图形相匹配。

当前图形记录外部参照的位置和名称，以便总能很容易地参考，但并不是当前图形的一部分。和块一样，用户同样可以捕捉外部参照中的对象，从而使用它作为图形处理的参考。此外，还可以改变外部参照图层的可见性设置。

使用外部参照要注意以下几点。

➢ 确保显示参照图形的最新版本。打开图形时，将自动重载每个参照图形，从而反映参照图形文件的最新状态。

➢ 请勿在图形中使用参照图形中已存在的图层名、标注样式、文字样式和其他命名元素。

➢ 当工程完成并准备归档时，将附着的参照图形和当前图形永久合并（绑定）到一起。

8.3.2 附着外部参照

用户可以将其他文件的图形作为参照图形附着到当前图形中，这样可以通过在图形中参照其他用户的图形来协调各用户之间的工作，查看当前图形是否与其他图形相匹配。

下面介绍 4 种【附着】外部参照的方法。

➢ 菜单栏：执行【插入】|【DWG 参照】命令。

➢ 工具栏：单击【插入】工具栏中的【附着】按钮🖼。

➢ 命令行：在命令行中输入 XATTACH/XA。

➢ 功能区：在【插入】选项卡中，单击【参照】面板中的【附着】按钮🖼。

执行附着命令，选择一个 dwg 文件打开后，弹出【附着外部参照】对话框，如图 8-48 所示。

【附着外部参照】对话框各选项介绍如下。

➢【参照类型】选项组：选择【附着型】单选按钮表示显示出嵌套参照中的嵌套内容；选择【覆盖型】单选按钮表示不显示嵌套参照中的嵌套内容。

➢【路径类型】选项组：【完整路径】，使用此选项附着外部参照时，外部参照的精确位置将保存到主图形中，此选项的精确度最高，但灵活性最小，如果移动工程文件，AutoCAD 将无法融入任何使用完整路径附着的外部参照；【相对路径】，使用此选项附着外部参照时，将保存外部参照相对于主图形的位置，此选项的灵活性最大，如果移动工程文件夹，AutoCAD

图 8-48　【附着外部参照】对话框

仍可以融入使用相对路径附着的外部参照，只要此外部参照相对主图形的位置未发生变化；
【无路径】，在不使用路径附着外部参照时，AutoCAD 首先在主图形中的文件夹中查找外部
参照，当外部参照文件与主图形位于同一个文件夹中时，此选项非常有用。

操作实例 8-6 【附着】外部参照

外部参照图形非常适合用作参考插入。据统计，如果要参考某一现成的 dwg 图纸来进行绘
制，那绝大多数设计师都会采取打开该 dwg 文件，然后使用 Ctrl+C、Ctrl+V 直接将图形复制到
新创建的图纸上。这种方法使用方便、快捷，但缺陷就是新建的图纸与原来的 dwg 文件没有关
联性，如果参考的 dwg 文件有所更改，则新建的图纸不会有所提升。而如果采用外部参照的方
式插入参考用的 dwg 文件，则可以实时更新。下面通过一个例子来进行介绍。

① 单击【快速访问工具栏】中的【打开】按钮，打开"第 8 章\8-6【附着】外部参照.dwg"
文件，如图 8-49 所示。

② 在【插入】选项卡中，单击【参照】面板中的【附着】按钮，系统弹出【选择参照文
件】对话框。在【文件类型】下拉列表中选择"图形（*.dwg）"，并找到同文件内的"参照素
材.dwg"文件，如图 8-50 所示。

图 8-49　素材图样

图 8-50　【选择参照文件】对话框

③ 单击【打开】按钮，系统弹出【附着外部参照】对话框，所有选项保持默认，如图 8-51 所示。

④ 单击【确定】按钮，在绘图区域指定端点，并调整其位置，即可附着外部参照，如图 8-52 所示。

图 8-51 【附着外部参照】对话框

图 8-52 附着参照效果

⑤ 插入的参照图形为该零件的右视图，此时就可以结合现有图形与参照图绘制零件的其他视图，或者进行标注。

⑥ 读者可以先按 Ctrl+S 进行保存，然后退出该文件；接着打开同文件夹内的"参照素材.dwg"文件，并删除其中的 4 个小孔，如图 8-53 所示，再按 Ctrl+S 进行保存，然后退出。

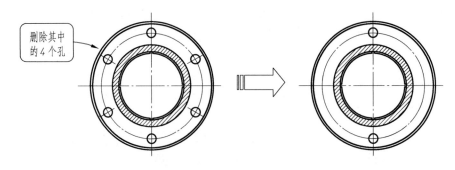

图 8-53 对参照文件进行修改

⑦ 此时再重新打开【附着】外部参照文件，则会出现如图 8-54 所示的提示，单击"重载参照素材"链接，则图形变为如图 8-55 所示。这样参照的图形得到了实时更新，可以保证设计的准确性。

图 8-54 参照提示

图 8-55 更好参照对象后的附着效果

8.3.3 拆离外部参照

要从图形中完全删除外部参照，需要拆离而不是删除。例如，删除外部参照不会删除与其关联的图层定义。使用【拆离】命令，才能删除外部参照和所有关联信息。

拆离外部参照的一般步骤如下。

① 打开【外部参照】选项板。

② 在选项板中选择需要删除的外部参照，并在参照上右击。

③ 在弹出的快捷菜单中选择【拆离】，即可拆离选定的外部参考，如图 8-56 所示。

图 8-56 【外部参考】选项板

8.3.4 管理外部参照

在 AutoCAD 中，可以在【外部参照】选项板中对外部参照进行编辑和管理。调用【外部参照】选项板的方法如下。

➢ 命令行：在命令行中输入 XREF/XR。

➢ 功能区：在【插入】选项卡中，单击【参照】面板右下角箭头按钮。

➢ 菜单栏：执行【插入】|【外部参照】命令。

【外部参照】选项板各选项功能如下。

➢ 按钮区域：此区域有【附着】、【刷新】、【帮助】3 个按钮，【附着】按钮可以用于添加不同格式的外部参照文件；【刷新】按钮用于刷新当前选项卡显示；【帮助】按钮可以打开系统的帮助页面，从而可以快速了解相关的知识。

➢【文件参照】列表框：此列表框中显示了当前图形中各个外部参照文件名称，单击其右上方的【列表图】或【树状图】按钮，可以设置文件列表框的显示形式。【列表图】表示以列表形式显示，如图 8-57 所示；【树状图】表示以树形显示，如图 8-58 所示。

➢【详细信息】选项区域：用于显示外部参照文件的各种信息。选择任意一个外部参照文件后，将在此处显示该外部参照文件的名称、加载状态、文件大小、参照类型、参照日期以及参照文件的存储路径等内容，如图 8-59 所示。

图 8-57 【列表图】样式

图 8-58 【树状图】样式

图 8-59 参照文件详细信息

当附着多个外部参照后，在文件参照列表框中文件上右击，将弹出快捷菜单，在菜单上选择不同的命令可以对外部参照进行相关操作。

快捷菜单中各命令的含义如下。

➤【打开】：单击该按钮可在新建窗口中打开选定的外部参照进行编辑。在【外部参照管理器】对话框关闭后，显示新建窗口。

➤【附着】：单击该按钮可打开【选择参照文件】对话框，在该对话框中可以选择需要插入到当前图形中外部参照文件。

➤【卸载】：单击该按钮可从当前图形中移走不需要的外部参照文件，但移走后仍保留该文件的路径，当希望再次参照该图形时，单击对话框中的【重载】按钮即可。

➤【重载】：单击该按钮可在不退出当前图形的情况下，更新外部参照文件。

➤【拆离】：单击该按钮可从当前图形中移去不再需要的外部参照文件。

8.4 设计中心

AutoCAD 设计中心为用户提供了一个与 Windows 资源管理器类似的直观且高效的工具。通过设计中心用户可以浏览、查找、预览、管理、利用和共享 AutoCAD 图形，还可以使用其他图形文件中的图层定义、块、文字样式、尺寸标注样式、布局等信息，从而提高了图形管理和图形设计的效率。

8.4.1 打开设计中心

利用设计中心，可以对图形设计资源实现以下管理功能。

➤ 浏览、查找和打开指定的图形资源，如国标中的螺钉、螺母等标准件。

➤ 能够将图形文件、图块、外部参照、命名样式迅速插入到当前文件中。

➤ 为经常访问的本地机或网络上的设计资源创建快捷方式，并添加到收藏夹中。

打开【设计中心】窗体的方式有以下几种。

➤ 面板：单击【视图】选项卡【选项板】面板上的【设计中心】按钮 ▦。

➤ 菜单栏：执行【工具】|【选项板】|【设计中心】命令。

➤ 命令行：ADCENTER 或 ADC。

➤ 组合键：Ctrl+2。

执行上述任一操作后，系统弹出【设计中心】窗体。

8.4.2 设计中心窗体

设计中心的外观与 Windows 资源管理器相似，如图 8-60 所示。双击左侧的标题条，可以将窗体固定放置在绘图区一侧，或者浮动放置在绘图区上。拖动标题条或窗体边界，可以调整窗体的位置和大小。

图 8-60　【设计中心】窗体

设计中心窗口中包含一组工具按钮和三个选项卡，这些按钮和选项卡的含义及设置方法如下。

（1）选项卡操作

在设计中心中，用鼠标单击可以在 4 个选项卡之间进行切换，各选项含义如下。

➢ 文件夹：该选项卡显示设计中心的资源，包括显示计算机或网络驱动器中文件和文件夹的层次结构。可将设计中心内容设置为本计算机、本地计算机或网络信息。要使用该选项卡调出图形文件，可指定文件夹列表框中的文件路径（包括网络路径），右侧将显示图形信息。

➢ 打开的图形：该选项卡显示当前已打开的所有图形，并在右方的列表框中包括图形中的块、图层、线型、文字样式、标注样式和打印样式。单击某个图形文件，然后单击列表中的一个定义表，可以将图形文件的内容加载到内容区域中。

➢ 历史记录：该选项卡中显示最近在设计中心打开的文件列表，双击列表中的某个图形文件，可以在【文件夹】选项卡的树状视图中定位此图形文件，并将其内容加载到内容预览区域。

（2）按钮操作

在【设计中心】窗体中，要设置对应选项卡中树状视图与控制板中显示的内容，可以单击选项卡上方的按钮执行相应的操作，各按钮的含义如下。

➢【加载】按钮：使用该按钮通过桌面、收藏夹等路径加载图形文件。单击该按钮弹出【加载】对话框，在该对话框中按照指定路径选择图形，将其载入当前图形中。

➢【搜索】按钮：用于快速查找图形对象。

➢【收藏夹】按钮：通过收藏夹来标记存放在本地硬盘和网页中常用的文件。

➢【主页】按钮：将设计中心返回到默认文件夹，选择专用设计中心图形文件加载到当前图形中。

➢【树状图切换】按钮：使用该工具打开/关闭树状视图窗口。

➢【预览】按钮：使用该工具打开/关闭选项卡右下侧窗格。

➢【说明】按钮：打开或关闭说明窗格，以确定是否显示说明窗格内容。

➢【视图】按钮：用于确定控制板显示内容的显示格式，单击该按钮将弹出一个快捷菜单，可在该菜单中选择内容的显示格式。

8.4.3　设计中心查找功能

使用设计中心的【查找】功能，可在弹出的【搜索】对话框中快速查找图形、块特征、图层特征和尺寸样式等内容，将这些资源插入当前图形，可辅助当前设计。

单击【设计中心】窗体中的【搜索】按钮，系统弹出【搜索】对话框，如图 8-61 所示。

在该对话框指定搜索对象所在的盘符，然后在【搜索文字】列表框中输入搜索对象名称，在【位于字段】列表框中选择搜索类型，单击【立即搜索】按钮，即可执行搜索操作。

另外，还可以选择其他选项卡设置不同的搜索条件。

将图形选项卡切换到【修改日期】选项卡，可指定图形文件创建或修改的日期范围。默认情况下不指定日期，需要在此之前指定图形修改日期。

切换到【高级】选项卡可指定其他搜索参数。

图 8-61　【搜索】对话框

8.4.4　设计中心管理资源

使用 AutoCAD 设计中心最终的目的是在当前图形中调入块、引用图像和外部参照，并且在图形之间复制块、图层、线型、文字样式、标注样式以及用户定义的内容等。也就是说根据插入内容类型的不同，对应插入设计中心图形的方法也不相同。

（1）插入块

在进行插入块操作时，用户可根据设计需要确定插入方式。

➢ 自动换算比例插入块：选择该方法插入块时，可从设计中心窗口中选择要插入的块，并拖动到绘图窗口。移到插入位置时释放鼠标，即可实现块的插入操作。

➢ 常规插入块：采用插入时确定插入点、插入比例和旋转角度的方法插入块特征，可在【设计中心】对话框中选择要插入的块，然后用鼠标右键将该块拖动到窗口后释放鼠标，此时将弹出一个快捷菜单，选择【插入块】选项，即可弹出【插入块】对话框，可按照插入块的方法确定插入点、插入比例和旋转角度，将该块插入到当前图形中。

（2）复制对象

复制对象就在控制板中展开相应的块、图层、标注样式列表，然后选中某个块、图层或标注样式并将其拖入到当前图形，即可获得复制对象效果。

如果按住右键将其拖入当前图形，此时系统将弹出一个快捷菜单，通过此菜单可以进行相应的操作。

（3）以动态块形式插入图形文件

要以动态块形式在当前图形中插入外部图形文件，只需要通过右键快捷菜单，执行【块编辑器】命令即可，此时系统将打开【块编辑器】窗口，用户可以通过该窗口将选中的图形创建为动态图块。

（4）引入外部参照

从【设计中心】对话框选择外部参照，用鼠标右键将其拖动到绘图窗口后释放，在弹出的快捷菜单中选择【附加为外部参照】选项，弹出【外部参照】对话框，可以在其中确定插入点、插入比例和旋转角度。

操作实例 8-7 将图块库导入工具选项板

工具选项板是一个比设计中心更加强大的帮手，它能够将"块"图形、几何图形（如直线、圆、多段线）、填充、外部参照、光栅图像以及命令都组织到工具选项板里面创建成工具，以便将这些工具应用于当前正在设计的图纸。事先将绘制好的动态图块导入工具选项板，准备好需要的零件图块甚至零件图块库，待使用时选出，大大提高了绘图效率。

① 打开素材文件"第 8 章\8-7 将图块库导入工具选项板.dwg"，其中已经绘制好了一吊钩，如图 8-62 所示。

② 单击【块】中的【创建块】按钮 ，弹出【块定义】对话框，设置【名称】为"吊钩"；单击【选择对象】，框选绘制的整个图形，单击【拾取点】选择图形的上端线段的中点，单击【确定】，如图 8-63 所示。

图 8-62 修改图层

图 8-63 块定义

③ 单击【选择对象】框选绘制的整个图形，单击【拾取点】选择图形的上端线段的中点，单击【确定】，如图 8-64 所示。

④ 单击【块】面板中的【块编辑】按钮 ，弹出【编辑块定义】，选择【吊钩】单击【确定】，如图 8-65 所示。

图 8-64　选择对象

图 8-65　编辑图形

⑤ 在【块编写选项板】的【参数】选项卡中单击【角度】按钮 ，选择基点为圆弧圆心，输入半径 50、角度 360°，如图 8-66 所示。

⑥ 在【块编写选项板】的【动作】选项卡中单击【旋转】按钮 ，选择参数为"角度1"，全选图形，如图 8-67 所示。

图 8-66　设置角度参数

图 8-67　添加旋转动作

图 8-68　设置参数集

图 8-69　特性选项板

⑦ 在【块编写选项板】的【参数】选项卡中单击【线性】按钮 ，选择"距离 1"位置，如图 8-68 所示。

⑧ 左键单击"距离 1"激活，然后单击右键在菜单栏中选择【特性】，弹出【特性】选项板，下拉滚动条，在【值集】中【距离类型】选择为"列表"，如图 8-69 所示。

⑨ 单击【距离值列表】按钮 ，弹出【添加距离值】对话框，在其中添加距离值 50、60、70、80，如图 8-70 所示。

⑩ 在【块编写选项板】的【动作】选项卡中单击【缩放】按钮 ，选择参数"距离 1"，对象全选图形，如图 8-71 所示。

图 8-70 添加距离

图 8-71 设置缩放动作

⑪ 单击【打开/保存】面板中的【测试块】 ，单击图形，如图 8-72 所示。

⑫ 鼠标单击夹点，拖动图形，测试图块是否设置成功，如图 8-73 所示。测试成功后，单击【块编辑器】菜单栏中的【保存】按钮 ，将编辑好的动态块保存。

图 8-72 测试块

图 8-73 测试效果

⑬ 输入 Ctrl+3，弹出【工具】选项板，右键左列的按钮，选择【新建选项板】，如图 8-74 所示。

⑭ 设置新选项板名字"自制图块"，光标选择"吊钩"图块，按住左键将图块拖入【工具选项板】选项板中，如图 8-75 所示。

⑮ 创建完毕，最终效果如图 8-76 所示。

图 8-74 工具选项板

图 8-75 添加图块

图 8-76 最新效果

第**9**章

文件的打印和输出

（扫码获取配套资源）

完成所有的设计和制图工作之后，就需要将图形文件通过绘图仪或打印输出为图样。本章主要讲述 AutoCAD 出图过程中涉及的一些问题，包括模型空间与图样空间的转换、打印样式、打印比例设置等。

9.1　打印出图

和图形的绘制、编辑一样，图形的打印同样有着丰富的选项设定，如果要得到一张理想的图纸，就需要对这些参数有准确的认识。本节按实际工作中出图的操作顺序详细介绍图形打印的知识，帮助用户更好地学习和了解。

9.1.1　指定打印设备

如果图形绘制完毕，那么就可以直接执行"打印"命令进行输出，执行"打印"命令的方法如下。

➢ 快速访问工具栏：直接单击其中的【打印】按钮🖨。
➢ 功能区：在【输出】选项卡中，单击【打印】面板中的【打印】按钮🖨。

图 9-1　【打印-模型】对话框

图 9-2　选择打印设备

> 菜单栏：执行【文件】|【打印】命令。
> 命令行：PLOT。
> 快捷操作：Ctrl+P。

执行"打印"命令后，会弹出【打印-模型】对话框，对话框布局如图 9-1 所示。

打开该对话框后，可通过【打印机/绘图仪】选项组设置出图的绘图仪或打印机。如果打印设备已经与计算机或网络系统正确连接，并且驱动程序也已经正常安装，那么在【名称】下拉列表框中就会显示该打印设备的名称，可以选择需要打印设备，如图 9-2 所示。

> 提示　该下拉列表框中不仅会列出实体打印机，如图 9-2 中的"HP deskJet 2700 series"，可以支持纸张打印，还会列出虚拟打印机，如图 9-2 中的"DWG To PDF.pc3"，可以将图形文件打印为图片、PDF 等数字格式。

9.1.2　设定图纸尺寸

工程制图的图纸有一定的规范尺寸，一般采用英制 A 系列图纸尺寸，包括 A0、A1、A2 等标准型号，各型号图纸的尺寸如表 1-3 所示。

在"图纸尺寸"下拉列表框中选择打印出图时的纸张类型，根据所选择打印机的不同，该下拉列表框中所提供的纸张类型也不同，在打印时根据实际需要选择即可，如图 9-3 所示。

(a)打印机为"HP deskJet 2700 series"时的图纸

(b)打印机为"DWG To PDF.pc3"时的图纸

图 9-3　选择图纸尺寸

9.1.3　设置打印区域

指定好图纸尺寸后，就可以选择打印区域，可在"打印范围"下拉列表提供的 4 种方法中来选择需要打印的区域，如图 9-4 所示。

其各选项含义如下。

> 窗口：用窗选的方法确定打印区域。单击该按钮后，【页面

图 9-4　设置打印范围

设置】对话框暂时消失，系统返回绘图区，可以用鼠标在模型窗口中的工作区间拉出一个矩形窗口，该窗口内的区域就是打印范围。使用该选项确定打印范围简单方便，但是不能精确比例尺和出图尺寸。

 ➤ 范围：打印模型空间中包含所有图形对象的范围。
 ➤ 图形界限：以 Limits 命令所限定的图形范围为打印区域。
 ➤ 显示：打印模型窗口当前视图状态下显示的所有图形对象，可以通过 ZOOM 调整视图状态，从而调整打印范围。

9.1.4 设置打印偏移

"打印偏移"选项组用于指定打印区域偏离图样左下角的 X 方向和 Y 方向偏移值，一般情况下，都要求出图充满整个图样，所以设置 X 和 Y 偏移值均为 0，如图 9-5 所示。

通常情况下打印的图形和纸张的大小一致，不需要修改设置。选中"居中打印"复选框，则图形居中打印。这个"居中"是指在所选纸张大小 A1、A2 等尺寸的基础上居中，也就是 4 个方向上各留空白，而不只是卷筒纸的横向居中。

9.1.5 设置打印比例

【打印比例】选项组用于设置出图比例尺。在【比例】下拉列表框中可以精确设置需要出图的比例尺。如果选择"自定义"选项，则可以在下方的文本框中设置与图形单位等价的英寸数来创建自定义比例尺。

如果对出图比例尺和打印尺寸没有要求，可以直接选中"布满图样"复选框，这样 AutoCAD 会将打印区域自动缩放到充满整个图样。"缩放线框"复选框用于设置线宽值是否按打印比例缩放。通常要求直接按照线宽值打印，而不按打印比例缩放。

在 AutoCAD 中，有两种方法控制打印出图比例。
 ➤ 在打印设置或页面设置的【打印比例】区域设置比例，如图 9-6 所示。
 ➤ 在图纸空间中使用视口控制比例，然后按照 1：1 打印。

9.1.6 指定打印样式表

【打印样式表】下拉列表框用于选择已存在的打印样式，从而非常方便地用设置好的打印样式替代图形对象原有属性，并体现到出图格式中，如图 9-7 所示。

图 9-5 【打印偏移】设置选项　　图 9-6 【打印比例】设置选项　　图 9-7　打印样式表

各选项介绍如下，可以根据实际需要进行选取。

- acad.ctp：默认的打印样式表，所有打印设置均为初始值；
- fillPatterns.ctb：设置前 9 种颜色使用前 9 个填充图案，所有其他颜色使用对象的填充图案。
- grayscale.ctb：打印时将所有颜色转换为灰度。
- monochrome.ctb：将所有颜色打印为黑色，即最常见的黑白打印样式。
- screening 100%.ctb：对所有颜色使用 100%墨水。
- screening 75%.ctb：对所有颜色使用 75%墨水。
- screening 50%.ctb：对所有颜色使用 50%墨水。
- screening 25%.ctb：对所有颜色使用 25%墨水。

9.1.7 设置打印选项

"打印选项"主要用于调整图纸打印时的显示细节，如线宽、打印戳记等，根据需要勾选对应的复选框即可。

9.1.8 设置打印方向

工程制图多需要使用大幅的卷筒纸打印，在使用卷筒纸打印时，打印方向包括两个方面的问题：第一，图纸阅读时所说的图纸方向，是横宽还是竖长；第二，图形与卷筒纸的方向关系，是顺着出纸方向还是垂直于出纸方向。

在 AutoCAD 中分别使用图纸尺寸和图形方向来控制最后出图的方向。在"图形方向"区域可以看到小示意图，其中白纸表示设置图纸尺寸时选择的图纸尺寸是横宽还是竖长，字母 A 表示图形在纸张上的方向。

在"图形方向"选项组中选择纵向或横向打印，选中"反向打印"复选框，可以允许在图样中上下颠倒地打印图形。

9.1.9 最终打印

在完成上述的所有设置工作后，就可以开始打印出图了，下面通过具体的实战来讲解模型空间打印的具体步骤。

操作实例 9-1 零件图打印实例

通过本实战的操作，熟悉布局空间的创建、多视口的创建、视口的调整、打印比例的设置、图形的打印等。

① 打开"第 9 章\9-1 零件图打印实例.dwg"素材文件，如图 9-8 所示。

② 按 Ctrl+P 组合键，弹出【打印】对话框。然后在【名称】下拉列表框中选择所需的打印机，本例以"DWG To PDF.pc3"打印机为例。该打印机可以打印出 PDF 格式的图形。

③ 设置图纸尺寸。在【图纸尺寸】下拉列表框中选择"ISO full bleed A3（420.00×297.00毫米）"选项，如图 9-9 所示。

图 9-8　素材文件

图 9-9　指定打印机

④ 设置打印区域。在【打印范围】下拉列表框中选择【窗口】选项，系统自动返回至绘图区，然后在其中框选出要打印的区域即可，如图 9-10 所示。

图 9-10　设置打印区域

⑤ 设置打印偏移。返回【打印】对话框之后，勾选【打印偏移】选项区域中的"居中打印"选项，如图 9-11 所示。

⑥ 设置打印比例。取消勾选【打印比例】选项区域中的"布满图纸"选项，然后在【比例】下拉列表中选择 1∶1 选项，如图 9-12 所示。

图 9-11　设置打印偏移

图 9-12　设置打印比例

⑦ 选择打印样式。如果要进行黑白打印，那么在【打印样式表】下拉列表中选择"monochrome.ctb"样式即可，如图 9-13 图 9-14 所示。

图 9-13 选择打印样式

图 9-14 设置图形方向

图 9-15 打印预览

图 9-16 打印效果

⑧ 设置图形方向。本例图框为横向放置，因此在【图形方向】选项区域中选择打印方向为"横向"，如图 9-14 所示。

⑨ 打印预览。所有参数设置完成后，单击【打印】对话框左下角的"预览"按钮进行打印预览，效果如图 9-15 所示。

⑩ 打印图形。图形显示无误后，便可以在预览窗口中单击鼠标右键，在弹出的快捷菜单中选择【打印】选项，即可输出打印，打印效果如图 9-16 所示。

9.2 文件的输出

AutoCAD 拥有强大、方便的绘图能力，有时候利用其绘图后，需要将绘图的结果用于其他程序，在这种情况下，需要将 AutoCAD 图形输出为通用格式的图像文件，如 jpg、pdf 等。

9.2.1 输出为 dxf 文件

dxf 是 Autodesk 公司开发的用于 AutoCAD 与其他软件之间进行 CAD 数据交换的 CAD 数据文件格式。

dxf 即 drawing exchange file(图形交换文件)，这是一种 ASCII 文本文件，它包含对应的 dwg 文件的全部信息，不是 ASCII 码形式，可读性差，但用它形成图形速度快，不同类型的计算机（如 PC 及其兼容机与 SUN 工作站具有不同的 CPU 用总线）哪怕是用同一版本的文件，其 dwg 文件也是不可交换的。为了克服这一缺点，AutoCAD 提供了 dxf 类型文件，其内部为 ASCII 码，这样不同类型的计算机可通过交换 dxf 文件来达到交换图形的目的，由于 dxf 文件可读性好，用户可方便地对它进行修改、编程，达到从外部图形进行编辑、修改的目的。

操作实例 9-2 输出 dxf 文件在其他建模软件中打开

将 AutoCAD 图形输出为.dxf 文件后，就可以导入至其他的建模软件中打开，如 UG、Creo、草图大师等。dxf 文件适用于 AutoCAD 的二维草图输出。

① 打开要输出 dxf 的素材文件"第 9 章\9-2 输出 dxf 文件.dwg"，如图 9-17 所示。

② 单击【快速访问】工具栏【另存为】按钮，或按快捷键 Ctrl+Shift+S，打开【图形另存为】对话框，选择输出路径，输入新的文件名，然后在【文件类型】下拉列表中选择*.dxf 选项。

③ 在建模软件中导入生成 9-2.dxf 文件，具体方法请见各软件有关资料，最终效果如图 9-18 所示。

9.2.2 输出为 stl 文件

stl 文件是一种平板印刷文件，可以将实体数据以三角形网格面形式保存，一般用来转换 AutoCAD 的三维模型。近年来发展迅速的 3D 打印技术就需要使用该种文件格式。除了 3D 打印之外，stl 数据还用于通过沉淀塑料、金属或复合材质的薄图层的连续性来创建对象。生成的部分和模型通常用于以下方面。

图 9-17　素材文件　　　　　　　图 9-18　在其他软件（UG）中导入的 dxf 文件

➢ 可视化设计概念，识别设计问题。

➢ 创建产品实体模型、建筑模型和地形模型，测试外形、拟合和功能。。

➢ 为真空成型法创建主文件。

操作实例 9-3　输出 stl 文件并用于 3D 打印

除了专业的三维建模，AutoCAD 2025 所提供的三维建模命令也可以使用户创建出自己想要的模型，并通过输出 stl 文件来进行 3D 打印。

① 打开素材文件"第 9 章\9-3 输出 stl 文件并用于 3D 打印.dwg"，其中已经创建好了一三维模型，如图 9-19 所示。

② 单击【应用程序】按钮 A，在弹出的快捷菜单中选择【输出】选项，在右侧的输出菜单中选择【其他格式】命令，如图 9-20 所示。

图 9-19　素材模型

图 9-20　输出其他格式

③ 系统自动打开【输出数据】对话框，在文件类型下拉列表中选择【平板印刷（*.stl）】选项，单击【保存】按钮，如图 9-21 所示。

④ 单击【保存】按钮后系统返回绘图界面，命令行提示选择实体或无间隙网络，手动将整个模型选中，然后单击按 Enter 键完成选择，即可在指定路径生成 stl 文件，如图 9-22 所示。

⑤ 该 stl 文件即可支持 3D 打印，具体方法请参阅 3D 打印的有关资料。

图 9-21　【输出数据】对话框

图 9-22　输出.stl 文件

9.2.3　输出为 pdf 文件

pdf（portable document format 的简称，意为"便携式文档格式"），是由 Adobe Systems 用于与应用程序、操作系统、硬件无关的方式进行文件交换所发展出的文件格式。pdf 文件以 PostScript 语言图像模型为基础，无论在哪种打印机上都可保证精确的颜色和准确的打印效果，即 pdf 会忠实地再现原稿的每一个字符、颜色以及图像。

pdf 这种文件格式与操作系统平台无关，也就是说，pdf 文件不管是在 Windows、Unix 还是在苹果公司的 Mac OS 操作系统中都是通用的。这一特点使它成为在 Internet 上进行电子文档发行和数字化信息传播的理想文档格式。越来越多的电子图书、产品说明、公司文告、网络资料、电子邮件在开始使用 pdf 格式文件。

操作实例 9-4　输出 pdf 文件供客户快速查阅

对于 AutoCAD 用户来说，掌握 pdf 文件的输出尤为重要。因为有些客户并非设计专业，在他们的计算机中不会装有 AutoCAD 或者简易的 DWF Viewer，这样进行设计图交流的时候就会很麻烦：直接通过截图的方式交流，截图的分辨率又太低；打印成高分辨率的 jpeg 图形又不好

图 9-23　素材模型

图 9-24　输出 PDF

添加批注等信息。这时就可以将 dwg 图形输出为 pdf，既能高清地还原 AutoCAD 图纸信息，又能添加批注，更重要的是 pdf 普及度高，任何平台、任何系统都能有效打开。

① 打开素材文件"第 9 章\9-4 输出 pdf 文件供客户快速查阅.dwg"，其中已经绘制好了一完整图纸，如图 9-23 所示。

② 单击【应用程序】按钮 A，在弹出的快捷菜单中选择【输出】选项，在右侧的输出菜单中选择【PDF】，如图 9-24 所示。

③ 系统自动打开【另存为 PDF】对话框，在对话框中指定输出路径、文件名，然后在【PDF预设】下拉列表框中选择【AutoCAD PDF（High Quality Print）】，即"高品质打印"，读者也可以自行选择要输出 pdf 的品质，如图 9-25 所示。

图 9-25 【另存为 PDF】对话框

④ 在对话框的【输出】下拉列表中选择【窗口】，系统返回绘图界面，然后点选素材图形的对角点即可，如图 9-26 所示。

图 9-26 定义输出窗口

⑤ 在对话框的【页面设置】下拉列表中选择【替代】，再单击下方的【页面设置替代】按钮，打开【页面设置替代】对话框，在其中定义好打印样式和图纸尺寸，如图 9-27 所示。

⑥ 单击【确定】按钮返回【另存为 PDF】对话框，再单击【保存】按钮，即可输出 pdf，效果如图 9-28 所示。

2.设置页面设置

1.单击该按钮

图 9-27　定义页面设置

图 9-28　输出的 pdf 效果

9.2.4　图纸的批量输出与打印

图纸的【批量输出】或【批量打印】，历来是读者问询较多的问题。很多时候都只能通过安装 AutoCAD 的插件来完成，但这些插件并不稳定，使用效果也差强人意。

其实在 AutoCAD 中，可以通过【发布】功能来实现批量打印或输出的效果，最终的输出格式可以是电子版文档，如 pdf、dwf，也可以是纸质文件。下面通过一个具体案例来进行说明。

操作实例 9-5　批量输出 pdf 文件

① 打开素材文件"第 9 章\9-5 批量输出 pdf 文件.dwg"，其中已经绘制好了 4 张图纸，如图 9-29 所示。

② 在状态栏中可以看到已经创建好了对应的 4 个布局，如图 9-30 所示，每一个布局对应一张图纸，并控制该图纸的打印。

操作技巧：如需打印新的图纸，读者可以自行新建布局，然后分别将各布局中的视口对准至要打印的部分即可。

③ 单击【应用程序】按钮 **A**，在弹出的快捷菜单中选择【发布】选项，打开【发布】对话框，在【发布为】下拉列表中选择【PDF】选项，在【发布选项】中定义发布位置，如图 9-31 所示。

图 9-29 素材文件

图 9-30 素材创建好的布局

图 9-31 【发布】对话框

④ 在【图纸名】列表栏中可以查看到要发布为 dwf 的文件，用鼠标右键单击其中的任一文件，在弹出的快捷菜单选择【重命名图纸】选项，如图 9-32 所示，为图形输入合适的名称，最终效果如图 9-33 所示。

图 9-32 重命名图纸

图 9-33 重命名效果

⑤ 设置无误后，单击【发布】对话框中的【发布】按钮，打开【指定 PDF 文件】对话框，【文件名】文本框中输入发布后 pdf 文件的文件名，单击【选择】即可发布，如图 9-34 所示。

⑥ 如果是第一次进行 pdf 发布，会打开【发布-保存图纸列表】对话框，如图 9-35 所示，单击【否】即可。

图 9-34 【指定 PDF 文件】对话框

图 9-35 【发布-保存图纸列表】对话框

⑦ 此时 AutoCAD 弹出对话框如图 9-36 所示，开始处理 pdf 文件的输出；输出完成后在状态栏右下角出现如图 9-37 所示的提示，pdf 文件即输出完成。

图 9-36 【打印-正在处理后台作业】对话框

图 9-37 完成打印和发布作业的提示

⑧ 打开输出后的 pdf 文件，效果即如图 9-38 所示。

图 9-38　DWF Viewer 软件界面

第三篇

机械制图篇

第 **10** 章

标准件和常用件的绘制

（扫码获取配套资源）

在机械制图中，某些零件的结构、尺寸、画法、标记等各个方面已经完全标准化，这类零件称为标准件；而某些零件应用广泛，其零件上部分结构、形状和尺寸等已有统一标准，这类零件称为常用件。本章讲解常见的标准件和常用件的绘制方法。

10.1 标准件和常用件概述

在实际的机械设计工作中，真正自主设计并加工的零件其实并不多，从成本上来说也不划算，因此使用最多的还是机械上的标准件和常用件。本小节将介绍标准件和常用件的概念，作为一个合格的机械设计人员有必要对此有所了解。

10.1.1 标准件

标准件是指结构、尺寸、画法、标记等各个方面已经完全标准化，并由专业厂生产的常用的零（部）件，如螺钉螺母、键、销、滚动轴承等。广义的标准件包括标准化的紧固件、连接件、传动件、密封件、液压元件、气动元件、轴承、弹簧等机械零件。狭义的标准件仅包括标准化紧固件。国内俗称的标准件是标准紧固件的简称，是狭义概念，但不能排除广义概念的存在。此外还有行业标准件，如汽车标准件、模具标准件等，也属于广义标准件。

总而言之，标准件就是一类具有准确名称与通用代号（如 GB/T 70.1、GB/T 6032 等）的零件，可以在市面上直接以代号来进行采购，如图 10-1 所示。

(a) 开槽盘
头螺钉 　(b) 内六角圆
柱头螺钉 　(c) 十字槽
沉头螺钉 　(d) 开槽锥端
紧定螺钉 　(e) 六角头螺栓

(f) 双头螺柱 　(g) 1型六角螺母 　(h) 1型六角开槽螺母 　(i) 平垫圈 　(j) 弹簧垫圈

图 10-1 标准件

10.1.2　常用件

常用件是指应用广泛，某些部分的结构形状和尺寸等已有统一标准的零件，这些在制图中都有规定的表示法，如齿轮、轴等，如图 10-2 所示。相比于标准件，常用件缺少一些硬性规定，大致上指的是一类具有相似外形，但尺寸上存在差异，不可通用的零件，因此没有统一的代号，也就无法在市面上直接外购成品，只能额外设计、定制。

图 10-2　常用件

10.2　螺纹紧固件

螺纹是在圆柱或圆锥母体表面上制出的螺旋线形的、具有特定截面的连续凸起部分。由于连接可靠、装卸方便，螺纹广泛应用于各行各业，是最常见的一种连接方式。

10.2.1　螺纹的绘图方法

要了解螺纹的表达方法，就必须先了解螺纹的特征。其中制在零件外表面上的螺纹叫外螺纹，制在零件孔腔内表面上的螺纹叫内螺纹，如图 10-3 所示。

而在内、外螺纹上，又有大径、小径等组成要素，具体的概念介绍如下，示意图如图 10-4 所示。

> 大径：与外螺纹牙顶或内螺纹牙底相切的假想圆柱面的直径。
> 小径：与外螺纹牙底或内螺纹牙顶相切的假想圆柱面的直径。

图 10-3　螺纹

图 10-4　螺纹的大径与小径

> **提示**　除此之外还有螺纹的中径，为一个假想圆柱的直径。该圆柱的母线通过牙型上沟槽和凸起宽度相等的地方。

螺纹在图纸上的表达，就与大径、小径这两个要素有关，螺纹的规定画法如下。

> 牙顶用粗实线表示：外螺纹的大径线，内螺纹的小径线。
> 牙底用细实线表示：外螺纹的小径线，内螺纹的大径线。
> 在投影为圆的视图上，表示牙底的细实线圆只画约 3/4 圈。
> 螺纹终止线用粗实线表示。
> 无论是内螺纹还是外螺纹，其剖视图或断面图上的剖面线都必须画到粗实线。
> 当需要表示螺纹收尾时，螺尾部分的牙底线与轴线成 30°。

（1）外螺纹的画法

外螺纹的典型画法示例如图 10-5 所示。

图 10-5　外螺纹画法

（2）内螺纹的画法

内螺纹的典型画法示例如图 10-6 所示。

图 10-6　通孔内螺纹画法

> **提示** 无论是外螺纹还是内螺纹，剖面图中的剖面线应一律终止在粗实线上。而螺纹中的粗实线，可以简单记为人用手能触摸到的螺纹部分。

上述的内螺纹画法，属于通孔画法（即孔直接钻通工件）。除此之外，内螺纹还有一种盲孔画法，在实际工作中经常有人画错，因此需要重点掌握。内螺纹盲孔的画法如图 10-7 所示。

关于盲孔内螺纹，有两点需要注意。

> 钻孔深度比攻螺纹深度要深 [深度为（0.5~1）×大径 D]：这是由盲孔内螺纹的加工情况决定的，盲孔螺纹的加工，一般先用钻花钻孔，然后用丝锥攻螺纹，如图 10-8 所示。因此孔深就必须大于丝深，不然在攻丝的时候，加工所产生的铁屑就会直接堆积在加工部分，影响攻丝稳定性，很容易造成丝锥折损。

> 钻孔的底部锥角为 120°：一般的孔都是通过钻花进行加工的，因此孔的形状自然会留

图 10-7　盲孔内螺纹画法

下钻花的痕迹，即在末梢会呈现一 120°的锥角（也有 118°的），这是因为钻花的钻尖通常被加工为 120°。

图 10-8　盲孔内螺纹的加工

（3）螺纹连接的画法

螺纹的连接部分，通常按外螺纹画法绘制，其余部分按内、外螺纹各自的规定画法表示，具体说明如下。

> 大径线和大径线对齐；小径线和小径线对齐。
> 旋合部分按外螺纹画；其余部分按各自的规定画。

螺纹连接的画法示例如图 10-9 所示。

图 10-9　螺纹连接的画法

10.2.2 绘制六角螺母

六角螺母与螺栓、螺钉配合使用，起连接紧固机件作用，如图 10-10 所示。其中 1 型六角螺母应用最广，包括 A、B、C 这 3 种级别。C 级螺母用于表面比较粗糙、对精度要求不高的机器、设备或结构上；A 级和 B 级螺母用于表面比较光洁、对精度要求较高的机器、设备或结构上。2 型六角螺母的厚度较大，多用于需要经常装拆的场合；六角薄螺母的厚度较小，多用于表面空间受限制的零件。

六角螺母作为一种标准件，有规定的形状和尺寸关系，如图 10-11 所示为六角螺母的尺寸参数标准，随着机械行业的发展，标准也处于不断变化中。

由于螺母有成熟的标准体系，因此只需写明对应的国标号与螺纹的公称直径大小，就可以准确地指定某种螺钉。如装配图明细表中写明"M10A—GB/T 6170"，就可知表示的是"1 型六角螺母，螺纹公称直径为 M10，性能等级 A 级"。

图 10-10　六角螺母

图 10-11　六角螺母的尺寸参数

操作实例 10-1　按图 10-11 中的参数，绘制"M10A—GB/T 6170"的六角螺母

① 打开　"第 10 章\10-1 绘制六角螺母.dwg"　素材文件，如图 10-12 所示，已经绘制好了对应的中心线。

② 切换到【轮廓线】图层，执行 C【圆】和 POL【正多边形】命令，在交叉的中心线上绘制俯视图，如图 10-13 所示。

图 10-12　素材图形

图 10-13　绘制螺母的俯视图

③ 根据三视图基本准则"长对正，高平齐，宽相等"绘制主视图和左视图轮廓线，如图 10-14 所示。

④ 执行 C【圆】命令，绘制与直线 *AB* 相切、半径为 15 的圆，绘制与直线 *CD* 相切、半径为 10 的圆；再执行 TR【修剪】命令，修剪图形，结果如图 10-15 所示。

图 10-14　绘制轮廓线

图 10-15　绘制螺母上的圆弧

⑤ 单击【修改】面板中的【打断于点】按钮 ，将最上方的轮廓线在 *A*、*B* 两点打断，如图 10-16 所示。

⑥ 执行 L【直线】命令，在主视图上绘制通过 *R*15 圆弧两端点的水平直线，如图 10-17 所示。执行 A【圆弧】命令，以水平直线与轮廓线的交点作为圆弧起点、终点，轮廓线的中点作为圆弧的中点，绘制圆弧，最后修剪图形，结果如图 10-18 所示。

图 10-16　打断直线

图 10-17　绘制水平辅助线

图 10-18　修剪图形

⑦ 镜像图形。执行 MI【镜像】命令，以主视图水平中线作为镜像线，镜像图形。同样的方法镜像左视图，结果如图 10-19 所示。

⑧ 修剪图形如图 10-20 所示，再选择【文件】|【保存】命令，保存文件，完成绘制。

图 10-19　镜像图形

图 10-20　图形的最终修剪效果

10.2.3　绘制内六角圆柱头螺钉

内六角圆柱头螺钉（GB/T 70.1）是一种常用的连接件，如图 10-21 所示。内六角圆柱头螺钉也称为内六角螺栓、杯头螺丝、内六角螺钉。常用的内六角圆柱头螺钉按强度等分为4.8级、8.8级、10.9级、12.9级，强度等级不同，材质也不同，单价也随之由高到低。其用途与六角头螺钉相似，但不同的是该螺钉头可以埋入机件中，因此可省很多装配空间，整体的装配外观效果就看起来就很简洁。该螺钉连接强度较大，装卸时须用相应规格的内六角扳手装拆螺钉。一般用于各种机床及其附件上。

同螺母一样，内六角圆柱头螺钉也可以在装配图上用国标代号表示。但不同的是，螺钉还有长度这一重要尺寸，因此还需在代号后面写明螺钉长度。如"*M*10×40—GB/T 70.1，10.9级"，就表示的是"螺纹公称直径为*M*10，长度为40，性能等级为10.9级的内六角圆柱头螺钉"。

操作实例 10-2　绘制"*M*10×40—GB/T 70.1，10.9级"的螺钉

① 打开素材文件"第10章\10-2绘制内六角圆柱头螺钉.dwg"，如图10-22所示，已经绘制好了对应的中心线。

图10-21　内六角圆柱头螺钉　　　　　图10-22　素材图形

② 切换到【轮廓线】图层，执行C【圆】命令和POL【正多边形】命令，在交叉的中心线上绘制左视图，如图10-23所示。

③ 执行【偏移】命令，将主视图的中心线分别向上、下各偏移5，如图10-24所示。

图10-23　绘制左视图　　　　　　图10-24　偏移中心线

④ 根据"长对正，高平齐，宽相等"原则以及外螺纹的表达方法，绘制主视图的轮廓线，如图10-25所示。可知螺钉长度40，指的是螺钉头至螺纹末端的长度。

⑤ 执行CHA【倒角】命令，为图形倒角，如图10-26所示。

⑥ 执行O【偏移】命令，按"小径=0.85×大径"的原则偏移外螺纹的轮廓线，然后修剪，从而绘制出主视图上的螺纹小径线，结果如图10-27所示。

图 10-25　绘制主视图的轮廓线

图 10-26　为图形添加倒角

图 10-27　绘制螺纹小径线

⑦ 切换到【虚线】图层，执行 L【直线】与 A【圆弧】命令，根据"长对正，高平齐，宽相等"原则，按左视图中的六边形绘制主视图上内六角沉头轮廓，如图 10-28 所示。

图 10-28　绘制沉头

10.3　销钉类零件

销钉在机械部件的连接中有举足轻重的作用。按形状和作用的不同，可以分为开口销、圆锥销、圆柱销、槽销等。1986 年，我国首次采用 ISO 紧固件产品标准制修订并发布了销钉产品的国家标准，具体可参见各销钉产品标准。

10.3.1　销钉的分类与设计要点

在销钉产品中，圆柱销、圆锥销及开口销是生产使用量大面广的商品紧固件，也是不可替代的紧固件产品。

（1）圆柱销

主要用于定位，也可用于连接，依靠过盈配合固定在销孔内。圆柱销用于的定位情况通常不受载荷或者受很小的载荷，数量不少于两个，分布在被连接件整体结构的对称方向上，相距越远越好，销在每一被连接件内的长度为小直径的1~2倍。一般情况下，圆柱销的材质多选用35、45钢，均须进行热处理，硬度在38~46HRC以上。高强度要求下可选用轴承钢。

常用圆柱销的国标号为GB/T 119.1，如图10-29所示。在装配图明细表中的标记方法为"销6×30—GB/T 119.1"，即表示"公称直径d=6mm、公称长度l=30mm、材料为钢、不经淬火、不经表面处理的圆柱销"。

（2）圆锥销

同样用于定位，但与圆柱销不同的是，圆柱销更多用于拆卸频繁的配合场合。圆柱销利用微小过盈固定在孔中，可以承受不大的载荷，为保证定位精度和连接的紧固性，不宜经常拆卸，主要用于定位，也用作连接销和安全销；而圆锥销具有1：50的锥度，自锁性好，定位精度高，安装方便，多次装拆对定位精度的影响较小，因此主要用于定位，也可用作连接销。

常用的圆锥销国标号为GB/T 117，如图10-30所示。标记方法为"销6×30—GB/T 117"，即表示"公称直径d=6mm、公称长度l=30mm、材料为35钢、热处理硬度28~38HRC、表面氧化处理的A型圆锥销"。

（3）开口销

用于螺纹或其他连接方式的防松。螺母拧紧后，把开口销插入螺母槽与螺栓尾部孔内，并将开口销尾部扳开，防止螺母与螺栓的相对转动，如图10-31所示。开口销是一种金属五金件，俗名弹簧销。

开口销的国标号为GB/T 91，标记方法为"销5×50—GB/T 91"，即表示"公称规格为5mm、公称长度l=50mm、材料为Q215或Q235、不经表面处理的开口销"。

图10-29　圆柱销　　　　图10-30　圆锥销　　　　图10-31　开口销

10.3.2　绘制螺纹圆柱销

圆柱销又可分为普通圆柱销、内螺纹圆柱销、螺纹圆柱销、带孔销、弹性圆柱销等，各有相应的国标号。如本案例所绘制的螺纹圆柱销（也称作开槽无头螺钉），其国家标准号为GB/T 878—2007，具体标记为"销16×45—GB/T 878"，绘制步骤如下。

操作实例 10-3　绘制"销 16×45—GB/T 878"

① 打开素材文件"第 10 章\10-3 绘制螺纹圆柱销.dwg",其中已经绘制好了对应的中心线。

② 切换到【轮廓线】图层,执行 L【直线】命令,绘制外轮廓,结果如图 10-32 所示。

③ 执行 CHA【倒角】命令,为图形倒角 2×45°,结果如图 10-33 所示。

图 10-32　绘制轮廓线

图 10-33　倒角

④ 执行 L【直线】命令,绘制连接线,如图 10-34 所示。

⑤ 执行 L【直线】命令,绘制螺纹以及圆柱销顶端,将螺纹线转换到【细实线】图层,如图 10-35 所示。

图 10-34　绘制连接线

图 10-35　绘制螺纹

⑥ 执行 L【直线】命令,使用临时捕捉【自】命令,捕捉距离为 4 的点,绘制直线,如图 10-36 所示。

图 10-36　绘制结果

10.3.3　绘制螺尾锥销

圆锥销有普通圆锥销、内螺纹圆锥销、螺尾锥销、刀尾圆锥销等,各有相应的国标号。如本案例所绘制的螺尾锥销,其国标号为 GB/T 881,具体标记为"销 6×54—GB/T 881",绘制步骤如下。

操作实例 10-4　绘制"销 6×54—GB/T 881"

① 打开素材文件"第 10 章\10-4 绘制螺尾锥销.dwg",其中已经绘制好了对应的中心线。

② 切换到【轮廓线】图层，执行 L【直线】命令，绘制一条长为 3 的垂直直线，以该直线为基准，向右分别偏移 30、31、35、52、53、54.5，结果如图 10-37 所示。

图 10-37　偏移直线

③ 执行 LEN【拉长】命令，将第一条偏移出来的直线垂直拉长 0.3，然后将最后偏移出来的两条直线垂直拉长-1（即缩短 1 个单位），接着执行 L【直线】命令，绘制连接直线，结果如图 10-38 所示。

图 10-38　连接直线

④ 执行 F【圆角】命令，对图形进行圆角，如图 10-39 所示。

图 10-39　倒圆角

⑤ 执行 O【偏移】命令，将水平轮廓线向下偏移 0.5，修剪图形并切换到【细实线】图层，结果如图 10-40 所示。

图 10-40　使用【偏移】绘制螺纹

⑥ 执行 O【圆】命令，绘制圆心在中心线上、通过右侧边线的端点、半径为 6 的圆；执行 TR【修剪】命令，修剪图形，结果如图 10-41 所示。

图 10-41　绘制端部圆

⑦ 执行 MI【镜像】命令，以水平中心线为镜像线，镜像图形，如图 10-42 所示。

图 10-42　绘制结果

10.4　键

　　键主要用作轴和轴上零件之间的轴向固定以传递扭矩，有些键还可实现轴上零件的轴向固定或轴向移动，如减速器中齿轮与轴的连接。

10.4.1　键的种类

　　键分为平键、半圆键、楔键、切向键和花键等，具体说明如下。

　　➤ 平键：平键的两侧是工作面，上表面与轮毂槽底之间留有间隙。其定心性能好，装拆方便。平键有普通平键（GB/T 1096）、导向平键（GB/T 1097）2 种。

　　➤ 半圆键：半圆键（GB/T 1099）是一种半圆形的键，如图 10-43 所示。半圆键也是以两侧为工作面，有良好的定心性能。半圆键可在轴槽中摆动以适应毂槽底面，但键槽对轴的削弱较大，只适用于轻载连接。

　　➤ 楔键：楔键的上下面是工作面，键的上表面有 1：100 的斜度，轮毂键槽的底面也有 1：100 的斜度。把楔键打入轴和轮毂槽内时，其表面产生很大的预紧力，工作时主要靠摩擦力传递扭矩，并能承受单方向的轴向力。其缺点是会迫使轴和轮毂产生偏心，仅适用于对定心精度要求不高、载荷平稳和低速的连接。楔键又分为普通楔键（GB/T 1564）和钩头楔键（GB/T 1565）两种，如图 10-44 所示。

图 10-43　半圆键

图 10-44　楔键

　　➤ 切向键：切向键（GB/T 1974）是由一对楔键组成，如图 10-45 所示，能传递很大的扭矩，常用于重型机械设备中。

　　➤ 花键：花键是在轴和轮毂孔轴向均布多个键齿构成的，称为花键连接，如图 10-46 所示。花键连接为多齿工作，工作面为齿侧面，其承载能力高，对中性和导向性好，对轴和毂的强度削弱小，适用于定心精度要求高、载荷大和经常滑移的静连接和动连接，如变速器中，滑动齿轮与轴的连接。按齿形不同，花键连接可分为矩形花键、三角形花键和渐开线花键等。

图 10-45　切向键

图 10-46　花键

10.4.2　绘制钩头楔键

钩头楔键的尺寸示例如图 10-47 所示。而 b=16mm、h=10mm、L=100mm 的钩头楔键，就可以标记为"键 16×100—GB/T 1565"。因此本案例将绘制"键 10×35—GB/T 1565"的钩头楔键。

操作实例 10-5　绘制"键 10×35—GB/T 1565"

① 打开素材文件"第 10 章\10-5 绘制钩头楔键.dwg"，其中已经绘制好了主视图、俯视图和左视图的轮廓基准，如图 10-48 所示。

图 10-47　钩头楔键尺寸示例　　　　　图 10-48　素材图形

② 执行 O【偏移】命令，将俯视图轮廓向上偏移 10，将左视图直线向上偏移 9、15，结果如图 10-49 所示。

③ 执行 L【直线】命令，连接偏移出的直线，如图 10-50 所示。

图 10-49　偏移直线　　　　　　　　　图 10-50　绘制连接线

④ 执行 L【直线】命令，根据"高平齐"的原则绘制主视图左边线，如图 10-51 所示。

⑤ 执行 O【偏移】命令，将俯视图左边线向右偏移 10，如图 10-52 所示。

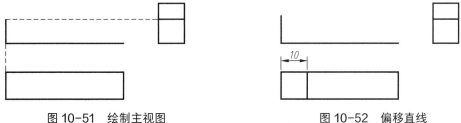

图 10-51　绘制主视图　　　　　　　　　　图 10-52　偏移直线

⑥ 开启【极轴追踪】，设置追踪角为 45，执行 L【直线】命令，在主视图中绘制与竖直边夹角 45° 的直线，如图 10-53 所示。

⑦ 绘制主视图水平直线与俯视图竖直直线，直线端点与俯视图对齐，如图 10-54 所示。

图 10-53　绘制轮廓线　　　　　　　　　　图 10-54　绘制连接线

⑧ 执行 L【直线】命令，在主视图右端绘制长度为 8.8 的垂直直线，如图 10-55 所示。

⑨ 执行 L【直线】命令，绘制其他连接线，结果如图 10-56 所示。

图 10-55　绘制直线　　　　　　　　　　　图 10-56　绘制结果

10.4.3　绘制花键

在机械制图中，花键的键齿作图比较繁琐。为提高制图效率，许多国家都制订了花键画法标准，国际上也制订有 ISO 标准。中国机械制图国家标准规定：对于矩形花键，其外花键在平行于轴线的投影面的视图中，大径用粗实线、小径用细实线绘制，并用剖面画出一部分或全部齿形；其内花键在平行于轴线的投影面的剖视图中，大径和小径都用粗实线绘制，并用局部视图画出一部分或全部齿形。花键的工作长度的终止端和尾部长度的末端均用细实线绘制。

操作实例 10-6　按规定的制图方法绘制花键

① 打开素材文件“第 10 章\10-6 绘制花键.dwg”，其中已经绘制好了对应的中心线，如图

中文版AutoCAD 2025机械制图从入门到精通

10-57 所示。

② 将【轮廓线】图层设置为当前图层。执行 C【圆】命令，以交叉的中心线交点为圆心绘制半径为 16、18 的两个圆，如图 10-58 所示。

图 10-57　素材图形　　　　　　　　　　　　图 10-58　绘制圆

③ 执行 O【偏移】命令，将竖直中心线向左、右偏移 3，如图 10-59 所示。

④ 执行 TR【修剪】命令，修剪多余偏移线，并将修剪后的偏移线转换到【轮廓线】图层，如图 10-60 所示。

图 10-59　偏移中心线　　　　　　　　　　　图 10-60　修剪并转换图层

⑤ 单击【修改】工具栏中的【环形阵列】按钮，选择上一步修剪出的直线作为阵列对象，选择中心线的交点作为阵列中心点，项目数为 8，如图 10-61 所示。

⑥ 执行 TR【修剪】命令，修剪多余圆弧，如图 10-62 所示。

图 10-61　环形阵列　　　　　　　　　　　　图 10-62　修剪圆弧

⑦ 执行 H【图案填充】命令，选择图案为 ANSI31，比例为 1，角度为 0°，填充图案，结果如图 10-63 所示。

图 10-63　图案填充　　　　　　　　　　　　图 10-64　绘制左视图

336

⑧ 执行 L【直线】命令，绘制左视图中心线，并根据"高平齐"的原则绘制左视图边线，如图 10-64 所示。

⑨ 执行 O【偏移】命令，将左视图边线向右分别偏移 35、40，结果如图 10-65 所示。

⑩ 执行 L【直线】命令，根据"高平齐"的原则绘制左视图的水平轮廓线，如图 10-66 所示。

图 10-65　偏移直线　　　　　图 10-66　绘制左视图轮廓线

⑪ 执行 CHA【倒角】命令，设置倒角距离为 2，倒角结果如图 10-67 所示。

⑫ 执行 L【直线】命令，连接交点；执行 TR【修剪】命令修剪图形，将内部线条转换到【细实线】图层，结果如图 10-68 所示。

图 10-67　倒斜角　　　　　　　图 10-68　转换图层

⑬ 执行 SPL【样条曲线拟合】命令，绘制断面边界，如图 10-69 所示。

图 10-69　最终结果

10.5　弹簧

弹簧属于常用件，因此不会有现成的型号。弹簧是一种利用弹性来工作的机械零件，用弹性材料制成的零件在外力作用下发生形变，除去外力后又可以恢复原状，这一特性使得弹簧在机械中的应用极为广泛。

10.5.1　弹簧的简介与分类

弹簧是指利用材料的弹性和结构特点，使变形与载荷之间保持特定关系的一种弹性元件，一般用弹簧钢制成。弹簧用于控制机件的运动、缓和冲击或震动、贮能、测量力的大小等，广泛用于机器、仪表中。弹簧的种类复杂多样，按形状分为螺旋弹簧、涡卷弹簧、板弹簧、蝶形弹簧、环形弹簧等。最常见的是螺旋弹簧，而螺旋弹簧又可以分为以下5类：

➤ 扭转弹簧：即螺旋弹簧，是承受扭转变形的弹簧。它的工作部分也是密绕成螺旋形。扭转弹簧端部结构是加工成各种形状的扭臂，而不是勾环，如图10-70所示。多用于夹子、轴销等扭转部位。

➤ 拉伸弹簧：拉伸弹簧是承受轴向拉力的螺旋弹簧。在不承受负荷时，拉伸弹簧的圈与圈之间一般都是并紧的没有间隙，如图10-71所示。

➤ 压缩弹簧：压缩弹簧是承受轴向压力的螺旋弹簧。它所用的材料截面多为圆形，也有用矩形和多股钢索卷制的，弹簧一般为等节距的，如图10-72所示。压缩弹簧的形状有：圆柱形、圆锥形、中凸形和中凹形和少量的非圆形等，压缩弹簧的圈与圈之间会有一定的间隙，当受到外载荷的时候弹簧收缩变形，储存变形能。

图 10-70　扭转弹簧

图 10-71　拉伸弹簧

图 10-72　压缩弹簧

➤ 渐进型弹簧：渐进型弹簧如图10-73所示，多用于车辆工程。这种弹簧采用了粗细、疏密不一致的设计，好处是在受压不大时可以通过弹性系数较低的部分吸收路面的起伏，保证乘坐舒适感，当压力增大到一定程度后较粗部分的弹簧起到支承车身的作用，而这种弹簧的缺点是操控感受不直接，精确度较差。

➤ 线性弹簧：线性弹簧如图10-74所示，也常用于车辆工程。线性弹簧从上至下的粗细、疏密不变，弹性系数为固定值。这种设计的弹簧可以使车辆获得更加稳定和线性的动态反应，有利于驾驶者更好地控制车辆，多用于性能取向的改装车与竞技性车辆，坏处是舒适性会受到影响。

图 10-73　渐进型弹簧

图 10-74　线性弹簧

10.5.2　绘制拉伸弹簧

弹簧弹力计算公式为 $F=kx$，F 为弹力，k 为劲度系数，x 为弹簧拉长的长度。比如要测试一款 5N 的弹簧：用 5N 力拉劲度系数为 100N/m 的弹簧，则弹簧被拉长 5cm。本案例便绘制该拉伸弹簧。

操作实例 10-7 绘制上述拉伸弹簧

① 打开素材文件"第 10 章\10-7 绘制拉伸弹簧.dwg"，其中已经绘制好了对应的中心线，如图 10-75 所示。

图 10-75　素材图形

② 执行 O【偏移】命令，将水平中心线向上、下各偏移 14，结果如图 10-76 所示。

图 10-76　偏移中心线

③ 执行 C【圆】命令，以中心线最初的交点为圆心绘制半径为 10.5、17.5 的圆，结果如图 10-77 所示。

图 10-77　绘制圆

④ 开启极轴追踪，设置追踪角为 93°。执行 L【直线】命令，绘制与水平线呈 93° 的直线，如图 10-78 所示。

图 10-78　绘制 93° 直线

⑤ 将上一步绘制的直线转换到【中心线】图层。然后执行 CO【复制】命令，水平复制该直线，结果如图 10-79 所示。

图 10-79　复制 93° 直线

⑥ 执行 C【圆】命令，以复制出的斜线与偏移出的水平中心线交点为圆心，绘制半径为 3.5 的圆，如图 10-80 所示。

图 10-80　绘制圆

⑦ 执行 L【直线】命令，使用临时捕捉【切点】命令，绘制圆的公切线，结果如图 10-81 所示。

图 10-81　绘制连接线

⑧ 执行 TR【修剪】命令，修剪图形，结果如图 10-82 所示。

图 10-82　修剪图形

⑨ 执行 L【直线】命令，绘制连接线，然后删除多余的中心线，结果如图 10-83 所示。

⑩ 选择【文件】|【保存】命令，保存文件，完成拉伸弹簧的绘制。

图 10-83　最终图形

10.6　齿轮类零件及其啮合

齿轮，是指依靠齿的啮合传递扭矩的轮状机械零件。齿轮通过与其他齿状机械零件（如另一齿轮、齿条、蜗杆）传动，可实现改变转速与扭矩、改变运动方向和改变运动形式等功能。由于传动效率高、传动比准确、功率范围大等优点，齿轮机构在工业产品中广泛应用，其设计与制造水平直接影响到工业产品的质量。齿轮轮齿相互扣住齿轮会带动另一个齿轮转动来传送动力。将两个齿轮分开，也可以应用链条、履带、皮带来带动两边的齿轮而传送动力。

10.6.1　齿轮的简介与种类及加工方法

齿轮的用途很广，是各种机械设备中的重要零件，如机床、飞机、轮船及日常生活中用的手表、电扇等都要使用各种齿轮。齿轮的种类很多，有圆柱直齿轮、圆柱斜齿轮、螺旋齿轮、直齿伞齿轮、螺旋伞齿轮、蜗轮等。

（1）齿轮零件的概念

齿轮也是轮缘上有齿能连续啮合传递运动和动力的机械零件。其各部分名称如图 10-84 所示。

图 10-84　齿轮各部分名称

齿轮主要的用途就是传递动力，主要的分类有平行轴齿轮传动、相交轴齿轮传动和交错轴齿轮传动。齿轮传动的特点主要有：传动的速度和功率范围很大的，传动效率高，接触强度高，磨损小且均匀，传动比大，工作平稳，噪声小。

（2）齿轮零件种类

齿轮可按齿形、齿轮外形、齿线形状、轮齿所在的表面和制造方法等分类。

齿轮的齿形包括齿廓曲线、压力角、齿高和变位。渐开线齿轮比较容易制造，因此现代使用的齿轮中，渐开线齿轮占绝对多数，而摆线齿轮和圆弧齿轮应用较少。

在压力角方面，小压力角齿轮的承载能力较小；而大压力角齿轮，虽然承载能力较高，但在传递转矩相同的情况下轴承的负荷增大，因此仅用于特殊情况。

齿轮的齿高已标准化，一般均采用标准齿高。变位齿轮的优点较多，已遍及各类机械设备中。

➢ 按其外形分为：圆柱齿轮、圆锥齿轮、非圆齿轮、齿条、蜗杆蜗轮，如图 10-85 所示。

(a)圆柱齿轮　　　(b)圆锥齿轮　　　(c)非圆齿轮　　　(d)齿条　　　(e)蜗杆蜗轮

图 10-85　按齿轮外形划分

➢ 按齿线的形状分为：直齿轮、斜齿轮、曲线齿轮、人字齿轮，如图 10-86 所示。

(a)直齿轮　　　(b)斜齿轮　　　(c)曲线齿轮　　　(d)人字齿轮

图 10-86　按齿线形状

➢ 按轮齿所在的表面分为：外齿轮、内齿轮，如图 10-87 所示。

(a)外齿轮　　　(b)内齿轮

图 10-87　按轮齿所在的表面

> 按制造方法可分为：铸造齿轮、切制齿轮、轧制齿轮、烧结齿轮等，如图 10-88 所示。

(a) 铸造齿轮　　　(b) 切制齿轮　　　(c) 轧制齿轮　　　(d) 烧结齿轮

图 10-88　按制造方法

对于齿轮材料的选择，一定要保证齿轮工作的可靠性，提高其使用寿命，应根据工作的条件和材料的特点来进行选取。齿轮的制造材料和热处理过程对齿轮的承载能力和尺寸重量有很大的影响。对于齿轮材料的基本要求是：应使齿面具有足够的硬度和耐磨性，齿心具有足够的韧性，以防止齿面的各种失效，同时应具有良好的冷、热加工的工艺性，以达到齿轮的各种技术要求。

20 世纪 50 年代前，齿轮多用碳钢，60 年代改用合金钢，而 70 年代多用表面硬化钢。按材料的硬度情况，齿面可区分为软齿面和硬齿面两种。

软齿面的齿轮承载能力较低，但制造比较容易，跑合性好，多用于传动尺寸和重量无严格限制，以及小量生产的一般机械中。因为配对的齿轮中，小轮负担较重，因此为使大小齿轮工作寿命大致相等，小轮齿面硬度一般要比大轮的高。

硬齿面齿轮的承载能力高，它是在齿轮精切之后，再进行淬火、表面淬火或渗碳淬火处理，以提高硬度。但在热处理中，齿轮不可避免地会产生变形，因此在热处理之后须进行磨削、研磨或精切，以消除因变形产生的误差，提高齿轮的精度。

根据以上所述，齿轮常用的材料有：各种牌号的优质结构钢、合金铸钢、铸铁和非金属材料等，一般多采用锻件和轧制钢材。

（3）齿轮零件结构

齿轮零件一般包括轮齿、齿槽、端面、法面、齿顶圆、齿根圆、基圆、分度圆等，如图 10-89 所示。

图 10-89　齿轮结构图

> 轮齿（齿）：齿轮上的每一个用于啮合的凸起部分。一般说来，这些凸起部分呈辐射状排列。配对齿轮上轮齿互相接触，导致齿轮的持续啮合运转。

> 齿槽：齿轮上两相邻轮齿之间的空间。端面是圆柱齿轮或圆柱蜗杆上，垂直于齿轮或蜗杆轴线的平面。

> 端面：在圆柱齿轮或圆柱蜗杆上垂直于齿轮或蜗杆轴线的平面。

> 法面：在齿轮上，法面指的是垂直于轮齿齿线的平面。

> 齿顶圆：齿顶端所在的圆。

> 齿根圆：槽底所在的圆。

> 基圆：形成渐开线的发生线在其上做纯滚动的圆。

> 分度圆：在端面内计算齿轮几何尺寸的基准圆，对于直齿轮，在分度圆上模数和压力角均为标准值。

> 齿面：轮齿上位于齿顶圆柱面和齿根圆柱面之间的侧表面。

> 齿廓：齿面被一指定曲面（对圆柱齿轮是平面）所截的截线。

> 齿线：齿面与分度圆柱面的交线。

> 端面齿距 p_t：相邻两同侧端面齿廓之间的分度圆弧长。

> 模数 m：齿距除以圆周率 π 所得的商，以毫米计。

> 径节 p：模数的倒数，以英寸计。

> 齿厚 s：在端面上一个轮齿两侧齿廓之间的分度圆弧长。

> 槽宽 e：在端面上一个齿槽的两侧齿廓之间的分度圆弧长。

> 齿顶高 h：齿顶圆与分度圆之间的径向距离。

> 齿根高 h_f：分度圆与齿根圆之间的径向距离。

> 全齿高 h：齿顶圆与齿根圆之间的径向距离。

> 齿宽 b：轮齿沿轴向的尺寸。

> 端面压力角 t：过端面齿廓与分度圆的交点的径向线与过该点的齿廓切线所夹的锐角。

> 分度圆：用来决定齿轮各部尺寸的基准圆，分度圆直径=齿数×模数。

> 基准节线：齿条上一条特定节线或沿此线测定之齿厚，为节距的 $\frac{1}{2}$。

> 作用节圆：一对正齿轮互相咬合时，可作出一对相切的圆，即作用节圆。

> 基准节距：即选定标准节距作为基准，与基准齿条的节距相等。

> 节圆：在定传动比的齿轮传动中，节点在齿轮运动平面的轨迹为一个圆，这个圆即为节圆。

> 节径：节圆直径。

> 有效齿高：一对相啮齿轮相互接触的高度。

> 齿冠高：齿顶圆与节圆半径差。

> 齿隙：两齿咬合时，齿面与齿面间隙。

> 齿顶隙：两齿咬合时，一齿轮齿顶圆与另一齿轮底间空隙。

> 节点：齿廓接触点的公法线与连心线的交点。

> 节距：相邻两齿间相对应点弧线距离。

> 法向节距：渐开线齿轮沿特定断面同一垂线所测节距。

（4）齿轮零件加工方法

齿轮齿形的加工方法有两种。一种是成形法，就是利用与被切齿轮齿槽形状完全相符的成形铣刀切出齿形的方法，如铣齿；下面简单了解圆柱直齿轮的铣削加工方法。

圆柱直齿轮可以在卧式铣床上用盘状铣刀或立式铣床上用指状铣刀进行切削加工。现以在卧式铣床上加工 $z=16$（即齿数为 16），$m=2$（即模数为 2）的圆柱直齿轮为例，介绍齿轮的铣削加工过程。

> 检查齿坯尺寸：主要检查齿顶圆直径，便于在调整切削深度时，根据实际齿顶圆直径予以增减，保证分度圆齿厚的正确。

> 齿坯装夹和校正：正齿轮有轴类齿坯和盘类坯。如果是轴类齿坯，一端可以直接由分度头的三爪卡盘夹住，另一端由尾座顶尖顶紧即可；如果是盘类齿坯，首先把齿坯套在心轴上，心轴一端夹在分度头三爪卡盘上，另一端由尾顶尖顶紧即可。

校正齿坯很重要。首先校正圆度，如果圆度不好，会影响分度圆齿厚尺寸；再校正直线度，即分度头三爪卡盘的中心与尾座顶尖中心的连线一定要与工作台纵向走刀方向平行，否则铣出来的齿是斜的；最后校正高低，即分度头三爪卡盘的中心至工作台面距离与尾座顶尖中心至工作台面距离应一致，如果高低尺寸超差，铣出来的齿就有深浅。

另一种是展成法，它是利用齿轮刀具与被动齿轮的相互啮合运动而切出齿形的加工方法，如滚齿和插齿（用滚刀和插刀进行示范），相关知识如下：

> 滚齿机滚齿：可以加工 8 模数以下的斜齿。

> 铣床铣齿：可以加工直齿条。

> 插床插齿：可以加工内齿。

> 冷打机打齿：可以无屑加工。

> 刨齿机刨齿：可以加工 16 模数大齿轮。

> 精密铸齿：可以大批量加工廉价小齿轮。

> 磨齿机磨齿：可以加工精密母机上的齿轮。

> 压铸机铸齿：多数加工有色金属齿轮。

> 剃齿机剃齿：是一种齿轮精加工方式，常用来精加工金属齿轮。

10.6.2　齿轮的绘图方法

10.6.1 节已经全面介绍了齿轮的特征，而齿轮的绘图方法，就是将这些特征所表示出来的方法。

（1）单个齿轮的画法

单个齿轮图的典型画法如图 10-90 所示。主要需表示出齿顶圆、分度圆、齿根圆这 3 个要素。

图 10-90　单个齿轮画法

如果需要表达轮齿的方向（斜齿、人字齿等），则可以在半剖视图中用三条与轮齿方向一致的细实线表示，如图10-91所示。

图 10-91　单个齿轮上表示轮齿方向

（2）齿轮的啮合画法

单个齿轮需要表示出齿顶圆、分度圆、齿根圆这3个要素，而齿轮的啮合同样如此。由于啮合的齿轮，其啮合位置处于分度圆上，因此在剖面图上分度圆（线）是重合的，所以需要具体表示5根线，典型的啮合画法如图10-92所示。相应地，主视图与表达轮齿方向的视图画法则如图10-93所示。

图 10-92　齿轮啮合部分的具体画法

图 10-93　齿轮啮合的其他视图画法

10.6.3　绘制直齿圆柱齿轮

齿轮的绘制一般需要先根据齿轮参数表来确定尺寸。这些参数取决于设计人员的具体计算与实际的设计要求。本案例便根据如图 10-94 所示的参数绘制一直齿圆柱齿轮。

操作实例 **10-8**　根据图 10-94 给出的参数绘制直齿圆柱齿轮

① 打开素材文件"第 10 章\10-8 绘制直齿圆柱齿轮.dwg",如图 10-95 所示,已经绘制好了对应的中心线。

齿廓	渐开线		齿顶高系数	h_a	1
齿数	z	29	顶隙系数	c	0.25
模数	m	2	齿宽	b	15
螺旋角	β	0°	中心距	a	87±0.027
螺旋角方向	—		配对齿轮	图号	
压力角	α	20°		齿数 z	58
齿厚	公法线长度尺寸W	$21.48^{-0.105}_{-0.155}$	跨齿数 k		3
	跨球(圆柱)尺寸M		球(圆柱)尺寸 Dm		

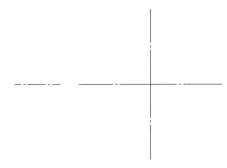

图 10-94　齿轮参数　　　　　　　　　　　　图 10-95　素材图形

② 绘制左视图。切换至【中心线】图层,在交叉的中心线交点处绘制分度圆,尺寸可以根据参数算得,分度圆直径=模数×齿数,即 ϕ58mm,如图 10-96 所示。

③ 绘制齿顶圆。切换至【轮廓线】图层,在分度圆圆心处绘制齿顶圆,尺寸同样可以根据参数算得,齿顶圆直径=分度圆直径+2×齿轮模数,即 ϕ62mm,如图 10-97 所示。

图 10-96　绘制分度圆

图 10-97　绘制齿顶圆

④ 绘制齿根圆。切换至【细实线】图层,在分度圆圆心处绘制齿根圆,尺寸同样根据参数算得,齿根圆直径=分度圆直径-2×1.25×齿轮模数,即 ϕ53mm,如图 10-98 所示。

⑤ 根据三视图基本准则"长对正,高平齐,宽相等"绘制齿轮主视图轮廓线,齿宽根据参数可知为 15mm,如图 10-99 所示。要注意主视图中齿顶圆、齿根圆与分度圆的线型。

图 10-98　绘制齿根圆

图 10-99　绘制主视图

⑥ 根据齿轮参数可以绘制出上述图形，接着需要根据装配的轴与键来绘制轮毂部分，绘制的具体尺寸如图 10-100 所示。

⑦ 根据三视图基本准则"长对正，高平齐，宽相等"绘制主视图中轮毂的轮廓线，如图 10-101 所示。

图 10-100　绘制轮毂部分

图 10-101　绘制主视图中的轮毂

⑧ 执行 CHA【倒角】命令，为图形主视图倒角，如图 10-102 所示。

⑨ 执行【图案填充】命令，选择图案为 ANSI31，比例为 0.8，角度为 0°，填充图案，结果如图 10-103 所示。

图 10-102　添加倒角

图 10-103　添加剖面线

10.6.4　直齿齿轮啮合的画法

由于啮合的齿轮，其啮合位置处于分度圆上，因此在绘制啮合齿轮时，最重要的就是画出相啮合的齿轮其分度圆是相接触的。

操作实例 10-9　直齿齿轮啮合的画法

① 打开素材文件"第 10 章\10-9 绘制直齿啮合齿轮.dwg"，其中已经绘制好了上下两个齿轮，如图 10-104 所示。

② 单个齿轮需要表示出齿顶圆、分度圆、齿根圆这 3 个要素，而齿轮的啮合同样是如此。由于啮合的齿轮，其啮合位置处于分度圆上，因此在啮合图上分度圆（线）是相切的，执行移动命令，移动任意齿轮图形，使其分度圆相切，此时效果如图 10-105 所示。

③ 执行修剪命令，将重叠的部分进行修剪，即可得到啮合效果图，如图 10-106 所示。

> 提示　绘制齿轮啮合图时，只需记住要具体表示 5 根线即可，典型的啮合画法如图 10-107 所示。

图 10-104　素材图形　　　　　　　　　图 10-105　移动图形

图 10-106　修剪重叠部分

图 10-107　齿轮啮合部分的具体画法

10.6.5　斜齿齿轮啮合的画法

如果是斜齿、人字齿轮的啮合，那么除了上面介绍的让分度圆（线）重叠外，还需单独表示出它们的齿形走向。

操作实例 10-10　斜齿齿轮啮合的画法

① 打开素材文件"第 10 章\10-10 绘制斜齿啮合齿轮.dwg"，其中创建好了相啮合的两个

齿轮，如图 10-108 所示。

② 从当前的图形中无法看出这两个齿轮是斜齿轮，因此可以先各自删去非啮合侧的视图，如图 10-109 所示。

图 10-108　素材文件　　　　　　　　图 10-109　删去非啮合部分的图形

③ 在各自的半边视图中绘制斜线，注意绘制的方向也彼此相反，最终效果如图 10-110 所示。

图 10-110　最终效果

> **提示**　相应地，主视图与表达轮齿方向的视图画法如图 10-111 所示。

分度圆画成粗实线
齿顶圆省略

图 10-111　齿轮啮合的其他视图画法

第 **11** 章

轴类零件图的绘制

（扫码获取配套资源）

轴是组成机器的一种非常重要的零件，一般用来支承旋转的机械零件（如带轮、齿轮等），传递运动和动力。本章将详细介绍轴类零件的概念、特点以及各类轴零件图的绘制。

11.1 轴类零件概述

轴类零件是机械结构中的典型零件之一，主要用来支承传动零部件，传递扭矩和承受载荷，按轴类零件结构形式不同，一般可分为光轴、阶梯轴和异形轴；或分为实心轴、空心轴等。

11.1.1 轴类零件简介

轴类零件是五金配件中经常遇到的典型零件之一，主要用来支承传动零部件，传递扭矩和承受载荷。按轴类零件结构形式不同，一般可分为光轴、阶梯轴和异形轴三类；或分为实心轴、空心轴等。它们在机器中用来支承齿轮、带轮等传动零件，以传递转矩或运动。轴类零件是旋转体零件，其长度大于直径，一般由同心轴的外圆柱面、圆锥面、内孔和螺纹及相应的端面组成。根据结构形状的不同，轴类零件可分为光轴、阶梯轴、空心轴和曲轴等。常见的轴类零件如图 11-1 所示。

(a)阶梯轴　　　　(b) 光轴　　　　(c) 空心轴　　(d)异形轴　(e) 偏心轴

(f)曲轴　　　　　(g) 锥度心轴　　　(h) 凸轮轴

图 11-1　常见的轴

11.1.2 轴类零件的特点

轴的长径比小于 5 的称为短轴，大于 20 的称为细长轴，大多数轴介于两者之间。

轴用轴承支承，与轴承配合的轴段称为轴颈。轴颈是轴的装配基准，它们的精度和表面质量一般要求较高，其技术要求一般根据轴的主要功用和工作条件来制定，通常有以下几项。

（1）轴的材料

轴的材料种类很多，选用时主要根据对轴的强度、刚度、耐磨性等要求，以及为实现这些要求而采用的热处理方式，同时考虑制造工艺问题，力求经济合理。

轴的常用材料是优质碳素钢 35、45、50，最常用的是 45 和 40Cr 钢。对于受载较小或不太重要的轴，也常用 Q235 或 Q275 等普通碳素钢。对于受力较大的轴，轴的尺寸和重量受到限制，以及有某些特殊要求的轴，可采用合金钢，常用的有 40Cr、40MnB、40CrNi 等。

球墨铸铁和一些高强度铸铁，由于铸造性能好，容易铸成复杂形状，且减振性能好，应力集中敏感性低，支点位移的影响小，故常用于制造外形复杂的轴。

特别是我国研制成功的稀土-镁球墨铸铁，冲击韧性好，同时具有减摩、吸振和对应力集中敏感性小等优点，已用于制造汽车、拖拉机、机床上的重要轴类零件，如曲轴等。

根据工作条件要求，轴都要整体热处理，一般是调质，对不重要的轴采用正火处理。对要求高或要求耐磨的轴或轴段要进行表面处理，以及表面强化处理（如喷丸、辐压等）和化学处理（如渗碳、渗氮、氮化等），以提高其强度（尤其疲劳强度）和耐磨、耐腐蚀等性能。

在一般工作温度下，合金钢的弹性模量与碳素钢相近，所以只为了提高轴的刚度而选用合金钢是不合适的。

轴一般由轧制圆钢或锻件经切削加工制造。轴的直径较小时，可用圆钢棒制造；对于重要的、大直径或阶梯直径变化较大的轴，多采用锻件。为节约金属和提高工艺性，直径大的轴还可以制成空心的，并且带有焊接的或者锻造的凸缘。

对于形状复杂的轴（如凸轮轴、曲轴）可采用铸造。

（2）表面粗糙度

一般与传动件相配合的轴径表面粗糙度为 $Ra2.5\sim0.63\mu m$，与轴承相配合的支承轴径的表面粗糙度为 $Ra0.63\sim0.16\mu m$。

（3）相互位置精度

轴类零件的位置精度要求主要是由轴在机械中的位置和功用决定的。通常应保证装配传动件的轴颈对支承轴颈的同轴度要求，否则会影响传动件（齿轮等）的传动精度，并产生噪声。普通精度的轴，其配合轴段对支承轴颈的径向跳动一般为 0.01~0.03mm，高精度轴（如主轴）通常为 0.001~0.005mm。

（4）几何形状精度

轴类零件的几何形状精度主要是指轴颈、外锥面、莫氏锥孔等的圆度、圆柱度等，一般应将其公差限制在尺寸公差范围内。对精度要求较高的内外圆表面，应在图纸上标注其允许偏差。

（5）尺寸精度

对于起支承作用的轴颈，通常尺寸精度要求较高（IT5~IT7）。装配传动件的轴颈尺寸精度一般要求较低（IT6~IT9）。

11.1.3　轴类零件图的绘图规则

虽然轴类零件的结构有很多种，但其零件图的绘制有以下规则。

- ➤ 一般输出轴都是回转体，可以先绘制一半图形，然后采用镜像处理，绘制出基本轮廓。
- ➤ 对于键槽位置，都需要绘制对应的断面图。
- ➤ 必要时，退刀槽等较小部分需绘制局部放大图。
- ➤ 标注表面粗糙度和径向公差。

11.1.4　轴类零件图的绘制步骤

绘制轴类零件图的基本步骤如下。

- ➤ 绘制中心线，由【直线】命令绘制半侧图形，然后进行镜像，绘制出基本轮廓。
- ➤ 执行【直线】命令绘制连接线；执行【偏移】、【圆】和【修剪】等命令绘制键槽；执行【倒角】命令在所需位置倒角，完成主视图的绘制。
- ➤ 在键槽对应位置绘制中心线，执行【圆】、【偏移】、【修剪】等命令来绘制键槽的断面图。
- ➤ 进行图案填充、尺寸标注。

11.2　普通阶梯轴设计

阶梯轴在机器中常用来支承齿轮、带轮等传动零件，以传递转矩或运动。下面就以减速箱中的传动轴为例，介绍阶梯轴的设计与绘制方法。

11.2.1　阶梯轴的设计要点

阶梯轴的设计需要考虑它的加工工艺，而阶梯轴的加工又较为典型，能整体反映出轴类零件加工的大部分内容与基本规律，因此需要重点掌握。阶梯轴的加工工艺具体步骤如下。

（1）轴零件图样分析

图 11-2 所示零件是减速器中的传动轴。它属于台阶轴类零件，由圆柱面、轴肩、螺纹、螺尾退刀槽、砂轮越程槽和键槽等组成。轴肩一般用来确定安装在轴上零件的轴向位置，各环槽的作用是使零件装配时有一个正确的位置，并使加工中磨削外圆或车螺纹时退刀方便；键槽用于安装键，以传递转矩；螺纹用于安装各种锁紧螺母和调整螺母。

根据工作性能与条件，该传动轴规定了主要轴颈、外圆以及轴肩有较高的尺寸、位置精度和较小的表面粗糙度值，并有热处理要求。这些技术要求必须在加工中给予保证。因此，该传动轴的关键工序是轴颈和外圆的加工。

（2）确定毛坯

该传动轴材料为 45 钢，因其属于一般传动轴，故选 45 钢可满足其要求。本案例中的传动

图 11-2　减速器中的传动轴

轴属于中、小传动轴，并且各外圆直径尺寸相差不大，故选择 ϕ60mm 的热轧圆钢作毛坯。

（3）确定主要表面的加工方法

传动轴大都是回转表面，主要采用车削与外圆磨削成形。由于该传动轴的主要表面的公差等级（IT6）较高，表面粗糙度 Ra 值（Ra=1.6μm）较小，故数控精车即可。外圆表面的加工方案可为：粗车→半精车→精车。

（4）确定定位基准

合理地选择定位基准，对于保证零件的尺寸和位置精度起着决定性的作用。由于该传动轴的几个主要配合表面及轴肩面对基准轴线，均有径向圆跳动和端面圆跳动的要求，它又是实心轴，所以应选择两端中心孔为基准，采用双顶尖装夹方法，以保证零件的技术要求。

粗基准采用热轧圆钢的毛坯外圆。中心孔加工采用三爪自定心卡盘装夹热轧圆钢的毛坯外圆，车端面，钻中心孔。但必须注意，一般不能用毛坯外圆装夹两次钻两端中心孔，而应该以毛坯外圆作粗基准，先加工一个端面，钻中心孔，车出一端外圆；然后以已车过的外圆作基准，用三爪自定心卡盘装夹(有时在上工步已车外圆处搭中心架)，车另一端面，钻中心孔。如此加工中心孔，才能保证两中心孔同轴。

（5）划分阶段

对精度要求较高的零件，其粗、精加工应分开，以保证零件的质量。

该传动轴加工划分为三个阶段：粗车（粗车外圆、钻中心孔等），半精车（半精车各处外圆、台阶和修研中心孔及次要表面等），精车（精车各处外圆）。各阶段划分大致以热处理为界。

（6）热处理工序安排

轴的热处理要根据其材料和使用要求确定。对于传动轴，正火、调质和表面淬火用得较多。该轴要求调质处理，并安排在粗各外圆之后，半精车各外圆之前。

综合上述分析，传动轴的加工流程如下。

下料→车两端面，钻中心孔→粗车各外圆→调质→修研中心孔→半精车各外圆，车槽，倒角→车螺纹→划键槽加工线→铣键槽→修研中心孔→精车→检验。

（7）加工尺寸和切削用量

传动轴磨削余量可取 0.5mm，半精车余量可选用 1.5mm。加工尺寸可由此而定，见该轴加工工艺卡的工序内容。车削用量的选择，单件、小批量生产时，可根据加工情况由工人确定；一般可在《机械加工工艺手册》或《切削用量手册》中选取。

11.2.2　绘制减速器传动轴

操作实例 11-1　绘制减速器传动轴

① 打开素材文件"第 11 章\11-1 绘制减速器传动轴.dwg"，如图 11-3 所示，已经绘制好了对应的中心线。

图 11-3　素材图形

② 使用快捷键 O 激活【偏移】命令，根据图 11-4 所示的尺寸，对垂直的中心线进行多重偏移。

图 11-4　偏移中心线

③ 将【轮廓线】设置为当前图层，使用 L【直线】命令绘制如图 11-5 所示轮廓线（尺寸见效果图）。

图 11-5　绘制轮廓线

④ 根据上一步的步骤操作，使用 L【直线】命令，配合【正交追踪】和【对象捕捉】功能

绘制其他位置的轮廓线，结果如图 11-6 所示。

图 11-6　绘制其他轮廓线

⑤ 单击【修改】面板中的【倒角】按钮，对轮廓线进行倒角，倒角尺寸为 C2，然后使用【直线】命令，配合捕捉与追踪功能，绘制倒角的连接线，结果如图 11-7 所示。

图 11-7　倒角并绘制连接线

⑥ 使用快捷键 MI 激活【镜像】命令，对轮廓线进行镜像复制，结果如图 11-8 所示。

图 11-8　镜像图形

⑦ 绘制键槽。使用快捷键 O 激活【偏移】命令，创建如图 11-9 所示的垂直辅助线。

图 11-9　偏移中心线

⑧ 将【轮廓线】设置为当前图层，使用 C【圆】命令，以刚偏移的垂直辅助线的交点为圆心，绘制直径为 12 和 8 的圆，如图 11-10 所示。

图 11-10　绘制圆

⑨ 使用 L【直线】命令，配合【捕捉切点】功能，绘制键槽轮廓，如图 11-11 所示。

图 11-11　绘制直线

⑩ 使用 TR【修剪】命令，对键槽轮廓进行修剪，并删除多余的辅助线，结果如图 11-12 所示。

图 11-12　删除多余图形

⑪ 将【中心线】设置为当前层，使用快捷键 XL 激活【构造线】命令，绘制如图 11-13 所示的水平和垂直构造线，作为移出断面图的定位辅助线。

⑫ 将【轮廓线】设置为当前图层，使用 C【圆】命令，以构造线的交点为圆心，分别绘制直径为 40 和 25 的圆，结果如图 11-14 所示。

图 11-13　绘制构造线　　　　　　　　图 11-14　绘制移出断面图

⑬ 单击【修改】面板中的【偏移】按钮 ⊜，对 $\phi40$ 圆的水平和垂直构造线进行偏移，结果如图 11-15 所示。

图 11-15　偏移中心线得到辅助线

⑭ 将【轮廓线】设置为当前图层，使用 L【直线】命令，绘制键深，结果如图 11-16 所示。

⑮ 综合使用 E【删除】和 TR【修剪】命令，去掉不需要的构造线和轮廓线，如图 11-17 所示。

图 11-16　绘制 φ40 圆的键槽轮廓

图 11-17　修剪 φ40 圆的键槽

⑯ 按相同方法绘制 φ25 圆的键槽图，如图 11-18 所示。

⑰ 将【剖面线】设置为当前图层，单击【绘图】面板中的【图案填充】按钮 ▨ ，为此剖面图填充【ANSI31】图案，填充比例为 1.5，角度为 0，填充结果如图 11-19 所示。

图 11-18　绘制 φ25 圆的键槽

图 11-19　填充剖面线

⑱ 绘制好的图形如图 11-20 所示。

图 11-20　阶梯轴的轮廓图

⑲ 标注图形，并添加相应的表面粗糙度与形位公差，最终图形如图 11-21 所示。

图 11-21　最终零件图

11.3　圆柱齿轮轴的绘制

本节将绘制如图 11-22 所示的圆柱齿轮轴。

图 11-22　案例图形

11.3.1　齿轮轴的设计要点

齿轮轴，是指具有齿轮特征的轴体，如图 11-23 所示。在实际的工作中，齿轮轴一般用于小齿轮（齿数少的齿轮），或是在高速级（也就是低转矩级）的情况。因为齿轮轴是轴和齿轮合成的一个整体，因此，在设计时，还是要尽量缩短轴的长度，太长了一是不利于在滚齿机加工，二是轴的支承太长导致轴要加粗而增加机械强度（如刚性、挠度、抗弯等）。

图 11-23　齿轮轴

11.3.2　绘制圆柱齿轮轴

操作实例 **11-2**　绘制圆柱齿轮轴

① 打开素材文件"第 11 章\11-2 绘制圆柱齿轮轴.dwg"，如图 11-24 所示，已经绘制好了对应的中心线。

图 11-24　素材图形

② 切换到【轮廓线】图层，以左侧中心线为起点，执行 L【直线】命令，绘制轴的轮廓线，如图 11-25 所示。

图 11-25　绘制轮廓线

③ 执行 MI【镜像】命令，以水平中心线作为镜像线镜像图形，结果如图 11-26 所示。

图 11-26　镜像图形

④ 执行 L【直线】命令，捕捉端点，绘制沟槽的连接线，并绘制分度圆的线，注意图层的转换，如图 11-27 所示。

图 11-27　绘制连接线与分度圆线

图 11-28　创建倒角并绘制连接线

⑤ 执行 CHA【倒角】命令，设置两个倒角距离均为 1，在轴两端进行倒角，并绘制倒角连接线，如图 11-28 所示。

⑥ 绘制键槽。执行 C【圆】命令，在右端绘制两个直径为 7 的圆，如图 11-29 所示。

图 11-29　绘制圆

⑦ 执行 L【直线】命令，捕捉圆象限点绘制连接直线，如图 11-30 所示。

⑧ 执行 TR【修剪】命令，修剪图形，结果如图 11-31 所示。

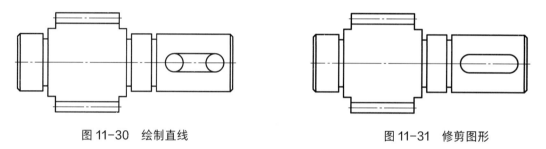

图 11-30　绘制直线　　　　　　　　　图 11-31　修剪图形

⑨ 将【中心线】设置为当前层，使用快捷键 XL 激活【构造线】命令，绘制如图 11-32 所示的水平和垂直构造线，作为移出断面图的定位辅助线。

⑩ 将【轮廓线】设置为当前图层，使用 C【圆】命令，以构造线的交点为圆心，绘制直径为 22 的圆，结果如图 11-33 所示。

图 11-32　绘制构造线　　　　　　　　图 11-33　绘制移出断面图

⑪ 单击【修改】面板中的【偏移】按钮，对 $\phi22$ 圆的水平和垂直构造线进行偏移，结果如图 11-34 所示。

⑫ 将【轮廓线】设置为当前图层，使用 L【直线】命令，绘制键深，再综合使用 E【删除】和 TR【修剪】命令，去掉不需要的构造线和轮廓线，结果如图 11-35 所示。

图 11-34　绘制 φ22 圆的键槽轮廓

图 11-35　修剪 φ25 圆的键槽

⑬ 将【剖面线】设置为当前图层，单击【绘图】面板中的【图案填充】按钮 ，为此剖面图填充【ANSI31】图案，填充比例为 1.5，角度为 0，填充结果如图 11-36 所示。

⑭ 执行 XL【多段线】命令，利用命令行中的【宽度】选项绘制剖切箭头，如图 11-37 所示。

图 11-36　填充剖面线

图 11-37　绘制剖切箭头

⑮ 标注图形，最终图形如图 11-22 所示。

11.4　绘制圆锥齿轮轴

本节将绘制如图 11-38 所示的圆锥齿轮轴。

图 11-38　案例图形

11.4.1　圆锥齿轮轴的设计要点

圆锥齿轮轴，就是添加圆锥齿轮特征的轴体，如图 11-39 所示。由于锥齿轮可用于相交轴间的传动，能够改变传动方向，因此圆锥齿轮轴在汽车、拖拉机、机床以及许多具有较复杂动力传递的装置上得到广泛的应用。与圆柱形齿轮相比，圆锥齿轮轴的加工比较困难，但是传动稳定。

图 11-39　圆锥齿轮轴

11.4.2　绘制圆锥齿轮轴

操作实例 11-3　绘制圆锥齿轮轴

① 打开素材文件"第 11 章\11-3 绘制圆锥齿轮轴.dwg"，如图 11-40 所示，已经绘制好了对应的中心线。

图 11-40　素材图形

② 切换到【轮廓线】图层,以左侧中心线为起点,执行 L【直线】命令,绘制轴的轮廓线,如图 11-41 所示。

图 11-41　绘制轮廓线

③ 执行 L【直线】命令,捕捉端点,绘制连接直线,结果如图 11-42 所示。

图 11-42　绘制连接线

④ 执行 L【直线】命令,绘制直线的垂线;然后执行 O【偏移】命令,将最左端轮廓线向右偏移 4,结果如图 11-43 所示。

图 11-43　绘制垂线、偏移

⑤ 执行 TR【修剪】命令,修剪绘制的垂线和偏移线,如图 11-44 所示。

图 11-44　修剪线条

图 11-45　绘制锥齿轮齿根线与分度圆线

⑥ 执行 L【直线】命令，捕捉中点绘制连接直线，将锥齿线切换至【虚线】图层，结果如图 11-45 所示。

⑦ 执行 MI【镜像】命令，以水平中心线作为镜像线，镜像图形，结果如图 11-46 所示。

⑧ 执行 CHA【倒角】命令，设置两个倒角距离均为 2，对图形进行倒角，并绘制倒角连接线，如图 11-47 所示。

图 11-46　镜像图形

图 11-47　创建倒角并绘制连接线

⑨ 绘制键槽。执行 C【圆】命令，绘制 2 个直径为 10 的圆，如图 11-48 所示。

⑩ 执行 L【直线】命令，捕捉圆象限点绘制连接直线，如图 11-49 所示。

⑪ 执行 TR【修剪】命令，修剪图形，结果如图 11-50 所示。

⑫ 将【中心线】设置为当前层，使用快捷键 XL 激活【构造线】命令，绘制如图 11-51 所示的水平和垂直构造线，作为移出断面图的定位辅助线。

图 11-48　绘制圆

⑬ 将【轮廓线】设置为当前图层，使用 C【圆】命令，以构造线的交点为圆心绘制直径为 28 的圆，结果如图 11-52 所示。

图 11-49　绘制直线

图 11-50　修剪图形

图 11-51　绘制构造线

图 11-52　绘制移出断面图

⑭ 单击【修改】面板中的【偏移】按钮 ⊂，对 φ28 圆的水平和垂直构造线进行偏移，结果如图 11-53 所示。

⑮ 将【轮廓线】设置为当前图层，使用 L【直线】命令，绘制键深，再综合使用 E【删除】和 TR【修剪】命令，去掉不需要的构造线和轮廓线，结果如图 11-54 所示。

图 11-53　绘制 φ28 圆的键槽轮廓

图 11-54　修剪 φ28 圆的键槽

⑯ 将【剖面线】设置为当前图层，单击【绘图】面板中的【图案填充】按钮 ▨，为此剖面图填充【ANSI31】图案，填充比例为 1，角度为 0，填充结果如图 11-55 所示。

⑰ 执行 XL【多段线】命令，利用命令行中的【宽度】选项绘制剖切箭头，如图 11-56 所示。

图 11-55　填充剖面线

图 11-56　绘制剖切箭头

⑱ 标注图形，最终图形如图 11-38 所示。

第 12 章

盘盖类零件图的绘制

（扫码获取配套资源）

盘盖类零件包括调节盘、法兰盘、端盖、泵盖等。这类零件基本形体一般为回转体或其他几何形状的扁平的盘状体。本章主要介绍盘盖类零件的特点及常见盘盖零件的绘制方法。

12.1　盘盖类零件概述

盘盖类零件包括各类手轮、法兰盘以及圆形端盖等，盘盖类零件在工程机械中的运用比较广泛，其主要作用是通过螺钉进行轴向定位，因此零件上面一般都有沉头孔，其次还具有防尘和密封的作用。典型的盘盖类零件与在机械上的结构如图 12-1 所示。

图 12-1　盘盖类零件在机械上的组成

12.1.1　盘盖类零件的结构特点

这类零件的基本形状是扁平的盘状，一般有端盖、阀盖、齿轮等零件，它们的主要结构大体上有回转体，通常还带有各种形状的凸缘、均布的圆孔和肋等局部结构。其余通用特点介绍如下。

➢ 常用的毛坯材料：其零件的常用毛坯有 45 钢的铸件或锻件，以及标准的热轧、冷轧钢管下料。

➢ 常用的机械加工方法：以车削加工为主，配以铣削、钻孔等进行辅助加工。

➢ 视图表达方法：盘盖类零件的主视图一般按加工位置水平放置。其余的视图则用来表达盘盖类零件上的槽、孔等结构特征，以及它们在零件上的分布情况。视图具有对称面时可采用半剖视图。

除此之外，在视图选择时，一般选择过对称面或回转轴线的剖视图作主视图，同时还需增加适当的其他视图（如左视图、右视图或俯视图）。如图 12-2 所示就增加了一个左视图，以表达零件形状和孔的分布规律。

图 12-2　盘盖类零件的视图

在标注盘盖类零件的尺寸时，通常选用通过轴孔的轴线作为径向尺寸基准，长度方向的主要尺寸基准常选择零件的重要端面。

12.1.2　盘盖类零件图的绘图技巧

盘盖类零件有以下绘图技巧。

➤ 主视图一般按加工位置水平放置，但有些较复杂的盘盖，因加工工序较多，主视图也可按工作位置画出。

➤ 一般需要两个以上基本视图。根据结构特点，视图具有对称面时，可作半剖视；无对称面时，可作全剖或局部剖视，以表达零件的内部结构；另一基本视图主要表达其外轮廓以及零件上各种孔的分布。

➤ 其他结构形状如轮辐和肋板等可用移出断面或重合断面，也可用简化画法。

盘盖类零件也是装夹在卧式车床的卡盘上加工的，与轴套类零件相似，其主视图主要遵循加工位置原则，即应将轴线水平放置画图。

➤ 画盘盖类零件时，画出一个图以后，要利用"高平齐"的规则画另一个视图，以减少尺寸输入；对于对称图形，先画出一半，然后镜像生成另一半。

➤ 复杂的盘盖类零件图中的相切圆弧有 3 种画法：画圆修剪、圆角命令、作辅助线。

12.2　调节盘

本节讲解如图 12-3 所示调节盘的详细绘制过程。

图 12-3　调节盘

12.2.1　调节盘的设计要点

调节盘为某模具上的产品零件，属于典型的盘类零件，因此该零件重要的径向尺寸部位有：$\phi 187$ 圆柱段、$S\phi 60$ 球体部。上述各尺寸在生产中均有精度公差和几何形位公差要求。零件重要的轴向尺寸部位有：$\phi 187$ 圆柱段左端面，距球体中心的轴向长度为 14mm。零件两端的中心孔倒是实现加工上述部位的基准，必须予以保证。

12.2.2　绘制调节盘

操作实例 12-1　绘制调节盘

（1）绘制主视图

① 调用【机械制图样板】新建 AutoCAD 图形文件，如无特殊说明，后续新建文件均以此样板为准。

图 12-4　绘制中心线

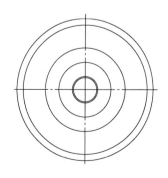

图 12-5　绘制圆

② 将【中心线】图层置为当前图层，执行 L【直线】命令，绘制中心线，如图 12-4 所示。

③ 切换到【轮廓线】图层，执行 C【圆】命令，以中心线交点为圆心，绘制直径分别为 32、35、72、110、170、187 的圆，结果如图 12-5 所示。

④ 开启极轴追踪，设置追踪角分别为 45°和 30°，绘制直线与圆相交，结果如图 12-6 所示。

⑤ 执行 C【圆】命令，捕捉交点，在直径 170 的圆与中心线的交点绘制直径为 11 的圆，在该圆与 45°直线的交点上绘制直径为 7 和 12 的圆，结果如图 12-7 所示。

图 12-6　追踪直线

图 12-7　绘制圆

⑥ 执行 C【圆】命令，捕捉交点，在 ϕ110 的圆上绘制直径为 6 的圆，结果如图 12-8 所示。

⑦ 将各构造圆和构造直线切至【中心线】图层，结果如图 12-9 所示。

图 12-8　绘制圆

图 12-9　调整图形

（2）绘制剖视图

① 将【中心线】图层设置为当前图层，执行 L【直线】命令，绘制与主视图对齐的水平中心线，如图 12-10 所示。

② 将【轮廓线】图层设置为当前图层，执行 L【直线】命令，根据三视图"高平齐"的原则绘制轮廓线，如图 12-11 所示。

③ 执行 O【偏移】命令，将轮廓线向左偏移 10、23、24、27、46，将水平中心线向上下各偏移 29、72，结果如图 12-12 所示。

④ 执行 C【圆】命令，以偏移 24 的直线与中心线的交点为圆心作 R30 的圆，连接直线；执行 TR【修剪】命令，修剪图形，结果如图 12-13 所示。

图 12-10　绘制中心线　　　　　　　　　　图 12-11　绘制轮廓线

图 12-12　偏移直线　　　　　　　　　　图 12-13　绘制并修剪图形

⑤ 执行 F【圆角】命令，设置圆角半径为 3，在左上角创建圆角。然后执行 CHA【倒角】命令，激活【角度】选项，创建边长为 1，角度为 45° 的倒角，结果如图 12-14 所示。

⑥ 执行 L【直线】命令，根据三视图"高平齐"的原则绘制螺纹孔和沉孔的轮廓线，如图 12-15 所示。

图 12-14　添加圆角　　　　　　　　　　图 12-15　绘制轮廓线

⑦ 执行 O【偏移】命令，将水平中心线向上、下各偏移 16、23、27。将最左端廓线向右偏移 14、29，如图 12-16 所示。

⑧ 执行 O【直线】命令，绘制连接线；然后执行 TR【修剪】命令修剪图形，结果如图 12-17 所示。

图 12-16　偏移直线　　　　　　　　　　　　　图 12-17　绘制直线并修剪

⑨ 执行 CHA【倒角】命令，设置倒角距离为 1，角度为 45°，结果如图 12-18 所示。

⑩ 将【细实线】图层设置为当前图层。执行 H【图案填充】命令，选择 ANSI31 图案，填充剖面线，结果如图 12-19 所示。

图 12-18　添加倒角　　　　　　　　　　　　　图 12-19　图案填充

（3）图形标注

① 单击【标注】工具栏中的 DLI【线性】按钮 ，标注各线性尺寸，如图 12-20 所示。

② 双击各直径尺寸，在尺寸值前添加直径符号，如图 12-21 所示。

图 12-20　线性标注　　　　　　　　　　　　　图 12-21　线性直径标注

③ 单击【标注】工具栏中的【直径】按钮 ，对圆弧进行标注，如图 12-22 所示。

④ 单击【标注】工具栏中的【角度】和【引线】按钮 ，对角度和倒角进行标注。结果如图 12-23 所示。

图 12-22　半径和直径标注

⑤ 执行【多段线】命令，利用命令行的【线宽】选项绘制剖切箭头，并利用【单行文字】命令输入剖切序号，结果如图 12-23 所示。

图 12-23　角度和倒角标注

⑥ 选择【文件】|【保存】命令，保存文件，完成绘制。

12.3　法兰盘

本节讲解如图 12-24 所示法兰盘的详细绘制过程。

12.3.1　法兰盘的设计要点

法兰盘主要用来对螺钉定位，并且对轴向部件进行连接的零件，因此它上面的重要尺寸包括径向的 $\phi54$ 和内孔 $\phi20$。其中 $\phi54$ 是各螺钉通孔的分布尺寸，属于设计尺寸，在加工中无法得到十分精准的定位，因此在实际生产中会有较大的偏差；而 $\phi20$ 的内孔可能会与活塞杆等其他的零部件相接触，因此在实际生产中需要表明表面粗糙度和精度公差。

图 12-24　法兰盘

12.3.2　绘制法兰盘

操作实例 12-2　绘制法兰盘

（1）绘制主视图

①　新建 AutoCAD 文件，将【中心线】图层置为当前图层，执行 L【直线】命令，绘制中心线，如图 12-25 所示。

②　将【轮廓线】图层设置为当前图层，调用 C【圆】命令，以中心线交点为圆心，绘制直径分别为 20、23、42、50、54 的圆，并将直径为 42 的圆转换到【中心线】图层，结果如图 12-26 所示。

图 12-25　绘制中心线　　　　　　图 12-26　绘制圆

③　开启极轴追踪，设置追踪角为 30°、60° 极轴方向的直线，并转换到【中心线】图层，如图 12-27 所示。

④　执行 C【圆】命令，以中心线与 ϕ42 圆的交点为圆心，绘制直径为 3 和 6 的圆，结果如图 12-28 所示。

图 12-27　绘制倾斜线

图 12-28　绘制圆

⑤ 执行【环形阵列】命令，以同心圆圆心为阵列中心，将 $\phi6$ 和 $\phi3$ 的圆沿圆周阵列 6 个，结果如图 12-29 所示。

图 12-29　阵列圆孔

（2）绘制剖视图

① 将【中心线】图层设置为当前图层，执行 L【直线】命令，绘制与主视图对齐的中心线，如图 12-30 所示。

② 将【轮廓线】图层设置为当前图层，执行 L【直线】命令，根据三视图"高平齐"的原则绘制剖视图的竖直轮廓线，如图 12-31 所示。

图 12-30　绘制中心线

图 12-31　绘制轮廓线

③ 执行 O【偏移】命令，将轮廓线向右偏移 15、20，将水平中心线向上下各偏移 15，结果如图 12-32 所示。

④ 执行 L【直线】命令，绘制水平轮廓线；执行 TR【修剪】命令修剪图形，结果如图 12-33 所示。

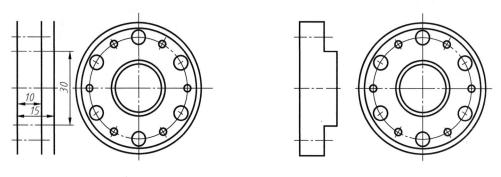

图 12-32　偏移直线　　　　　　　　　　　图 12-33　绘制连接直线

⑤ 执行 F【圆角】命令，设置圆角半径为 3，在边角创建圆角，如图 12-34 所示。

⑥ 根据三视图"高平齐"的原则绘制孔的轮廓线，如图 12-35 所示。

图 12-34　创建圆角　　　　　　　　　　　图 12-35　绘制轮廓线

⑦ 执行 O【偏移】命令，偏移孔的中心线，并将偏移线切换到【轮廓线】图层，如图 12-36 所示。

⑧ 执行 CHA【倒角】命令，对图形进行倒角，结果如图 12-37 所示。

图 12-36　偏移曲线　　　　　　　　　　　图 12-37　创建倒角

⑨ 执行 L【直线】命令，绘制连接直线，如图 12-38 所示。

⑩ 执行 H【图案填充】命令，选择填充图案为 ANSI31，填充剖面线，如图 12-39 所示。

图 12-38　绘制连接线

图 12-39　图案填充

（3）图形标注

① 单击【标注】工具栏中的 DLI【线性】按钮 ，标注法兰的线性尺寸，如图 12-40 所示。

② 双击直径尺寸，在尺寸值前添加直径符号，如图 12-41 所示。

图 12-40　线性标注

图 12-41　线性直径标注

③ 单击【标注】工具栏中的【半径】按钮 和【直径】按钮 ，标注圆角的半径和圆的直径，如图 12-42 所示。

④ 单击【标注】工具栏中的【多重引线】，标注倒角尺寸，如图 12-43 所示。

图 12-42　圆弧标注

图 12-43　倒角标注

⑤ 执行【多段线】命令，利用命令行中的【宽度】选项设置一定的线宽，绘图剖切箭头，然后利用【单行文字】命令输入剖切编号，结果如图 12-24 所示。

第 13 章

箱体类零件图的绘制

（扫码获取配套资源）

箱体类零件是结构比较复杂的一类零件，需要多种视图和辅助视图，例如用三视图表达其外观，用剖视图表达内部结构，用断面视图或向视图表达筋结构，用局部视图表达螺纹孔结构等。此类零件标注尺寸较多，需合理地选择尺寸标注的基准，做到不漏标尺寸，并且尽量不重复标注。

13.1 箱体类零件概述

13.1.1 箱体类零件简介

箱体类零件是用来安装支承机器部件，或者容纳气体、液体介质的壳体零件。箱体类零件的运用比较广泛，如阀体以及减速器箱体、泵体、阀座等，如图 13-1 所示。箱体类零件大多为铸件，一般起支承、容纳、定位和密封等作用。

图 13-1 箱体类零件

13.1.2 箱体类零件的结构特点

箱体类零件主要用于支承及包容其他零件。同时，其外部要和机器连接固定，并为传动件提供一个封闭的工作空间，使其处于良好的工作状况，同时还要提供润滑所需的通道，创造良好的润滑条件。它在一台机器的总质量中占有很大的比例，同时在很大程度上影响机器的工作精度及抗振性能。所以，正确地设计箱体的形式及尺寸，是减小整机质量、节约材料、提高工作精度、增强机器刚度及耐磨性等的重要途径。箱体的主要设计结构特点如下所示。

　　➤ 运动件的支承部分是箱体的主要部分，包括安装轴承的孔、箱壁、支承凸缘、肋等结构。

　　➤ 润滑部分主要用于运动部件的润滑，以便提高部件的使用寿命，这包括存油池、油针孔、放油孔。

　　➤ 为了安装箱盖，在上部有安装平面，其上有定位销孔和连接用的螺钉孔。

　　➤ 为了安装别的部件，在下部也有安装平面，并有安装螺栓或者螺钉的结构，还有定位及导向用的导轨或者导槽。

　　➤ 为了加强某一局部的强度，增加肋等结构，除此之外，还带有空腔、轴孔、凸台、沉孔及螺孔等结构，外观比较复杂。

13.1.3　箱体类零件图的绘图技巧

　　由于箱体类零件的外观比较复杂，因此它的绘制需要一定的技巧，而绘制箱体类零件图的技巧有以下几点。

　　➤ 在选择主视图时，主要考虑工作位置和形状特征。

　　➤ 选用其他视图时，应根据实际情况采用适当的剖视、断面、局部视图和斜视图等多种辅助视图，以清晰地表达零件的内外结构。

　　➤ 在标注尺寸方面，通常选用设计上要求的轴线、重要的安装面、接触面（或加工面）、箱体某些主要结构的对称面（宽度、长度）等作为尺寸基准。

　　➤ 对于箱体上需要切削加工的部分，应尽可能按便于加工和检验的要求来标注尺寸。

13.2　轴承底座的绘制

　　轴承底座是安装在固定位置上的，其中带有一安装轴承孔的零件。轴承底座多用于各种自卸车上，如图 13-2 所示。能在自卸车进行举升时固定液压缸，并起到良好的支承作用。

图 13-2　自卸车上的轴承底座

13.2.1　轴承底座设计要点

　　自卸车上的轴承底座受力复杂，因此需要多增加肋板等结构，故采用焊接方法。除此之外，还有一类轴承底座，用于受力均匀且类型单一的场合，因此从成本角度考虑多采用铸造方法，如球磨机上的轴承底座，如图 13-3 所示。

图 13-3　球磨机上的轴承底座

无论是何种方法制作的轴承底座，在设计时需要注意轴承安装位置的尺寸公差与表面粗糙度，以控制安装轴承时的精度。此外，如果是焊接方法制作的轴承底座，需要另行绘制焊接板料的构件图，并设计相应的焊接坡口；如果是铸造方法生产的轴承底座，则需要考虑各表面粗糙度，以及脱模时的拔模角度等。

13.2.2　绘制球磨机上的轴承底座

操作实例 13-1　绘制球磨机上的轴承底座（如图 13-4 所示）

（1）绘制主视图

① 打开素材文件"第 13 章\13-1 绘制轴承底座.dwg"，如图 13-5 所示，已经绘制好了对应的中心线。

图 13-4　轴承底座　　　　　　　　图 13-5　素材图形

② 将【中心线】图层设置为当前图层，对主视图位置上的中心线执行 O【偏移】命令，偏移出辅助用的中心线，如图 13-6 所示。

③ 将【轮廓线】图层设置为当前图层，执行 C【圆】命令，以中心线的交点为圆心绘制 *R*30、*R*38 的圆，如图 13-7 所示。

图 13-6　偏移中心线

图 13-7　绘制圆

④ 执行 TR【修剪】命令，修剪圆，如图 13-8 所示。

图 13-8　修剪图形

⑤ 执行 O【偏移】命令，将主视图最下方的水平中心线向上偏移 5、26、32、40、60，结果如图 13-9 所示。

图 13-9　偏移水平中心线

⑥ 执行 O【偏移】命令，将主视图中垂直的中心按图 13-10 所示的尺寸进行偏移。

图 13-10　偏移垂直中心线

⑦ 切换到【轮廓线】图层，执行 L【直线】命令，绘制主视图的轮廓，再执行 TR【修剪】命令，修剪多余的辅助线，结果如图 13-11 所示。

图 13-11　绘制主视图轮廓

⑧ 执行 F【圆角】命令，对图形进行圆角操作，圆角半径除图中标明的以外，其余都为 $R3$，结果如图 13-12 所示。

图 13-12　倒圆角

⑨ 执行 O【偏移】命令，将右侧孔中心线对称偏移 9，将轮廓线向左偏移 35，如图 13-13 所示。

图 13-13　偏移直线

⑩ 执行 F【圆角】命令，绘制 $R5$ 的圆角，如图 13-14 所示。

图 13-14　沉头孔倒圆角

⑪ 转换到【轮廓线】图层，执行 L【直线】命令，绘制两圆角的切线；执行 TR【修剪】、S【延伸】等命令整理图形，如图 13-15 所示。

图 13-15　修剪图形

⑫ 执行 O【偏移】命令，将右端中心线对称偏移 8.5，并将偏移出的线条转换到【轮廓线】图层，如图 13-16 所示。

图 13-16　绘制螺钉孔

（2）绘制俯视图

① 执行 O【偏移】命令，将俯视图位置的水平中心线对称偏移 12.5、24.5、32.5，结果如图 13-17 所示。

② 切换到【虚线】图层，执行 L【直线】命令，按"长对正，高平齐，宽相等"的原则，由主视图向俯视图绘制垂直投影线，如图 13-18 所示。

图 13-17　偏移中心线　　　　　　　　图 13-18　绘制俯视图投影线

③ 切换到【轮廓线】图层，执行 L【直线】命令，绘制主视图的轮廓，再执行 TR【修剪】命令，修剪多余的辅助线，结果如图 13-19 所示。

④ 执行 C【圆】命令，在中心线的交点绘制 ϕ14 和 ϕ25 的圆；然后绘制与矩形右边线相切、直径为 14 的圆；最后绘制 ϕ46 的同心圆，如图 13-20 所示。

⑤ 执行 TR【修剪】命令，修剪图形，并对图形进行倒圆，如图 13-21 所示。

⑥ 执行 MI【镜像】命令，以垂直中心线为镜像线，镜像图形，结果如图 13-22 所示。

图 13-19　绘制俯视图轮廓

图 13-20　绘制圆

图 13-21　对俯视图进行修剪并倒圆

图 13-22　镜像俯视图形

（3）绘制左视图

① 执行 O【偏移】命令，将左视图中的垂直中心线向左偏移 12.5、17、24.5、32.5，如图 13-23 所示。

② 切换到【虚线】图层，执行 L【直线】命令，按"长对正，高平齐，宽相等"的原则，由主视图向左视图绘制水平投影线，如图 13-24 所示。

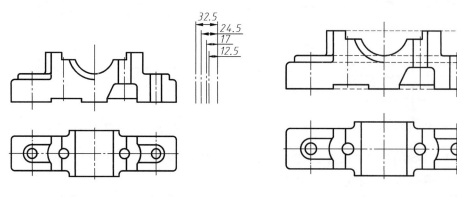

图 13-23　偏移左视图中心线　　　　　　　图 13-24　绘制左视图投影线

③ 切换到【轮廓线】图层，执行 L【直线】命令，绘制左视图的轮廓，再执行 TR【修剪】命令，修剪多余的辅助线，结果如图 13-25 所示。

图 13-25　绘制左视图轮廓

④ 执行 O【偏移】命令，将左视图的垂直中心线向右偏移 7、12.5、20.5、24.5、32.5，如图 13-26 所示。

⑤ 切换到【虚线】图层，执行 L【直线】命令，按 "长对正，高平齐，宽相等" 的原则，由主视图向左视图绘制垂直投影线，如图 13-27 所示。

图 13-26　偏移中心线　　　　　　　图 13-27　绘制左视图投影线

⑥ 切换到【轮廓线】图层，执行 L【直线】命令，绘制主视图的轮廓，再执行 TR【修剪】命令，修剪多余的辅助线，结果如图 13-28 所示。

⑦ 执行 F【圆角】命令，创建 R3 和 R5 的圆角，如图 13-29 所示。

图 13-28　绘制左视图轮廓　　　　　图 13-29　倒圆角

⑧ 切换到【剖切线】图层，执行 H【图案填充】命令，选择图案为 ANSI31，比例为 1.5，角度为 0°，填充图案，结果如图 13-30 所示。

⑨ 调整 3 个视图的位置，通过【标注】工具栏对图形进行标注；使用 MT【多行文字】命令添加技术要求，结果如图 13-4 所示。

⑩ 选择【文件】|【保存】命令，保存文件，完成轴承底座的绘制。

图 13-30　填充剖面线

13.3　蜗轮箱的绘制

蜗轮箱，即蜗轮减速器的箱体，而蜗轮减速器全称为蜗轮蜗杆减速器或者蜗轮蜗杆减速机或蜗轮蜗杆减速箱，如图 13-31 所示。蜗轮减速器在各个领域中都有非常广泛的应用，在汽车领域里它作为汽车变换挡位的重要部件，在机床中也是非常关键的部件。通过蜗轮减速器可以把较高的速度变化成较低的速度，所以它得到了广泛的应用。

图 13-31　蜗轮减速器

13.3.1　蜗轮箱设计要点

蜗轮减速器主要由蜗轮或者齿轮、轴、轴承和箱体等组成，而箱体又是蜗轮、齿轮、轴、轴承等零件的主要支承件。因此蜗轮减速器机箱必具备足够的硬度，以免受载后变形从而导致传动质量下降。

蜗轮减速器的机箱通常采用铸铁铸成，仅有少量重型减速箱用铸钢。减速器箱壳由箱座和箱盖两部分组成，其剖分面则通过传动的轴线。箱壳上安装轴承的孔必须精确，以保证齿轮轴线相互位置的正确性。箱座与箱盖用螺栓连接，并用两个定位销来精确固定箱盖和箱座的相互位置。螺栓的布置要合理，应考虑使用扳手时所需活动的空间。在轴承周边的螺栓，其直径可以稍大些，尽量靠近轴承。

随着蜗轮减速箱的型号大小不同，采用的轴承也不同，一般中小型的减速箱广泛采用滚动轴承。具体的要根据实现负载或者根据减速器生产厂家的构造、测试而定。

13.3.2 绘制蜗轮箱

操作实例 13-2 绘制如图 13-32 所示的蜗轮箱零件图

（1）绘制主视图

① 打开素材文件"第 13 章\13-2 绘制蜗轮箱.dwg"，如图 13-33 所示，已经绘制好了对应的中心线。

图 13-32 轴承底座   图 13-33 素材图形

② 将【轮廓线】图层设置为当前图层，执行 L【直线】命令，在主视图的位置上绘制轮廓线，如图 13-34 所示。

③ 执行 O【偏移】命令，将主视图中的水平中心线对称偏移 14，将垂直中心线对称偏移 14.5、25，将左侧边线向右偏移 74，如图 13-35 所示。

图 13-34 绘制轮廓线

图 13-35 偏移主视图中心线

④ 切换到【轮廓线】图层，执行 L【直线】命令，绘制主视图的轮廓，再执行 TR【修剪】

命令，修剪多余的辅助线，结果如图 13-36 所示。

⑤ 执行 O【偏移】命令，将主视图中的水平中心线向下偏移 28，将垂直中心线向左偏移 30，如图 13-37 所示。

图 13-36 修剪主视图

图 13-37 偏移主视图中心线

⑥ 执行 C【圆】命令，捕捉中心线的交点，绘制如图 13-38 所示尺寸的圆。

⑦ 执行 O【偏移】命令，将下方的水平中心线对称偏移 3.5，将垂直中心线对称偏移 16.5、19.5、22.5，如图 13-39 所示。

图 13-38 绘制圆

图 13-39 偏移中心线

⑧ 切换到【轮廓线】图层，执行 L【直线】命令，绘制主视图的轮廓，再执行 TR【修剪】命令，修剪多余的辅助线，结果如图 13-40 所示。

⑨ 执行 F【圆角】命令，创建 R3 的圆角，如图 13-41 所示。

图 13-40 绘制主视图轮廓

图 13-41 倒圆角

（2）绘制俯视图

① 执行 C【圆】命令，以俯视图位置的中心线交点为圆心，绘制 $\phi29$、$\phi37$、$\phi49$、$\phi58$、$\phi70$ 的圆，如图 13-42 所示。

② 切换到【虚线】图层，执行 L【直线】命令，按"长对正，高平齐，宽相等"的原则，由主视图向俯视图绘制垂直投影线，如图 13-43 所示。

图 13-42　绘制俯视图中的圆

图 13-43　绘制俯视图投影线

图 13-44　偏移俯视图中的中心线

图 13-45　绘制俯视图轮廓

③ 执行 O【偏移】命令，将俯视图的水平中心线对称偏移 24.5、26.5、32.5，结果如图 13-44 所示。

④ 切换到【轮廓线】图层，执行 L【直线】命令，绘制主视图的轮廓，同时将 $\phi37$ 的圆转换为【中心线】图层，再执行 TR【修剪】命令，修剪多余的辅助线，结果如图 13-45 所示。

⑤ 将【轮廓线】图层设置为当前图层，执行 C【圆】命令，捕捉中心线与 $\phi37$ 圆的交点，绘制 $\phi6$ 圆孔，如图 13-46 所示。

⑥ 将【细实线】图层设置为当前图层，执行 SPL【样条曲线】命令，绘制样条曲线，作为剖面分割线，如图 13-47 所示。

⑦ 执行 TR【修剪】与 E【删除】命令，以样条曲线为边界修剪图形，如图 13-48 所示。

⑧ 执行 BR【打断于点】命令，将 $\phi58$ 的圆在与样条曲线的交点打断，将一侧的圆弧切换到【虚线】图层，如图 13-49 所示。

图 13-46　绘制俯视图中的圆孔

图 13-47　绘制俯视图的剖切线

图 13-48　修剪俯视图

图 13-49　转换俯视图图层

（3）绘制左视图

① 执行 O【偏移】命令，将左视图位置的垂直中心线对称偏移 24.5、26.5、32.5、35，如图 13-50 所示。

② 切换到【虚线】图层，执行 L【直线】命令，按"长对正，高平齐，宽相等"的原则，由主视图向左视图绘制水平投影线，如图 13-51 所示。

③ 切换到【轮廓线】图层，执行 L【直线】命令，绘制左视图的轮廓，再执行 TR【修剪】命令，修剪多余的辅助线，结果如图 13-52 所示。

④ 执行 O【偏移】命令，将左视图中的水平中心线向下偏移 28，如图 13-53 所示。

⑤ 执行 C【圆】命令，以偏移线与中心线的交点为圆心绘制 $\phi6$ 的圆，并将圆转换到【轮廓线】图层，调整中心线长度，如图 13-54 所示。

⑥ 执行 F【圆角】命令，在左视图中的内部边角创建 R3 的圆角，如图 13-55 所示。

图 13-50　偏移左视图中心线

图 13-51　绘制左视图投影线

图 13-52　绘制左视图轮廓

图 13-53　偏移左视图中心线

图 13-54　偏移左视图中的圆

图 13-55　倒圆角

图 13-56　填充剖面线

⑦ 切换到【剖切线】图层，执行 H【图案填充】命令，选择图案为 ANSI31，比例为 1，角度为 0°，填充图案，结果如图 13-56 所示。

⑧ 调整 3 个视图的位置，通过【标注】工具栏，对图形进行标注，结果如图 13-32 所示。

第四篇

综合实战篇

第 **14** 章

（扫码获取配套资源）

减速器的参数计算与传动零件的绘制

在机械制造业中，常常遇到原动机转速比工作机转速高的情况，因此需要在原动机与工作机之间装设中间传动装置，以降低转速。这种传动装置通常由封闭在箱体内的啮合齿轮组成，并且可以改变转速和运转方向，此种传动装置即为减速器。

14.1 减速器设计概述

减速器的类型有很多，可以满足各种机器的不同要求。比如，按传动类型分，可以分为齿轮、蜗杆、蜗杆-齿轮和行星轮减速器；按传动的级数分，可以分为单级和多级减速器（一对齿轮传动称作单级，两对则为二级，以此类推）；按轴在空间的相对位置，又可以分为卧式与立式减速器；按传动的布置形式，可以分为展开式、同轴线式和分流式减速器等。

总的来说，减速器设计"麻雀虽小，五脏俱全"，包含了机械设计中绝大多数的典型零件，如齿轮、轴、端盖、箱体，还有常用标准件如轴承、键、销、螺钉等。减速器设计能够恰到好处地反映机械设计理念的精髓，所以几十年来一直作为高等学校机械相关专业学生的课程设计题目，其好处如下：

> 学以致用，锻炼理论与实践能力：培养学生综合运用"机械设计"课程及其他专业课程的理论知识和实际生产知识去解决工程实际问题的能力，并通过实际设计训练使所学的理论知识得到巩固和提高。

> 学习和掌握一般机械的设计基本方法和程序：培养独立设计能力，为后续课程的学习和日后的实际工作打基础。

> 训练机械设计工作的基本技能：机械设计的基本技能包括计算、绘图以及合理地运用设计资料（如查阅相关标准与规范）。

14.1.1 减速器设计的步骤

减速器的设计是一次比较全面、系统的机械设计训练，因此也应遵循机械设计的一般规律。减速器的设计大体上可以分为以下 12 个步骤。

① 分析设计任务书，其中包括一些基本的已知条件。

② 计算并选择合适的电动机。

③ 传动装置的总体设计。

④ V 带的设计。

⑤ 传动齿轮的设计与绘制。

⑥ 传动轴的设计与绘制。

⑦ 键的设计与绘制。

⑧ 滚动轴承的设计与绘制。

⑨ 联轴器的选择。

⑩ 润滑与密封装置的选择。

⑪ 箱体及其他附件的设计与绘制。

⑫ 绘制总装图。

14.1.2　减速器的设计任务

某带式运输机的传动方案简图如图 14-1 所示，工作时，电动机先带动 V 带转动，V 带再带动主动轴转动，通过一对直齿圆柱齿轮的啮合，使从动轴旋转，从动轴的一端通过联轴器与滚筒连接，从而使输送带达到减速的目的。

其工作条件为：连续单向转动，工作时载荷平稳，每天工作 8h，单班制工作，使用年限为 10 年，输送带速度允许误差为±5%，滚筒的工作效率 η=84%。

图 14-1　某带式运输机的传动方案简图

除此之外，一般还会有如表 14-1 所示的原始数据，可以选择其中的一组数据进行设计。

表 14-1　减速器设计的原始数据

题号	1	2	3	4	5	6	7	8
滚筒直径/（m/s）	280	300	350	320	300	360	320	280
输送带工作拉力/kN	0.5	1.5	4	0.8	1.5	1	0.8	0.5
输送带工作速度/（m/s）	1	1.3	1	1.6	1.6	1.3	1	1.6
使用年限/年	10	10	10	10	10	10	10	10

本书采用题号 4 对应的数据进行设计，即：送滚筒直径为 ϕ320mm，拉力 F=0.8kN，带速为 v=1.6m/s，滚筒效率 η=84%。

14.1.3　减速器设计的图纸要求

减速器的设计图纸主要包括零件图和装配图。

（1）零件图

减速器上的零件图主要是主动轮（小齿轮）、从动轮（大齿轮）、主动轴、从动轴以及上、下箱体 6 个零件。无论是哪一张零件图，均需要包括以下 4 个部分。

➤ 一组视图：能够清楚地表达零件各部分的结构形状，尤其是上、下箱体。

➤ 尺寸标注：表达零件各部分的结构大小，用以加工。

➤ 技术要求：用符号或文字表达零件在使用、制造和检验时应达到的一些技术要求，如公差与配合、形位公差、表面粗糙度、材料的热处理、表面处理等。

➤ 标题栏：用规定的格式表达零件的名称、材料、数量、绘图的比例与编号、设计者与审定者的签名以及绘制日期等。

总而言之，零件图应该具备加工、检验和管理等方面的内容。

（2）装配图

一般来说，在设计机械的时候，总是先绘制装配图，再依据装配图来拆画零件图，所以装配图是用以表达机械装配体的工作原理、性能要求、零件间的装配关系、连接关系以及各零件的主要结构形状的图样。但由于减速器设计要先根据参数计算出传动部分的大致尺寸，因此减速器的绘制顺序是：传动部分（齿轮与轴）→装配图→其他零件图（上、下箱体等）。

减速器的装配图同样需包括以下 4 个方面的具体内容。

➤ 一组视图：选用一组视图，将机械装配体的工作原理、传动路线、各零件间的装配、连接关系以及主要零件的结构特征表示清楚。

➤ 必要的尺寸：装配图只需标注与其工作性能、装配、安装和运输等有关的尺寸即可。

➤ 编号、明细表、标题栏：为了便于生产的准备工作、编制 BOM 表和其他的技术文件，必须在装配图上对每一种零件都一一编号，并按一定的格式填入明细表中。

➤ 技术要求：用简练的文字与符号说明装配体的规格、性能和调整的要求、验收条件、使用和维护等方面的要求。

14.2　电动机的选择与计算

电动机为标准化产品，只需在市面上采购到合适型号的电动机即可。减速器设计中需要根据工作机的工作情况和运动以及动力参数合理选择电动机的类型、结构形式、容量和转速，并提出具体的电动机型号。

（1）电动机类型与结构形式的选择

如无特殊要求，一般选用 Y 系列三相交流异步电机。Y 系列电动机为一般用途的全封闭自扇冷式电动机，适用于无特殊要求的各种机械设备，如机床、鼓风机、运输机以及农业机械与食品机械等。对于频繁启动、制动和换向的机械（如起重机）来说，宜选用允许有较大振动和冲击、转动惯量小以及过载能力大的 YZ 和 YZR 系列起重用三相异步电机。

同一系列的电动机有不同的防护及安装形式，可根据具体要求选用。

（2）电动机功率的确定

在前面所述设计任务中，所给的工作机一般为稳定载荷连续运转的机械，而且传递功率较小，故只需要使电动机的输入功率 $P_{输入}$ 等于或大于电动机的实际输出功率 $P_{输出}$，即 $P_{输入} \geqslant P_{输出}$ 即可，一般不需要对电动机进行热平衡计算和校核启动力矩。

电动机功率的确定计算步骤如下：

① 电动机的输出功率 $P_{输出}$：

$$P_{输出} = \frac{Fv}{\eta} = \frac{800 \times 1.6}{84\%} = 1.52\text{kW}$$

其中 $P_{输出}$ 为减速器输出轴功率；η 为滚筒效率84%；F 为输送带工作拉力800N（0.8kN）；v 为输送带工作速度1.6m/s。

② 传动装置的总效率 η 可以按下式计算：

$$\eta = \eta_1 \eta_2 \cdots \eta_n$$

式中，η_1、η_2、$\cdots$、η_n 分别为传动装置中的每一传动副（如齿轮或带）、每一对轴承及每一个联轴器的效率。本次所设计的单级减速器中，包含5个传动副：电动机-V带（η_1）、V带装置（η_2）、齿轮传动（η_3）、滚动轴承传动（η_4）、输送带传动（η_5）。

查常用机械传动与摩擦副的效率概略值，可得电动机-V带 $\eta_1=0.95$、V带装置 $\eta_2=0.96$、齿轮传动 $\eta_3=0.97$、滚动轴承传动 $\eta_4=0.95$、输送带传动 $\eta_5=0.94$。

因此，本例中总效率计算为：

$$\eta = \eta_1 \eta_2 \eta_3 \eta_4^3 \eta_5 = 0.95 \times 0.96 \times 0.97 \times 0.95^3 \times 0.94 = 0.712 \Rightarrow 71.2\%$$

③ 电动机的输入功率：

$$P_{输入} = \frac{P_{输出}}{\eta} = \frac{1.52}{71.2\%} = 2.13\text{kW}$$

④ 电动机的额定功率：查阅JB3074，选择数值最接近且大于 $P_{输入}$ 的额定功率，即 $P_{额定}=$ 2.2kW。

（3）电动机的转速

额定功率相同的同类型电动机有几种转速可供选择，例如三相异步电动机就有4种常用的同步转速，即3000r/min、1500r/min、1000r/min、750r/min等。电动机的转速高，极对数少，尺寸和质量小，价格也低，但齿轮传动所需的传动比就很大，相对的齿数也就多，使齿轮结构的尺寸增大，上箱体增大，成本全面提高；选用低转速的电动机则相反。因此，应对电动机及传动装置做整体考虑，综合分析比较，以确定合理的电动机转速。

一般来说，如无特殊要求，通常多选用同步转速为1500r/min或1000r/min的电动机。

对于多级传动的减速器来说，为使各级齿轮传动结构设计合理，还可以根据工作机的转速及各级传动副的合理传动比，推算电动机的转速取值范围。查《机械设计手册》中的常用传动机构的性能和适用范围可得，V带传动常用的传动比范围为 $i_1=2\sim4$，单级圆柱齿轮传动比范围为 $i_2=3\sim5$，则电动机的转速可选范围为：

$$n_{电机} = n_{滚筒} i_1 i_2 = 573 \sim 1910\text{r/min}$$

表14-2给出了两组可选的传动方案，由其中的数据可知两个方案均可行。

表 14-2　两种电动机的比较

方案	电动机型号	额定功率 /kW	电动机转速/（r/min）		电动机售价 /元	传动装置的传动比		
			同步	满载		总传动比	V 带传动	单级减速器
1	Y100L7-4	2.2	1500	1420	380	14.87	3	4.96
2	Y112M-6	2.2	1000	940	520	9.84	2.5	3.94

　　方案 1 相对来说价格便宜，但方案 2 的传动比较小，齿轮传动装置的结构尺寸较小，因此整体结构更加紧凑，整体价格也更有弹性。综合考虑，选用方案 2，所以选定的电动机型号为 Y112M-6。

　　本节结论：电机型号为 Y112M-6，额定功率 2.2 kW，转速 940 r/min（满载）。

14.3　传动装置的总体设计

　　在进行传动装置的总体设计时，首先应该确定总传动比的大小，并对各级传动比进行分配，然后根据所分配的各级传动比大小计算传动装置的运动和动力参数。

14.3.1　传动装置总传动比的确定及各级传动比的分配

（1）传动装置总传动比的确定

　　传动装置总传动比 i 的计算公式为：

$$i=\frac{n_{电机}}{n_{滚筒}}$$

　　其中，$n_{电机}$ 为电动机满载转速，由表 14-2 可知为 940r/min；$n_{滚筒}$ 为滚筒的转速，由表 14-1 给出的输送带速度（线速度），可根据线速度-转速公式求解出来。

$$转速=\frac{线速度}{\pi D}$$

　　题号 4 的输送带速度为 v=1.6m/s，将单位换算，即 1.6×1000×60mm/min，则有：

$$n_{滚筒}=\frac{v}{\pi D}=\frac{1.6\times1000\times60}{320\pi}\approx95.5r/min$$

　　由此可以计算出总传动比 i 为：

$$i=\frac{n_{电机}}{n_{滚筒}}=\frac{940}{95.5}=9.84$$

（2）各级传动比的分配

　　由传动方案可知，传动装置的总传动比等于各级串联传动机构传动比的连乘积，即：

$$i=i_1i_2\cdots i_n$$

　　其中，i_1、i_2、…、i_n 为各级串联传动机构的传动比。

　　合理地分配各级传动比是传动装置总体设计中的一个重要问题，它将直接影响传动装置的外形尺寸、质量大小以及润滑条件等。

总传动比的分配原则如下：

➢ 各级传动比都应该在常用的合理范围内，以符合各种传动形式的工作特点，并使结构比较紧凑。

➢ 各级传动比宜获得较小的外形尺寸与较小的质量。

➢ 在两级或多级的齿轮减速器中，使各级传动大齿轮的浸油深度大致相等，以便于实现浸油润滑。

➢ 所有传动零部件应该装配方便。

➢ 各种传动机构的传动比应该按推荐的取值范围选取。如果是标准减速器，则应该按标准减速器的传动比选取，在设计非标准减速器时，传动比可按上述原则自行分配。

传动比的分配是一项比较繁琐的工作，往往需要经过多次测算，拟订多种方案进行比较，最后才可以得出一个比较合理的方案。

取 V 带传动的传动比 $i_1=2.5$，则单级圆柱齿轮减速器的传动比为：

$$i_2 = \frac{i}{i_1} = \frac{9.84}{2.5} \approx 3.94 \Rightarrow 4$$

> **提示** 传动比计算与分配时，应尽量取整。

本例的传动装置由减速器和外部传动机构组成，因此要考虑减速器与外部传动机构的尺寸协调，结构匀称。如果外部传动机构为带传动，减速器为齿轮减速器，则其总传动比为：

$$i=i_1 i_2$$

其中，i_1 为带传动的传动比；i_2 为齿轮减速器的传动比。

如果 i_1 过大，可能使大带轮的外圆半径大于减速器的中心高，造成安装困难，因此 i_1 不宜过大。在此，可以取 $i_1=2.5$，所得 $i_2=4$ 符合一般圆柱齿轮传动和单级圆柱齿轮减速器传动比的常用取值范围。

> **提示** 此时应注意的是，以上传动比的分配只是初步的，待各级传动零件的参数确定后，还应该核算传动装置的实际传动比。对于一般机械，总传动比的实际值允许与设计任务要求的有±3%～±5%的误差。

合理分配传动比是设计传动装置应考虑的重要问题，但为了获得更为合理的结构，有时单从传动比分配这一点出发还不能得到完善的结果，此时还应该采取调整其他参数（如齿轮的齿宽系数等）或适当改变齿轮材料等方法，以满足预期的设计要求。

14.3.2　传动装置运动和动力参数的计算

为了进行传动零部件的设计计算（如齿轮、轴的各项尺寸），应先计算出传动装置的运动和动力参数，即各轴的转速、功率和转矩。本案例设计的单级减速器各传动轴关系如图 14-2 所示。

（1）各轴转速

由图 14-2 可知该传动装置主要有 3 根轴体，其中电动机轴为"轴 0"；高速轴为"轴 1"，也是主动轴；低速轴为"轴 2"，为从动轴。各轴的转速为：

图 14-2　减速器上的各传动轴

$$n_0 = n_{电机} = 940 \text{r/min}$$

$$n_1 = \frac{n_0}{i_1} = \frac{940}{2.5} \approx 376 \text{r/min}$$

$$n_2 = \frac{n_1}{i_2} = \frac{376}{3.94} \approx 95.5 \text{r/min}$$

（2）各轴输入功率

按电动机额定功率 2.2kW 计算各轴的输入功率，即：

$$P_0 = P_{额定} = 2.2 \text{kW}$$

$$P_1 = P_0 \eta_1 = 2.2 \times 0.95 = 2.09 \text{kW}$$

$$P_2 = P_1 \eta_3 \eta_4 = 2.09 \times 0.97 \times 0.95 = 1.92 \text{kW}$$

（3）各轴转矩

转矩 T 的计算公式为：

$$T = \frac{9550P}{n}$$

其中，P 为各轴的输入功率；n 为各轴的转速。因此各轴的转矩计算如下：

$$T_0 = \frac{9550 \times 10^3 \times P_0}{n_0} = \frac{9550 \times 10^3 \times 2.2}{940} = 22.35 \times 10^3 \text{N} \cdot \text{m}$$

$$T_1 = \frac{9550 \times 10^3 \times P_1}{n_1} = \frac{9550 \times 10^3 \times 2.09}{376} = 53.08 \times 10^3 \text{N} \cdot \text{m}$$

$$T_2 = \frac{9550 \times 10^3 \times P_2}{n_2} = \frac{9550 \times 10^3 \times 1.92}{95.5} = 19.2 \times 10^3 \text{N} \cdot \text{m}$$

本节结论：总传动比 i=9.84，V 带传动的传动比 i_1=2.5，本例设计的减速器传动比 i_2=4；各轴转速 n_0=940r/min、n_1=376r/min、n_2=95.5r/min；各轴输入功率 P_0=2.2kW、P_1=2.09kW、P_2=1.92kW；各轴转矩 T_0=22.35×10³N·m、T_1=53.08×10³N·m、T_3=19.2×10³N·m。

14.4 V 带的设计与计算

（1）选择 V 带型号

要确定 V 带的型号，需先确定 V 带的设计功率 P_d，而 V 带传动的设计功率计算公式如下：

$$P_d = K_A P$$

其中，P 为传递的功率，即所连接电机的额定功率；K_A 为 V 带的工况系数，可根据表 14-3 确定。

表 14-3 V 带的工况系数表

工作机类型		K_A					
		软启动			负载启动		
载荷情况	工作机械	每天工作时长/h					
		<10	10~16	>16	<10	10~16	>16
平稳	办公机械，家用电器；轻型实验室设备	1.0	1.0	1.1	1.0	1.1	1.2
变动微小	通风机和鼓风机（≤7.5kW）；轻型输送机	1.1	1.1	1.2	1.1	1.2	1.3
变动小	带式输送机（不均匀载荷）；通风机（>7.5kW）；旋转式水泵和压缩机；发电机；金属切削机床；印刷机；旋转筛；锯木机和木工机械	1.1	1.2	1.3	1.1	1.2	1.3
变动较大	制砖机；斗式提升机；往复式水泵和压缩机；起重机；磨粉机；冲剪机床；橡胶机械；振动筛；纺织机械；重载输送机	1.2	1.3	1.4	1.4	1.5	1.6
变动很大	破碎机（旋转式、颚式等）；磨碎机（球磨、棒磨、管磨）	1.3	1.4	1.5	1.5	1.6	1.8

根据前面所述的设计任务，该减速器工作时载荷平稳，每天工作 8h，因此查表 14-3 即可得 K_A=10，将其代入 V 带传动的设计功率计算公式，就有：

$$P_d = K_A P = 1.0 \times 2.2 = 2.2\text{kW}$$

再根据计算出来的 V 带设计功率 P_d，与连接电动机的小带轮转速 n_0（即轴 0 的转速），查阅普通 V 带的选型图，如图 14-3 所示。

以设计功率 P_d=2.2kW 为横坐标，小带轮转速 n_0=940r/min 为竖坐标，即可在图中确定一点，该点所在的区域即为 V 带的型号。本例中的点落在区域 A 之中，因此应该选取 A 型的普通 V 带。

图 14-3　普通 V 带的选型图

（2）确定带轮的基准直径

普通 V 带传动的国家标准中规定了带轮的最小基准直径和带轮的基准直径系列,由图 14-3 可得 A 型 V 带推荐小带轮直径 $D_1=112\sim140$mm。考虑带速不宜过低,否则带的根数将要增多,对传动不利,因此从标准系列中取值确定小带轮的直径 $D_1=125$mm,大带轮的直径由公式 $D_2=iD_1(1-\varepsilon)$计算出（其中 $\varepsilon=0.01\sim0.02$,在此取 0.02）,按标准系列值圆整,取得 $D_2=315$mm。

（3）校核带速

若带速过高,则带的离心力会很大,使带与带轮间的正压力减小,传动能力下降,从而容易产生打滑；若带速过低,则要求有效拉力过大,使带的根数增多。

一般 V 带传动的带速 v 在 0.5~25m/s 之间,本例中的带速 $v=1.6$m/s,处于范围之内,所以合适。

（4）确定带的中心距和基准长度

带轮的中心距 a_0 的大小直接关系到传动尺寸和带在单位时间内的绕转次数。如 a_0 过大,则传动尺寸大,但在单位时间内绕转次数减小,可增加带的疲劳寿命,同时使包角增大,提高传动能力。一般按下式初选中心距 a_0。

$$0.7(D_1+D_2)<a_0<2(D_1+D_2)$$

初定中心距 $a_0=500$mm,再根据带长的计算公式计算出 V 带的近似长度 L_0,如下所示。

$$L_0 = 2a_0 + \frac{\pi}{2}(D_1 + D_2) + \frac{(D_1 - D_2)^2}{4a_0} = 1708.9\text{mm}$$

此时可根据带的近似长度,查国家标准（GB/T 11544—2012）取带的基准长度 L_d 为

1800mm，带长的修正系数 K_L=1.01，根据初定的 L_0 及带的基准长度 L_d，按以下公式近似计算出所需的中心距。

$$a \approx a_0 + \frac{L_d + L_0}{2} = 500 + \frac{1800 - 1708.9}{2} = 545.6\text{mm}$$

（5）校核小带轮包角

包角的计算公式如下：

$$\alpha_1 \approx 180° - \frac{(D_2 - D_1) \times 57.3°}{a} = 180° - \frac{(315 - 125)}{545.6} \times 57.3° \approx 160°$$

一般应该使 $\alpha_1 \geqslant 120°$，否则可以加大中心距或增设张紧轮。本例中的包角符合设计要求。

（6）计算 V 带的根数 Z

V 带的根数计算公式如下：

$$Z = \frac{P_d}{(P_0 + \Delta P_0) K_\alpha K_L}$$

其中设计功率 P_d=2.2kW，由小带轮基准直径和小带轮转速表查得单根普通 V 带的基本额定功率 P_0=1.37，额定功率增量 ΔP_0=0.11，包角修正系数 K_α=0.95，带长修正系数 K_L=1.01，计算得 Z=1.55 根，取整则为 2 根，需 2 根 V 带。

本节结论：V 带型号为 A；小带轮直径 D_1=125mm，大带轮直径 D_2=315mm；带轮的中心距 a=545.6mm；V 带根数为 2。

14.5　齿轮传动的设计

齿轮传动是减速器设计的重中之重，因此本节将详细介绍齿轮传动与齿轮设计的相关理论依据。在齿轮设计过程中，无论是材料选择、结构设计，还是尺寸确定，都必须遵循这些理论依据和相应的设计准则。

14.5.1　选择齿轮的材料与热处理方式

若转矩不大，可选用碳素结构钢，如 45 钢；若计算出的齿轮直径过大，则可选用合金结构钢，如 40Cr、20CrMnMo；尺寸较大的齿轮可用铸钢，如 ZG35CrMo，但生产批量小时，以铸件为毛坯比较经济，转矩小时，也可以选用铸铁，如 HT200。

轮齿进行表面热处理可提高接触疲劳强度，但表面热处理后轮齿会变形，因此要进行磨齿。表面渗氮处理齿形的变化小，且不用磨齿，但氮化层较薄。

综上所述，可以确定本例中的齿轮材料与相应的热处理方式。

> ➤ 小齿轮（主动轮）：45 钢，调质处理 220~250HBS。
> ➤ 大齿轮（从动轮）：45 钢，正火处理 160~220HBS。

> **提示**　当大、小齿轮都是软齿面时，考虑到小齿轮的齿根较薄，弯曲强度较低，受载次数较多，故在选择材料时，一般使小齿轮轮齿面硬度比大齿轮高 30~50HBS。

14.5.2　计算许用应力

由于小齿轮为整个齿轮传动中最薄弱的一环，因此只需计算出小齿轮的许用应力，即可分析齿轮传动的受力。小齿轮的材料为 45 钢，因此查《机械设计手册》或者 GB/T 699—2015，可得小齿轮材料的接触疲劳极限 $\sigma_{H\lim}$=620MPa，弯曲疲劳极限 σ_{FE}=450MPa，最小安全系数 S_H=1.0，S_F=1.25，计算得小齿轮的接触许用应力［σ_H］和弯曲许用应力［σ_F］分别为：

$$\left[\sigma_H\right]=\frac{\sigma_{H\lim}}{S_H}=\frac{620}{1.0}=620\text{MPa}，\left[\sigma_F\right]=\frac{\sigma_{FE}}{S_F}=\frac{450}{1.25}=360\text{MPa}$$

14.5.3　确定齿轮的主要参数

查《机械设计手册》圆柱齿轮传动相关内容可得，载荷系数 K=1.1，区域系数 Z_H=2.5，弹性系数 Z_E=188，齿宽系数 φ_d=0.8，再结合前面计算出来的高速轴转矩 T_1，综合这些数据即可计算出分度圆直径，具体公式如下：

$$d_1\geqslant\sqrt[3]{\frac{2KT_1}{\varphi_d}\times\frac{u+1}{u}\left(\frac{Z_EZ_H}{\left[\sigma_H\right]}\right)^2}=\sqrt[3]{\frac{2\times1.1\times53.08\times10^3}{0.8}\times\frac{4+1}{4}\times\left(\frac{188\times2.5}{620}\right)^2}=47.23\text{mm}$$

（1）齿数 z

先自行取小齿轮的齿数：z_1=24；在计算得大齿轮的齿数：$z_2=i_2z_1$=4×24=96。

（2）模数 m 和压力角 α

$m=\dfrac{d_1}{z_1}=\dfrac{47.23}{24}=1.97\text{mm}$，取标准模数 m=2，压力角为 α=20°。

（3）齿顶高 h_a、齿根高 h_f、全齿高 h

$$h_a=h^*m=1\times2=2\text{mm}$$
$$h_f=(h^*+c^*)m=(1+0.25)\times2=2.5\text{mm}$$
$$h=h_a+h_f=4.5\text{mm}$$

（4）齿轮宽度 b

齿轮宽度的计算公式为：
$$b=\varphi_d\times d_1=0.8\times47.23=37.78\text{mm}$$

算出的齿轮宽度值应该圆整，作为大齿轮的齿宽 b_2。而小齿轮的齿宽为 $b_1=b_2$+(5~10)mm，以保证轮齿有足够的啮合宽度，所以各齿轮的齿宽为：b_2=40mm，b_1=45mm。

（5）齿轮的分度圆直径 d、齿顶圆直径 d_a、齿根圆直径 d_f

小齿轮：

➢ 分度圆：$d_1=mz_1$=2×24=48mm；

- 齿顶圆：$d_{a1}=d_1+2h_a=48+2\times2=52$mm；
- 齿根圆：$d_{f1}=d_1-2h_f=48-2\times2.5=43$mm。

大齿轮：

- 分度圆：$d_2=mz_2=2\times96=192$mm；
- 齿顶圆：$d_{a2}=d_2+2h_a=192+2\times2=196$mm；
- 齿根圆：$d_{f2}=d_2-2h_f=192-2\times2.5=187$mm。

（6）两齿轮的中心距

中心距计算公式如下：

$$a=\frac{m(z_1+z_2)}{2}=\frac{2\times(24+96)}{2}=120\text{mm}$$

再查阅"齿轮传动精度等级的选择与应用"相关表格，选取齿轮的精度等级为8级，通过验算齿根弯曲强度和齿轮的圆周速度，可知以上选择是合适的。

14.5.4　选定齿轮的形式与尺寸

直径小于$\phi500$mm的齿轮多采用腹板式结构，因此本例中的大齿轮便采用腹板式齿轮。腹板式齿轮的具体尺寸参数如表14-4所示。

表 14-4　腹板式齿轮结构的各部分尺寸

齿轮结构图	各部分尺寸
	d 按 GB/T 2822—2005 取标准值
	$d_a \leqslant 500$
	$d_0=(d_a-2h+d_2)/2$
	$d_2=1.6d$（钢），$d_2=1.8d$（铸铁）
	$h=(5\sim7)m$（m 为模数）
	$b=(1.2\sim1.5)d$
	$c=(0.2\sim0.3)b$
	$d_1=(d_a-2h-d_2)/4$
	$r\approx5$mm
	腹板孔数量按经验标准

将14.5.3小节中算得的各参数按表14-4进行计算，最终得到大齿轮的尺寸如表14-5所示。

表 14-5　大齿轮的尺寸表　　　　　　　　　　　　　　　　　　　　mm

d	d_a	d_0	d_2	h	c	r	b	d_1
40	196	192	64	4.5	12	5	40	27

本节结论：截至本节，已可以绘制出大、小齿轮的零件图。

14.6　大齿轮零件图的绘制

下面便根据 14.5 节中所得的数据，绘制出大齿轮的零件图。

14.6.1　绘制图形

操作实例 14-1　按常规方法绘制出齿轮的轮廓图形

（1）绘制左视图

① 打开素材文件"第 14 章\14-1 绘制大齿轮零件图.dwg"，素材中已经绘制好了一 1∶1.5 大小的 A3 图纸框，如图 14-4 所示。

图 14-4　素材图形

图 14-5　绘制水平中心线　　　　　　图 14-6　绘制垂直中心线

② 将【中心线】图层设置为当前图层，执行 XL【构造线】命令，在合适的地方绘制水平的中心线，如图 14-5 所示。

③ 重复 XL【构造线】命令，在合适的地方绘制 2 条垂直的中心线，如图 14-6 所示。

④ 绘制齿轮轮廓。将【轮廓线】图层设置为当前图层，执行 C【圆】命令，以右边的垂直-水平中心线的交点为圆心，按 14.5.4 节中的数据，绘制直径为 40、44、64、118、172、192、196 的圆，绘制完成后将 $\phi118$ 和 $\phi192$ 的圆图层转换为【中心线】层，如图 14-7 所示。

图 14-7　绘制圆

⑤ 绘制键槽。执行 O【偏移】命令，将水平中心线向上偏移 23mm，将该图中的垂直中心线分别向左、向右偏移 6mm，结果如图 14-8 所示。

⑥ 切换到【轮廓线】图层，执行 L【直线】命令，绘制键槽的轮廓，再执行 TR【修剪】命令，修剪多余的辅助线，结果如图 14-9 所示。

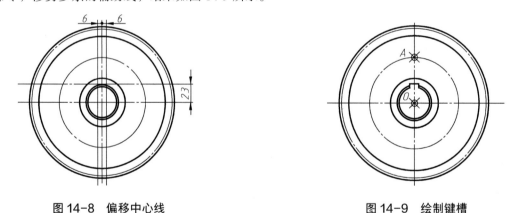

图 14-8　偏移中心线　　　　　　　　　图 14-9　绘制键槽

⑦ 绘制腹板孔。将【轮廓线】图层设置为当前图层，执行 C【圆】命令，以 $\phi118$ 中心线与垂直中心线的交点（即图 14-9 中的 A 点）为圆心，绘制一 $\phi27$ 的圆，如图 14-10 所示。

⑧ 选中绘制好的 $\phi27$ 的圆，然后单击【修改】面板中的【环形阵列】按钮，设置阵列总数为 6，填充角度 360°，选择同心圆的圆心（即图 14-9 中中心线的交点 O 点）为中心点，进行阵列，阵列效果如图 14-11 所示。

（2）绘制主视图

① 执行 O【偏移】命令，将主视图位置的水平中心线对称偏移 6、20，结果如图 14-12 所示。

图 14-10　绘制腹板孔

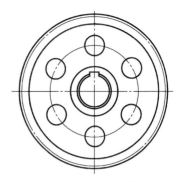

图 14-11　阵列腹板孔

② 切换到【虚线】图层，执行 L【直线】命令，按"长对正，高平齐，宽相等"的原则，由左视图向主视图绘制水平的投影线，如图 14-13 所示。

图 14-12　偏移中心线

图 14-13　绘制主视图投影线

③ 切换到【轮廓线】图层，执行 L【直线】命令，绘制主视图的轮廓，再执行 TR【修剪】命令，修剪多余的辅助线，结果如图 14-14 所示。

图 14-14　绘制主视图轮廓

④ 执行 E【删除】、TR【修剪】、S【延伸】等命令整理图形，将中心线对应的投影线同样改为中心线，并修剪至合适的长度。分度圆线同样如此操作，结果如图 14-15 所示。

⑤ 执行 CHA【倒角】命令，对齿轮的齿顶倒角 $C1.5$，对齿轮的轮毂部位进行倒角 $C2$；再执行 F【倒圆角】命令，对腹板圆处倒圆角 $R5$，如图 14-16 所示。

⑥ 执行 L【直线】命令，在倒角处绘制连接线，并删除多余的线条，图形效果如图 14-17 所示。

图 14-15　整理图形

图 14-16　倒角图形　　　　　　　　图 14-17　绘制倒角连接线

⑦ 选中绘制好的半边主视图，然后单击【修改】面板中的【镜像】按钮 ⟋⟍ 镜像 ，以水平中心线为镜像线，镜像图形，结果如图 14-18 所示。

图 14-18　镜像图形

⑧ 将镜像部分的键槽线段全部删除，如图 14-19 所示。轮毂的下半部分不含键槽，因此该部分不符合投影规则，需要删除。

⑨ 切换到【虚线】图层，按"长对正，高平齐，宽相等"的原则，执行 L【直线】命令，由左视图向主视图绘制水平的投影线，如图 14-20 所示。

⑩ 切换到【轮廓线】图层，执行 L【直线】、S【延伸】等命令整理下半部分的轮毂部分，如图 14-21 所示。

⑪ 在主视图中补画齿根圆的轮廓线，如图 14-22 所示。

⑫ 切换到【剖切线】图层，执行 H【图案填充】命令，选择图案为 ANSI31，比例为 1，角度为 0°，填充图案，结果如图 14-23 所示。

图 14-19　删除多余图形

图 14-20　绘制投影线

图 14-21　整理下部分的轮毂

图 14-22　补画齿根圆轮廓线

图 14-23　填充剖面线

⑬ 在左视图中补画腹板孔的中心线，然后调整各中心线的长度，最终的图形效果如图 14-24 所示。

图 14-24　图形效果

14.6.2　标注图形

操作实例 14-2　对操作实例 14-1 绘制的图形进行标注，包括尺寸、形位公差、表面粗糙度等，并填写有关的技术要求

（1）标注尺寸

① 将标注样式设置为【ISO-25】，可自行调整标注的【全局比例】，如图 14-25 所示。用以控制标注文字的显示大小。

② 标注线性尺寸。切换到【标注线】图层，执行 DLI【线性】标注命令，在主视图上捕捉最下方的两个倒角端点，标注齿宽的尺寸，如图 14-26 所示。

图 14-25　调整全局比例

图 14-26　标注线性尺寸

③ 使用相同方法，对其他的线性尺寸进行标注。主要包括主视图中的齿顶圆、分度圆、齿根圆（可以不标）、腹板圆等尺寸，线性标注后的图形如图 14-27 所示。注意按之前学过的方法添加直径符号（标注文字前方添加 "%%C"）。

图 14-27　标注其余的线性尺寸

> **提示**　可以先标注出一个直径尺寸，然后复制该尺寸并粘贴，控制夹点将其移动至需要另外标注的图元夹点上。该方法可以快速创建同类型的线性尺寸。

④ 标注直径尺寸。在【注释】面板中选择【直径】按钮，执行【直径】标注命令，选择左视图上的腹板圆孔进行标注，如图 14-28 所示。

⑤ 使用相同方法，对其他的直径尺寸进行标注。主要包括左视图中的腹板圆，以及腹板圆的中心圆线，如图 14-29 所示。

图 14-28　标注直径尺寸

图 14-29　标注其余的直径尺寸

⑥ 标注键槽部分。在左视图中执行 DLI【线性】标注命令，标注键槽的宽度与高度，如图 14-30 所示。

⑦ 同样使用 DLI【线性】标注来标注主视图中的键槽部分。不过由于键槽的存在，主视图的图形并不对称，因此无法捕捉到合适的标注点，这时可以先捕捉主视图上的端点，然后手动在命令行中输入尺寸 40，进行标注，如图 14-31 所示，命令行操作如下：

```
命令: _dimlinear
指定第一个尺寸界线原点或 <选择对象>:                    //指定第一个点
指定第二条尺寸界线原点: 40                            //光标向上移动, 引出垂直追踪
                                                   线, 输入数值40

指定尺寸线位置或                                       //放置标注尺寸
[多行文字(M)/文字(T)/角度(A)/水平(H)/垂直(V)/旋转(R)]:
标注文字 = 40
```

图 14-30　标注左视图键槽尺寸

图 14-31　标注主视图键槽尺寸

⑧ 选中新创建的 $\phi40$ 尺寸, 单击鼠标右键, 在弹出的快捷菜单中选择【特性】选项, 在打开的【特性】面板中, 将"尺寸线2"和"尺寸界线2"设置为"关", 如图 14-32 所示。

图 14-32　关闭尺寸线与尺寸界线

图 14-33　标注主视图键槽尺寸

⑨ 为主视图中的线性尺寸添加直径符号，此时的图形应如图 14-33 所示，确认没有遗漏任何尺寸。

（2）添加尺寸精度

齿轮上的精度尺寸主要集中在齿顶圆尺寸、键槽孔尺寸上，因此需要对该部分尺寸添加合适的精度。

① 添加齿顶圆精度。齿顶圆的加工很难保证精度，而对于减速器来说，也不是非常重要的尺寸，因此精度可以适当放宽，但尺寸宜小勿大，以免啮合时受到影响。双击主视图中的齿顶圆尺寸 $\phi 196$，打开【文字编辑器】选项卡，然后将鼠标移动至 $\phi 196$ 之后，依次输入 "0^-0.2"，如图 14-34 所示。

图 14-34　输入公差文字

② 创建尺寸公差。接着按住鼠标左键，向后拖移，选中 "0^-0.2" 文字，然后单击【文字编辑器】选项卡中【格式】面板中的【堆叠】按钮，即可创建尺寸公差，如图 14-35 所示。

图 14-35　堆叠公差文字

③ 按相同方法，对键槽部分添加尺寸精度，添加后的图形如图 14-36 所示。

图 14-36　添加其他尺寸精度

（3）标注形位公差

① 创建基准符号。切换至【细实线】图层，在图形的空白区域绘制一基准符号，如图 14-37 所示。

② 放置基准符号。齿轮零件一般以键槽的安装孔为基准，因此选中绘制好的基准符号，然后执行 M【移动】命令，将其放置在键槽孔 $\phi 40$ 尺寸上，如图 14-38 所示。

图 14-37　绘制基准符号

图 14-38　放置基准符号

> **提示**　基准符号也可以事先制作成块，然后进行调用，届时只需输入比例即可调整大小。

③ 选择【标注】|【公差】命令，弹出【形位公差】对话框，选择公差类型为【圆跳动】，然后输入公差值 0.022 和公差基准 A，如图 14-39 所示。

④ 单击【确定】按钮，在要标注的位置附近单击，放置该形位公差，如图 14-40 所示。

图 14-39　设置公差参数

图 14-40　生成的形位公差

⑤ 单击【注释】面板中的【多重引线】按钮，绘制多重引线指向公差位置，如图 14-41 所示。

图 14-41　标注齿顶圆的圆跳动

⑥ 按相同方法，对键槽部分添加对称度，添加后的图形如图 14-42 所示。

图 14-42　标注键槽的对称度

（4）标注表面粗糙度

① 切换至【细实线】图层，在图形的空白区域绘制一表面粗糙度符号，如图 14-43 所示。

图 14-43　绘制表面粗糙度符号

图 14-44　【属性定义】对话框

② 单击【默认】选项卡中【块】面板中的【定义属性】按钮 ，打开【属性定义】对话框，按图 14-44 进行设置。

③ 单击"确定"按钮，光标便变为标记文字的放置形式，在表面粗糙度符号的合适位置放置即可，如图 14-45 所示。

④ 单击【默认】选项卡中【块】面板中的【创建】按钮 ，打开【块定义】对话框，选择表面粗糙度符号最下方的端点为基点，然后选择整个表面粗糙度符号（包含上步骤放置的标记文字）作为对象，在【名称】文本框中输入"粗糙度"，如图 14-46 所示。

图 14-45　放置标记文字

图 14-46　【块定义】对话框

⑤ 单击"确定"按钮，便会打开【编辑属性】对话框，在其中便可以灵活输入我们所需的表面粗糙度数值，如图 14-47 所示。

⑥ 在【编辑属性】对话框中单击"确定"按钮，然后单击【默认】选项卡中【块】面板中的【插入】按钮 ，打开【插入】对话框，在【名称】下拉列表中选择"粗糙度"，如图 14-48 所示。

图 14-47　【编辑属性】对话框

图 14-48　【插入】对话框

⑦ 在【插入】对话框中单击"确定"按钮，光标变为表面粗糙度符号的放置形式，在图形的合适位置放置即可，放置之后系统自动打开【编辑属性】对话框，如图 14-49 所示。

⑧ 在对应的文本框中输入我们所需的数值"Ra3.2"，然后单击"确定"按钮，即可标注表面粗糙度，如图 14-50 所示。

⑨ 按相同方法，对图形的其他部分标注表面粗糙度，然后将图形调整至 A3 图框的合适位置，如图 14-51 所示。

图 14-49 放置表面粗糙度

图 14-50 创建成功的表面粗糙度标注

图 14-51 添加其他表面粗糙度

14.6.3 创建齿轮参数表与技术要求

操作实例 14-3 创建齿轮参数表与技术要求

① 继操作实例 14-2 进行，单击【默认】选项卡中【注释】面板上的【表格】按钮 ⊞ 表格 ，打开【插入表格】对话框，按图 14-52 进行设置。

② 将创建的表格放置在图框的右上角，如图 14-53 所示。

③ 编辑表格并输入文字。将表格调整至合适大小，然后双击表格中的单元格，进行输入文字。最终输入效果如图 14-54 所示。

④ 填写技术要求。单击【默认】选项卡中【注释】面板上的【多行文字】按钮 **A**，在图形的左下方空白部分插入多行文字，输入技术要求如图 14-55 所示。

⑤ 大齿轮零件图绘制完成，最终的图形效果如图 14-56 所示（详见素材文件"第 14 章\14-1 大齿轮零件图-OK"）。

图14-52　设置表格参数

	A	B	C	D
1				
2				
3				
4				
5				
6				
7				
8				
9				
10				
11				
12				A
13				
14				
15				

图14-53　放置表格

模数	m	2	
齿数	z	96	
压力角	α	20°	
齿顶高系数	h_a^*	1	
顶隙系数	c^*	0.2500	
精度等级		8-8-7HK	
全齿高	h	4.5000	
中心距及其偏差		120±0.027	
配对齿轮	齿数	24	
公差组	检验项目	代号	公差(极限偏差)
I	齿圈径向跳动公差	F_r	0.063
	公法线长度变动公差	F_W	0.050
II	齿距极限偏差	f_{pt}	±0.016
	齿形公差	f_f	0.014
III	齿向公差	F_B	0.011

图14-54　齿轮参数表

技术要求

1.未注倒角为C2。

2.未注圆角半径为R3。

3.正火处理160~220HBS。

图14-55　填写技术要求

图 14-56　大齿轮零件图

14.7　轴的设计

本节将计算该减速器中的低速轴。

14.7.1　选择轴的材料与热处理方式

轴的材料通常选用碳素钢和合金钢，35、45、50 等优质碳素结构钢因具有较高的综合力学性能，应用较广泛，其中以 45 钢应用最为广泛。因此结合成本与采购方便等因素，该减速器的低速轴材料选用 45 钢。

14.7.2　确定轴的各段轴径与长度

在确定各个轴段的尺寸之前，应先拟订轴上零件的装配方案，如各轴段上装配何种零件。本例中的减速器为单级圆柱直齿齿轮减速器，要求工作平稳，因此可选用普通滚动轴承的装配方案，如图 14-57 所示。

由该图可知，低速轴可大致分为 6 段，分别介绍如下。

图 14-57 低速轴装配方案

（1）轴段 1

首先利用轴径最小公式估算出轴上的最小直径。

$$d = \sqrt[3]{\frac{9.55 \times 10^6}{0.2[\tau]}} \times \sqrt[3]{\frac{p}{n}} \geqslant C\sqrt[3]{\frac{p}{n}}$$

其中，C 是由轴的材料和承载情况确定的常数，可由机械设计课程手册查出 C=110；p 和 n 分别为低速轴的输出功率和转速。应用上式求出低速轴的最小轴径 d_1 为：

$$d_1 \geqslant C\sqrt[3]{\frac{p}{n}} = 110 \times \sqrt[3]{\frac{1.987}{95.5}} \approx 29.7\text{mm}$$

因为轴段 1 需安装联轴器，联轴器可选择 HL 型弹性柱销联轴器，型号为 HL3，该型号联轴器的轴孔直径为 ϕ30mm，轴孔长度 60mm，因此可确定轴段 1：d_1=30mm，L_1=60mm。

（2）轴段 2

轴段 2 为非定位轴肩，所以有 d_2=d_1+3mm；而根据端盖的装卸以及便于轴承添加润滑剂的要求，有 b=(3.5~4)d（d 为端盖上安装螺钉的直径），此处取 b=30mm，而端盖的长度取 20mm，故有 L_2=b+20=50mm。

（3）轴段 3

初选滚动轴承，因为 d_3>d_2，所以按此标准选择最接近的滚动轴承型号，选择 GB/T 297—2015，型号为 6207 的深沟球轴承，其尺寸如图 14-58 所示，因此可以确定轴段 3 的 d_3=35mm。

图 14-58 型号为 6207 的深沟球轴承

滚动轴承应距离箱体内边一段距离 S，取 S=4mm，而齿轮距离箱体内边的距离取 a=12.5mm，为了保证隔套能完全顶到齿轮上，因此轴的长度还需要增加 3~4mm，所以有 L_3=B+S+a+4=17+4+12.5+4=37.5mm。

（4）轴段 4

安装齿轮处的轴段直径与大齿轮零件图的轮毂处相同，因此 d_4=40mm。齿轮左端用隔套顶住进行定位，而右端则依靠轴肩进行定位，大齿轮的宽度为 40mm，因此为了使隔套端面和齿轮的端面紧贴以保障定位可靠，轴段 4 的长度应略小于齿轮宽度 3~4mm，让齿轮凸出一部分距离，所以有 L_4=40–4=36mm。

（5）轴段 5

轴段 5 的轴径要大于左端的轴段 4，以及右端的轴段 6。而轴段 6 上的滚动轴承与轴段 3 上的一致，为 6207 深沟球轴承，因此可知 d_6=35mm，轴段 5 即用来定位该轴承，因此可取 d_5=48mm。取齿轮距箱体内壁之间的距离 a=12.5mm，滚动轴承距箱体内壁的距离 S=4mm，因此 L_5=S+a=5+12.5=17.5mm。

（6）轴段 6

轴段 6 即用来安装 6207 深沟球轴承，因此 d_6=35mm，L_6=17mm。

14.8　低速轴零件图的绘制

14.7 节已经得出了轴上的所有相关数据，可按弯扭组合变形来校核强度（过程略）。校核无误后便可以开始低速轴零件图的绘制。

14.8.1　绘制图形

操作实例 14-4　按常规方法绘制出低速轴的轮廓图形

① 打开素材文件"第 14 章\14-4 绘制低速轴零件图.dwg"，素材中已经绘制好了一 1：1 大小的 A4 图纸框，如图 14-59 所示。

② 将【中心线】图层设置为当前图层，执行 XL【构造线】命令，在合适的地方绘制水平的中心线，以及一条垂直的定位中心线，如图 14-60 所示。

③ 使用快捷键 O 激活【偏移】命令，根据 14.7.2 节中计算出来的轴段长度尺寸，对垂直的中心线进行多重偏移，如图 14-61 所示。

④ 同样使用 O【偏移】命令，按 14.7.2 节中计算出来的轴段径向尺寸，对水平的中心线进行多重偏移，如图 14-62 所示。

⑤ 切换到【轮廓线】图层，执行 L【直线】命令，绘制轴体的半边轮廓，再执行 TR【修剪】、E【删除】命令，修剪多余的辅助线，结果如图 14-63 所示。

图 14-59　素材图形　　　　　　　　　　图 14-60　绘制中心线

图 14-61　偏移垂直中心线

图 14-62　偏移水平中心线

图 14-63　绘制轴体

⑥　单击【修改】面板中的【倒角】按钮 ，对轮廓线进行倒角，倒角尺寸为 C2，然后使用 L【直线】命令，配合捕捉与追踪功能，绘制倒角的连接线，结果如图 14-64 所示。

图 14-64　倒角并绘制连接线

⑦　使用快捷键 MI 激活【镜像】命令，对轮廓线进行镜像复制，结果如图 14-65 所示。

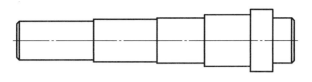

图 14-65　镜像图形

⑧ 绘制键槽。使用快捷键 O 激活【偏移】命令，创建如图 14-66 所示的垂直辅助线。

图 14-66　偏移图形

⑨ 将【轮廓线】设置为当前图层，使用 C【圆】命令，以刚偏移的垂直辅助线的交点为圆心，绘制直径为 12 和 8 的圆，如图 14-67 所示。

图 14-67　绘制圆

⑩ 使用 L【直线】命令，配合【捕捉切点】功能，绘制键槽轮廓，如图 14-68 所示。

图 14-68　绘制连接直线

⑪ 使用 TR【修剪】命令，对键槽轮廓进行修剪，并删除多余的辅助线，结果如图 14-69 所示。

图 14-69　删除多余图形

⑫ 绘制断面图。将【中心线】设置为当前层，使用快捷键 XL 激活【构造线】命令，绘制如图 14-70 所示的水平和垂直构造线，作为移出断面图的定位辅助线。

⑬ 将【轮廓线】设置为当前图层，使用 C【圆】命令，以构造线的交点为圆心，分别绘制直径为 30 和 40 的圆，结果如图 14-71 所示。

图 14-70　绘制构造线　　　　　　　　　　图 14-71　绘制移出断面图

⑭ 单击【修改】面板中的【偏移】按钮 ⊂，对 ϕ30 圆的水平和垂直中心线进行偏移，结果如图 14-72 所示。

图 14-72　偏移中心线得到键槽辅助线

⑮ 将【轮廓线】设置为当前图层，使用 L【直线】命令，绘制键深，结果如图 14-73 所示。

⑯ 综合使用 E【删除】和 TR【修剪】命令，去掉不需要的构造线和轮廓线，整理 ϕ30 断面图如图 14-74 所示。

图 14-73　绘制 ϕ30 圆的键槽轮廓　　　　　　图 14-74　修剪 ϕ30 圆的键槽

⑰ 按相同方法绘制 ϕ25 圆的键槽图，如图 14-75 所示。

⑱ 将【剖面线】设置为当前图层，单击【绘图】面板中的【图案填充】按钮 ▨，为此剖面图填充【ANSI31】图案，填充比例为 1，角度为 0，填充结果如图 14-76 所示。

　　　　　　　　　　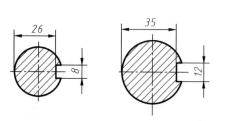

图 14-75　绘制 ϕ30 圆的键槽轮廓　　　　　图 14-76　修剪 ϕ30 圆的键槽

⑲ 绘制好的图形如图 14-77 所示。

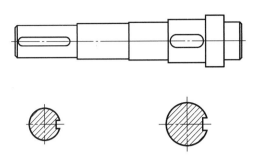

图 14-77　低速轴的轮廓图形

14.8.2　标注图形

操作实例 14-5　对操作实例 14-4 绘制的图形进行标注，包括尺寸、形位公差、表面粗糙度等，并填写有关的技术要求

（1）标注尺寸

① 标注轴向尺寸。切换到【标注线】图层，执行 DLI【线性】标注命令，标注轴的各段长度如图 14-78 所示。

图 14-78　标注轴的轴向尺寸

> **提示**
>
> 标注轴的轴向尺寸时，应根据设计及工艺要求确定尺寸基准，通常有轴孔配合端面基准面及轴端基准面。应使尺寸标注反映加工工艺要求，同时满足装配尺寸链的精度要求，不允许出现封闭的尺寸链。如图 14-78 所示，基准面 1 是齿轮与轴的定位面，为主要基准，轴段长度 36、183.5 都以基准面 1 作为基准尺寸；基准面 2 为辅助基准面，最右端的轴段长度 17 为轴承安装要求所确定；基准面 3 同基准面 2，轴段长度 60 为联轴器安装要求所确定；而未特别标明长度的轴段，其加工误差不影响装配精度，因而取为闭环，加工误差可积累至该轴段上，以保证主要尺寸的加工误差。

② 标注径向尺寸。同样执行 DLI【线性】标注命令，标注轴的各段直径长度，尺寸文字前注意添加"ϕ"，如图 14-79 所示。

图 14-79　标注轴的径向尺寸

③ 标注键槽尺寸。同样使用 DLI【线性】标注来标注键槽的移出断面图，如图 14-80 所示。

图 14-80　标注键槽的移出断面图

（2）添加尺寸精度

经过前面章节的分析，可知低速轴的精度尺寸主要集中在各径向尺寸上，与其他零部件的配合有关。

① 添加轴段 1 的精度。轴段 1 上需安装 HL3 型弹性柱销联轴器，因此尺寸精度可按对应的配合公差选取，此处由于轴径较小，因此可选用 r6 精度，然后查得 ϕ30mm 对应的 r6 公差为+0.028~+0.041，即双击 ϕ30mm 标注，然后在文字后输入该公差文字，如图 14-81 所示。

② 创建尺寸公差。接着按住鼠标左键，向后拖移，选中"+0.041^+0.028"文字，然后单击【文字编辑器】选项卡中【格式】面板中的【堆叠】按钮 ，即可创建尺寸公差，如图 14-82所示。

图 14-81　输入轴段 1 的尺寸公差

图 14-82　创建轴段 1 的尺寸公差

③ 添加轴段 2 的精度。轴段 2 上需要安装端盖，以及一些防尘的密封件（如毡圈），总的来说精度要求不高，因此可以不添加精度。

④ 添加轴段 3 的精度。轴段 3 上需安装 6207 深沟球轴承，因此该段的径向尺寸公差可按该轴承的推荐安装参数进行取值，即 k6，然后查得 ϕ35mm 对应的 k6 公差为+0.018~+0.002，

再按相同标注方法标注即可，如图 14-83 所示。

图 14-83　标注轴段 3 的尺寸公差

⑤ 添加轴段 4 的精度。轴段 4 上需安装大齿轮，而轴、齿轮的推荐配合为 H7/r6，因此该段的径向尺寸公差即 r6，然后查得 ϕ40mm 对应的 r6 公差为+0.050~+0.034，再按相同标注方法标注即可，如图 14-84 所示。

⑥ 添加轴段 5 的精度。轴段 5 为闭环，无尺寸，无需添加精度。

⑦ 添加轴段 6 的精度。轴段 6 的精度同轴段 3，按轴段 3 进行添加，如图 14-85 所示。

图 14-84　标注轴段 4 的尺寸公差

图 14-85　标注轴段 6 的尺寸公差

⑧ 添加键槽公差。取轴上的键槽的宽度公差为 h9，长度均向下取值–0.2，如图 14-86 所示。

图 14-86　标注键槽的尺寸公差

> **提示**　由于在装配减速器时，一般是先将键敲入轴上的键槽，然后将齿轮安装在轴上，因此轴上的键槽需要稍紧密，所以取负公差；而齿轮轮毂上键槽与键之间，需要轴向移动的距离，要超过键本身的长度，因此间隙应大一点，易于装配。

⑨ 标注完尺寸精度的图形如图 14-87 所示。

> **提示**　不添加精度的尺寸均按 GB/T 1804、GB/T 1184 处理，需在技术要求中说明。

（3）标注形位公差

① 放置基准符号。基准符号的创建方法略，分别以各重要的轴段为基准，即在轴段 1、轴段 3、轴段 4、轴段 6 上放置基准符号，如图 14-88 所示。

图 14-87　标注精度后的图形

图 14-88　放置基准符号

　② 添加轴上的形位公差。轴上的形位公差主要为轴承段、齿轮段的圆跳动，具体标注如图 14-89 所示。

图 14-89　标注轴上的圆跳动公差

　③ 添加键槽上的形位公差。键槽上主要为相对于轴线的对称度，具体标注如图 14-90 所示。

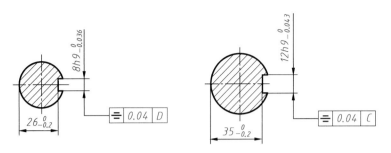

图 14-90　标注键槽上的对称度公差

（4）标注表面粗糙度

① 按 14.6 节中的方法，创建表面粗糙度。

② 标注轴上的表面粗糙度。轴上需特定标注的表面粗糙度主要是轴段 1、轴段 3、轴段 4、轴段 6 等需要配合的部分，具体标注如图 14-91 所示。

图 14-91　标注轴上的表面粗糙度

③ 标注断面图上的表面粗糙度。键槽部分表面粗糙度可按相应键的安装要求进行标注，本例中的标注如图 14-92 所示。

图 14-92　标注断面图上的表面粗糙度

④ 标注其余表面粗糙度，然后对图形一些细节进行修缮，再将图形移动至 A4 图框中的合适位置，如图 14-93 所示。

图 14-93　添加标注后的图形

14.8.3　填写技术要求

操作实例 14-6　为操作实例 14-5 的图形填写技术要求

① 单击【默认】选项卡中【注释】面板上的【多行文字】按钮 **A**，在图形的左下方空白部分插入多行文字，输入技术要求如图 14-94 所示。

技术要求
1.未注倒角为C2。
2.未注圆角半径为R1。
3.调质处理45～50HRC。
4.未注尺寸公差按GB/T 1804。
5.未注几何公差按GB/T 1184。

图 14-94　填写技术要求

② 低速轴零件图绘制完成，最终的图形效果如图 14-95 所示（详见素材文件"第 14 章\14-4 绘制低速轴零件图-OK"）。

技术要求
1. 未注倒角为 C2。
2. 未注圆角半径为 R1。
3. 调质处理 45～50HRC。
4. 未注尺寸公差按
　 GB/T 1804-2000-m。
5. 未注几何公差按
　 GB/T 1184-1996-K。

					(材料名称)			(单位名称)
标记	处数	更改文件号	签字	日期				(图样名称)
设计			标准化		图样标记	重量	比例	
							1:1	(图样代号)
审核								
工艺		日期			共 页	第 页		

图 14-95　低速轴零件图

第 **15** 章

绘制减速器的装配图并拆画零件图

（扫码获取配套资源）

第 14 章已经介绍了减速器核心组件传动部分的计算与绘制，包括高速、低速传动轴与齿轮零件。本章便在此基础之上完成减速器装配图的绘制，并从装配图拆画出箱盖与箱座这两大零件图。

15.1 减速器装配图概述

首先设计轴系部件。通过绘图设计轴的结构尺寸，确定轴承的位置，传动零件、轴和轴承是减速器的主要零件，其他零件的结构和尺寸随这些零件而定。绘制装配图时，要先画主要零件，后画次要零件；由箱内零件画起，逐步向外画；先由中心线绘制大致轮廓线，结构细节可先不画；以一个视图为主，过程中兼顾其他视图。

15.1.1 估算减速器的视图尺寸

可按表 15-1 中的数值估算减速器的视图范围，而视图布置可参考图 15-1。

图 15-1 视图布置参考图

表 15-1 视图范围估算表

类型	A	B	C
一级圆柱齿轮减速器	3a	2a	2a

类型	A	B	C
二级圆柱齿轮减速器	$4a$	$2a$	$2a$
圆锥-圆柱齿轮减速器	$4a$	$2a$	$2a$
一级蜗杆减速器	$2a$	$3a$	$2a$

注：a 为传动中心距，对于二级传动来说，a 为低速级的中心距。

15.1.2　确定减速器装配图中心线的位置

在大致估算了所设计减速器的长、宽、高外形尺寸后，考虑标题栏、明细表、技术要求、技术特性、零件编号、尺寸标注等所占幅面，确定 3 个视图的位置，画出各视图中心传动件的中心线。中心线的位置直接影响视图布置的合理性，经审定适宜再往下进行。

中心线的作用是确定减速器三视图的布置位置和主要结构的相对位置，长度不需要很精确，且可以根据需要随时调整其长度，相互之间的间距可以不太精确，可以调节此间距来调节视图之间的距离。总之，中心线就是布图的骨架，各视图中心线之间的间距可以大略估计设置，但同一视图内的中心线之间的间距必须准确。

在本书的例子中，基本都在原始的素材中绘制好了中心线，当然读者也可以自行新建空白文件，自己绘制中心线后再进行剩下的操作。

15.2　绘制减速器装配图的俯视图

接下来便开始减速器装配图的绘制，顺序按"由内而外、先主后次"的原则。

15.2.1　绘制装配图的俯视图

操作实例 15-1　绘制减速器装配图的俯视图

（1）绘制传动机构

传动机构作为减速器的关键部分，自然需要首先绘制。传动机构的组成零件，如大齿轮、低速轴等，在开始绘制的时候，可以先按尺寸绘制大致简图，待总体图形绘制完毕后，再直接复制粘贴已经画好的零件图进行装配即可。

① 打开素材文件"第 15 章\15-1 绘制减速器装配图.dwg"，素材中已经绘制好了一 1：1 大小的 A0 图纸框，如图 15-2 所示。

② 将【中心线】图层设置为当前图层，执行 L【直线】命令，在图纸的主视图位置绘制传动机构的中心线，中心线长度任意，间距如图 15-3 所示。

③ 绘制齿轮轮廓。执行 C【圆】命令，分别在中心线的交点处绘制圆，尺寸按大、小齿轮的分度圆直径 $\phi48$、$\phi192$，如图 15-4 所示。

④ 绘制俯视图中心线。在俯视图位置绘制中心线，长度任意，如图 15-5 所示。

图 15-2　素材图形

图 15-3　绘制中心线

图 15-4　绘制齿轮分度圆

图 15-5　绘制俯视图中心线

⑤ 绘制传动机构简图。切换到【虚线】图层，执行 L【直线】命令，在俯视图中绘制大、小齿轮的示意图，边界按各自的齿顶圆尺寸，同时根据投影绘制出分度圆线，如图 15-6 所示。

图 15-6　在俯视图中绘制大、小齿轮轮廓

（2）绘制箱体并补全齿轮

箱体是减速器的基本零件，由箱座、箱盖两部分组成，其主要就是为其他所有的功能零件

图 15-7　在俯视图中绘制箱体内壁轮廓

提供支承和固定作用，同时盛装润滑散热的油液。因此为了避免齿轮与箱体内壁相配，并方便装配，齿轮与箱体内壁之间应留有一定的距离（一般为 8~10mm），一般取箱体内壁与小齿轮端面的距离要大于箱座壁厚，而大齿轮齿顶圆与箱体内壁的距离也是同理。

① 切换到【轮廓线】图层，执行 L【直线】命令，在俯视图中绘制箱体的内壁线，效果如图 15-7 所示。

> **提示** 此时应根据大、小齿轮的尺寸，设计箱体内壁宽度为 65（小齿轮宽度 45+2×间距 10=65），内壁右端至大齿轮中心线的距离为 107（大齿轮齿顶圆半径 98+间距 9=107）；而内壁左端至小齿轮中心线的距离，因不仅要考虑小齿轮到箱体内壁的距离，还需考虑后续设计的箱座与箱盖连接的螺栓孔是否会与箱体的轴承安装孔干涉，所以箱体内壁左边可以先不确定长度，事后再进行调整。

② 绘制箱体外侧轮廓。执行 L【直线】命令，在俯视图中绘制箱体的外侧轮廓，如图 15-8 所示。

图 15-8　绘制箱体的外侧轮廓

> **提示** 对于剖分式减速器，箱体轴承座内端面常为箱体内壁，从内壁至最外侧的一段厚度，即轴承安装孔的深度。轴承安装孔的深度 B 取决于箱体壁厚（L）、轴承旁连接螺栓及其所需的扳手空间 C_1 和 C_2 的尺寸，以及区分加工面与铸造毛坯面所留出的尺寸（5~8mm）。因此，轴承安装孔的深度 $B=L+C_1+C_2+5~8mm$，其中壁厚 L 按 $L=0.025a+1\geq8$ 算得，此处为 8mm；C_1、C_2 由轴承旁连接螺栓确定，本减速器所用连接螺栓为 $M12$，因此查得扳手空间 C_1 和 C_2 分别为 18mm 与 16mm，这样就可以算得 $B=8+18+16+8=50mm$，如图 15-8 所示。

③ 导入大齿轮图形。将用虚线绘制的大、小齿轮轮廓删除，然后使用 Ctrl+C【复制】、Ctrl+V【粘贴】命令，将第 15 章绘制好的大齿轮图形主视图粘贴进来，并使用 M【移动】、RO【旋转】等编辑命令，将大齿轮按主视图的分度圆对齐至俯视图中心线上，如图 15-9 所示。

④ 导入低速轴图形。同样使用 Ctrl+C【复制】、Ctrl+V【粘贴】命令，将与大齿轮装配的低速轴粘贴进来，按中心线、并靠紧轴肩进行对齐，并使用 TR【修剪】、E【删除】命令删除多余图形，如图 15-10 所示。

⑤ 导入小齿轮轴图形。按同样方法，将小齿轮轴粘贴进来，分度圆与大齿轮分度圆线重合，且按水平中心线对齐，使用 TR【修剪】、E【删除】命令删除多余图形，如图 15-11 所示。

（3）添加轴承与端盖

❑ 添加轴承

在第 15 章中已知轴承的选用为深沟球轴承，其型号为 6205 与 6207，在素材文件"第 15章\配件\轴承.dwg"中可以找到该轴承图形。

图 15-9　导入大齿轮图形

图 15-10　导入低速轴图形

图 15-11　导入小齿轮轴

图 15-12　添加轴承

① 打开素材文件"第 15 章\配件\轴承.dwg",将 6205、6207 轴承复制粘贴到装配图当中,如图 15-12 所示。

❑ 添加轴承盖

轴承盖用于固定轴承,调整轴承间隙及承受轴向载荷,多用铸铁制造,也有由碳素钢车削加工制成。凸缘式轴承端盖的尺寸如图 15-13 所示。

图 15-13　凸缘式端盖尺寸结构图

其中,$e=1.2d_3$,d_3 为螺钉公称直径;$D_0=D+(2\sim2.5)d_3$,D 为轴承外径;$D_2=D_0+(2.5\sim3)D_3$;$D_4=(0.85\sim0.9)D$;$D_5=D_0-(2.5\sim3)D_3$,m 值由具体的结构确定。

本案例中的减速器轴承端盖,可按表 15-2 中数据自行绘制,也可以打开素材文件"第 15 章\配件\端盖.dwg",直接打开端盖图形并复制粘贴进装配图。

表 15-2　轴承端盖尺寸　　　　　　　　　　　　　　　　　　　　　　　mm

对应轴承	D	D_0	D_2	D_3	D_4	D_5	m	e	e_1
6205	52	68	90	8	47	56	24	7	10
6207	72	88	105	8	65	70	17	7	10

② 打开素材文件"第 15 章\配件\端盖.dwg",将 6205、6207 对应的轴承端盖复制粘贴到装配图当中,端盖凸缘底边贴紧绘制出来的箱体外侧轮廓,修剪掉多余线段,如图 15-14 所示。

图 15-14　插入轴承端盖

③ 绘制低速轴上的封油毡圈。毡圈为标准件,其形式和尺寸应符合行业标准 JB/ZQ 4606—

1997，查得该标准得到对应的毡圈尺寸，然后在装配图中进行绘制，如图 15-15 所示。

图 15-15　插入低速轴的轴承端盖

> **提示** 　　封油毡圈只需用于轴上开键槽的一端，同样可以打开素材文件"第 15 章\配件\油封毡圈.dwg"获得。

④ 按相同方法，绘制高速轴上的油封毡圈，如图 15-16 所示。

图 15-16　插入高速轴的轴承端盖

（4）绘制俯视图上的其他部分

① 补全内壁。将【轮廓线】图层设置为当前图层，将内壁左侧未封闭的部分封闭，尺寸如图 15-17 所示。

图 15-17　补全内壁

② 绘制油槽。将【轮廓线】图层设置为当前图层，执行 L【直线】命令，在俯视图中绘制油槽如图 15-18 所示。

③ 绘制隔套。隔套即用来安放在轴承与齿轮之间，用于压紧齿轮的零件。本例中小齿轮与轴直接设计为一整体齿轮轴，因此隔套只需用于大齿轮上。执行 L【直线】命令，在俯视图中绘制大齿轮的隔套如图 15-19 所示。

图 15-18　绘制油槽

图 15-19　绘制隔套

提示：隔套的剖面线一定要与周边零件的剖面线方向相反。

15.2.2　绘制装配图的主视图

操作实例 15-2　利用操作实例 15-1 所绘制的俯视图，通过投影的方法来绘制主视图的大致图形

（1）绘制端盖部分

① 绘制轴与轴承端盖。切换到【虚线】图层，执行 L【直线】命令，从俯视图中向主视图绘制投影线，如图 15-20 所示。

② 切换到【轮廓线】图层，执行 C【圆】命令，按投影关系，在主视图中绘制端盖与轴的轮廓，如图 15-21 所示。

③ 绘制端盖螺钉。选用的螺钉为 GB/T 5783—2016 的外六角螺钉，查相关手册即可得螺钉的外形形状，然后切换到【中心线】图层，绘制出螺钉的布置圆，再切换回【轮廓线】图层，执行相关命令绘制螺钉即可，如图 15-22 所示。

（2）绘制凸台部分

① 确定轴承安装孔两侧的螺栓位置。单击【修改】面板中的【偏移】按钮，执行【偏

移】命令，将主视图中左侧的垂直中心线向左偏移 43mm，向右偏移 60mm；右侧的中心线向右偏移 53mm，作为凸台连接螺栓的位置，如图 15-23 所示。

图 15-20　绘制主视图投影线

图 15-21　在主视图绘制端盖与轴

图 15-22　绘制端盖螺钉

图 15-23　确定螺栓位置

提示　　轴承安装孔两侧的螺栓间距不宜过大，也不宜过小，一般取凸缘式轴承盖的外圆直径。距离过大，不设凸台，轴承刚度差；距离过小，螺栓孔可能会与轴承端盖的螺栓孔干涉，还可能与油槽干涉，为保证扳手空间，将会不必要地加大凸台高度。

② 绘制箱盖凸台。同样执行 O【偏移】命令，将主视图的水平中心线向上偏移 38mm，此即凸台的高度；然后偏移左侧的螺钉中心线，向左偏移 16mm，再将右侧的螺钉中心线向右偏移 16mm，此即凸台的边线；最后切换到【轮廓线】图层，执行 L【直线】命令将其连接即可，如图 15-24 所示。

图 15-24　绘制箱盖凸台

③ 绘制箱座凸台。按相同方法，绘制下方的箱座凸台，如图 15-25 所示。

图 15-25　绘制箱座凸台

④ 绘制凸台的连接凸缘。为了保证箱盖与箱座的连接刚度，要在凸台上增加一凸缘，且凸缘的应该较箱体的壁厚略厚，约为 1.5 倍壁厚。因此执行 O【偏移】命令，将水平中心线向上、下偏移 12mm，然后绘制该凸缘，如图 15-26 所示。

图 15-26　绘制凸台凸缘

⑤ 绘制连接螺栓。连接螺栓的画法在第 10 章中有所介绍，而为了节省空间，在此只需绘制出其中一个连接螺栓（M10×90）的剖视图，其余用中心线表示即可，如图 15-27 所示。

图 15-27　绘制连接螺栓

（3）绘制观察孔与吊环

① 绘制主视图中的箱盖轮廓。切换到【轮廓线】图层，执行 L【直线】、C【圆】等绘图命令，绘制主视图中的箱盖轮廓如图 15-28 所示。

图 15-28　绘制主视图中的箱盖轮廓

② 绘制观察孔。执行 L【直线】、F【倒圆角】等绘图命令，绘制主视图上的观察孔如图 15-29 所示。

图 15-29　绘制主视图中的观察孔

③ 绘制箱盖吊环。执行 L【直线】、C【圆】等绘图命令，绘制箱盖上的吊钩，效果如图 15-30 所示。

图 15-30　绘制箱盖吊环

（4）绘制箱座部分

① 绘制箱座轮廓。按计算出来的传动装置高度，确定箱座的总高为 152mm，因此将水平中心线向下偏移 152，得到箱座的底线，然后执行 L【直线】命令，补画箱座的其余部分，如图 15-31 所示。

图 15-31　绘制箱座轮廓

② 绘制油标孔。切换到【轮廓线】图层，执行 L【直线】命令，在箱座部分的右侧绘制油标孔如图 15-32 所示。

③ 绘制放油孔。执行 L【直线】、F【倒圆角】命令，绘制放油孔如图 15-33 所示。

图 15-32　绘制油标孔

图 15-33　绘制放油孔

> **提示**
> 在绘制油标孔时，如果箱体吊钩在箱体的中间部位、油标孔的正上方，则要注意保证油标在插入和取下的过程中不与箱体的吊钩出现干涉；而在绘制放油孔时，要使放油孔最下方的图线位置比箱体底部图线低，这样才能保证箱体中所有的油能放尽。

④ 插入油标和油口塞。打开素材文件"第15章\配件\油标与油口塞、观察器.dwg"，将油标和油口塞的图形复制粘贴到装配图当中，如图15-34所示。

⑤ 绘制箱座右侧的连接螺栓。箱座右侧的连接螺栓为M8×35，型号为GB/T 5782—2016的外六角螺栓，按之前所介绍的方法绘制，如图15-35所示。

图15-34 插入油标和油口塞

图15-35 绘制连接螺栓

⑥ 绘制主视图上的吊钩。执行L【直线】、C【圆】命令，并结合TR【修剪】工具，绘制主视图上的吊钩如图15-36所示。

图15-36 绘制吊钩图形

⑦ 补全主视图。调用相应命令绘制主视图中的其他图形，如起盖螺钉、圆柱销等，再补上剖面线，最终的主视图图形如图15-37所示。

图15-37 补全主视图

15.2.3　绘制装配图的左视图

操作实例 15-3　根据操作实例 15-1、15-2 绘制的俯视图、主视图，利用投影关系来绘制左视图

（1）绘制左视图外形轮廓

① 将【中心线】图层设置为当前图层，执行 L【直线】命令，在图纸的左视图位置绘制的中心线，中心线长度任意。

② 切换到【虚线】图层，执行 L【直线】命令，从主视图中向左视图绘制投影线，如图 15-38 所示。

图 15-38　绘制左视图的投影线

③ 执行 O【偏移】命令，将左视图的垂直中心线向左右对称偏移 40.5、60.5、80、82、84.5，如图 15-39 所示。

图 15-39　偏移中心线

图 15-40　修剪图形

④ 修剪左视图。切换到【轮廓线】图层，执行 L【直线】命令，绘制左视图的轮廓，再执行 TR【修剪】命令，修剪多余的辅助线，结果如图 15-40 所示。

⑤ 绘制凸台与吊钩。切换到【轮廓线】图层，执行 L【直线】、C【圆】等绘图命令，绘制左视图中的凸台与吊钩轮廓，然后执行 TR【修剪】命令删除多余的线段，如图 15-41 所示。

⑥ 绘制定位销、起盖螺钉中心线。执行 O【偏移】命令，将左视图的垂直中心线向左、右对称偏移 60mm，作为箱盖与箱座连接螺栓的中心线位置，同样也是箱座地脚螺栓的中心线位置，如图 15-42 所示。

图 15-41   绘制凸台与吊钩

图 15-42   绘制中心线

⑦ 绘制定位销与起盖螺钉。执行 L【直线】、C【圆】等绘图命令，在左视图中绘制定位销（6×35，GB/T 117—2000）与起盖螺钉（M6×15，GB/T 5783—2016），如图 15-43 所示。

⑧ 绘制端盖。执行 L【直线】命令，绘制轴承端盖在左视图中的可见部分，如图 15-44 所示。

图 15-43   绘制定位销与起盖螺钉

图 15-44   绘制端盖

⑨ 绘制左视图中的轴。执行 L【直线】命令，绘制高速轴与低速轴在左视图中的可见部分，伸出长度参考俯视图，如图 15-45 所示。

⑩ 补全左视图。按投影关系，绘制左视图上方的观察孔以及封顶、螺钉等，最终效果如图 15-46 所示。

图 15-45 绘制左视图中的轴

图 15-46 补全左视图

（2）补全俯视图

① 补全俯视图。主视图、左视图的图形都已经绘制完毕，这时就可以根据投影关系，补全俯视图，最终效果如图 15-47 所示。

图 15-47 补全俯视图

② 至此装配图的三视图全部绘制完成，效果如图 15-48 所示。

图 15-48　装配图的最终三视图效果

15.3　标注装配图

图形创建完毕后，就要对其进行标注。装配图中的标注包括标明序列号、填写明细表，以及标注一些必要的尺寸，如重要的配合尺寸、总长、总高、总宽等外形尺寸，以及安装尺寸等。

15.3.1　标注尺寸

操作实例 15-4　标注装配图的尺寸

主要包括外形尺寸、安装尺寸以及配合尺寸，分别标注如下。

（1）标注外形尺寸

由于减速器的上、下箱体均为铸造件，因此总的尺寸精度不高，而且减速器对于外形也无过多要求，因此减速器的外形尺寸只需注明大致的总体尺寸即可。

① 将标注样式设置为【ISO-25】，可自行调整标注的【全局比例】，用以控制标注文字的显示大小。

② 标注总体尺寸。切换到【标注线】图层，执行 DLI【线性】等标注命令，按之前介绍的方法标注减速器的外形尺寸，主要集中在主视图与左视图上，如图 15-49 所示。

（2）标注安装尺寸

安装尺寸即减速器在安装时所涉及的尺寸，包括减速器上地脚螺栓的尺寸、轴的中心高度，以及吊环的尺寸等。这部分尺寸有一定的精度要求，需参考装配精度进行标注。

图 15-49　视图布置参考图

① 标注主视图上的安装尺寸。主视图上可以标注地脚螺栓的尺寸，执行 DLI【线性】标注命令，选择地脚螺栓剖视图处的端点，标注该孔的尺寸，如图 15-50 所示。

图 15-50　标注主视图上的安装尺寸

② 标注左视图的安装尺寸。左视图上可以标注轴的中心高度，此即所连接联轴器与带轮的工作高度，标注如图 15-51 所示。

③ 标注俯视图的安装尺寸。俯视图中可以标注高、低速轴的末端尺寸，即与联轴器、带轮等的连接尺寸，标注如图 15-52 所示。

图 15-51　标注轴的中心高度　　　　　　图 15-52　标注轴的连接尺寸

（3）标注配合尺寸

配合尺寸即零件在装配时需保证的配合精度，对于减速器来说，即轴与齿轮、轴承，轴承与箱体之间的配合尺寸。

① 标注轴与齿轮的配合尺寸。执行 DLI【线性】标注命令，在俯视图中选择低速轴与大齿轮的配合段，标注尺寸，并输入配合精度，如图 15-53 所示。

图 15-53　标注轴、齿轮的配合尺寸

图 15-54　标注轴、轴承的配合尺寸

图 15-55　标注轴承、轴承安装孔的配合尺寸

② 标注轴与轴承的配合尺寸。高、低速轴与轴承的配合尺寸均为 H7/k6，标注效果如图 15-54 所示。

③ 标注轴承与轴承安装孔的配合尺寸。为了安装方便，轴承一般与轴承安装孔取间隙配合，因此可取配合公差为 H7/f6，标注效果如图 15-55 所示。至此，尺寸标注完毕。

15.3.2　添加序列号

操作实例 15-5　为装配图添加序列号

装配图中的所有零件和组件都必须编写序号。装配图中一个相同的零件或组件只编写一个序号，同一装配图中相同的零件编写相同的序号，而且一般只注明一次。另外，零件序号还应与事后的明细表中序号一致。

① 设置引线样式。单击【注释】面板中的【多重引线样式】按钮 ，打开【多重引线样式管理器】对话框，如图 15-56 所示。

② 单击其中的【修改】按钮，打开【修改多重引线样式：Standard】对话框，设置其中的【引线格式】选项卡，如图 15-57 所示。

图 15-56　【多重引线样式管理器】对话框

图 15-57　修改【引线格式】选项卡

图 15-58　修改【引线结构】选项卡

图 15-59　修改【内容】选项卡

③ 切换至【引线结构】选项卡，设置其中参数，如图 15-58 所示。

④ 切换至【内容】选项卡，设置其中参数，如图 15-59 所示。

⑤ 标注第一个序号。将【细实线】图层设置为当前图层，单击【注释】面板中的【引线】按钮 ，然后在俯视图的箱座处单击，引出引线，然后输入数字 "1"，即表明该零件为序号为 1 的零件，如图 15-60 所示。

图 15-60　标注第一个序号

⑥ 按此方法，对装配图中的所有零部件进行引线标注，最终效果如图 15-61 所示。

图 15-61　标注其余的序号

15.3.3　绘制并填写明细表

操作实例 15-6　绘制并填写装配图明细表

① 单击【绘图】面板中的【矩形】按钮 ▭，按本书第 1 章所介绍的装配图标题栏，进行绘制，如图 15-62 所示。

序号	代　号	名　称	数量	材　料	单件 总计 重量	备　注
4	-04	缸筒	1	45		
3	-03	连接法兰	2	45		
2	-02	缸头	1	QT400		
1	-01	活塞杆	1	45		

图 15-62　复制素材中的标题栏

② 将该标题栏缩放至适合 A0 图纸的大小，然后按上步骤添加的序列号顺序填写对应明细表中的信息。如上步骤序列号 1 对应的零件为"箱座"，因此便在序号 1 的明细表中填写信息如图 15-63 所示。

1	JSQ-4-01	箱座	1	HT200		

图 15-63　按添加的序列号填写对应的明细表

序号	代号	名称	数量	材料	单件/总计 重量	备注
34	GB/T 5782	起盖螺钉	1	10.9级		外购
33	JSQ-4-14	箱盖	1	HT200		
32		视孔垫片	1	软钢纸板		装配自制
31	GB/T 5783	外六角螺钉M6×10	4	8.8级		外购
30	JSQ-4-13	视孔盖	1	45		
29	JSQ-4-12	通气器	1	45		
28	GB/93	弹性垫圈10	6	65Mn		外购
27	GB/T 6170	六角螺母M10	6	10级		外购
26	GB/T 5782	外六角螺栓M10×90	6	8.8级		外购
25	GB/T 117	圆锥销8×35	2	45		外购
24	GB 93	弹性垫圈8	2	65Mn		外购
23	GB/T 6170	六角螺母M8	2	10级		外购
22	GB/T 5782	外六角螺栓M8×35	2	8.8级		外购
21	JSQ-4-11	油标	1	组合件		
序号	代号	名称	数量	材料	单件/总计 重量	备注

序号	代号	名称	数量	材料	单件/总计 重量	备注
20		封油圈	1	耐油橡胶		装配自制
19	JSQ-4-10	M12油口塞	1	45		
18	JSQ-4-09	大齿轮	1	45		$m=2,z=96$
17	GB/T 276	深沟球轴承6207	2	成品		外购
16	GB/T 1096	键C12×32	1	45		外购
15	JSQ-4-08	轴承端盖(6207闷)	1	HT150		
14		封油毡圈(小)	1	半粗羊毛毡		
13	JSQ-4-07	高速齿轮轴	1	45		$m=2,z=24$
12	GB/T 1096	键C8×30	1	45		外购
11	JSQ-4-06	轴承端盖(6205闷)	1	HT150		
10	GB/T 5783	外六角螺钉M6×25	16	8.8级		外购
9	GB/T 276	深沟球轴承6205	2	成品		外购
8	JSQ-4-05	轴承端盖(6205闷)	1	HT150		
7	JSQ-4-04	隔套	1	45		
6		封油毡圈(45×φ33)	1	半粗羊毛毡		外购
5	JSQ-4-03	低速轴	1	45		
4	GB/T 1096	平键C8×50	1	45		外购
3	JSQ-4-02	轴承端盖(6207通)	1	HT150		
2		调整垫片	2组	08F		装配自制
1	JSQ-4-01	箱座	1	HT200		
序号	代号	名称	数量	材料	单件/总计 重量	备注

标记 处数 更改文件号 签字 日期

设计　　　　　标准化

审核　　　　工艺

图样标记　重量　比例　1:2

图号　　　　JSQ-4

单级圆柱齿轮减速器

课程设计-4

共　页　第　页

图 15-64　填写明细表

提 示 "JSQ-4"即表示为题号 4 所对应的减速器，而后面的"-01"，则表示为该减速器中，代号为 01 的零件。代号只是为了方便生产，由设计人员自行拟订的，与装配图上的序列号并无直接关系。

③ 按相同方法，填写明细表上的所有信息如图 15-64 所示。

提 示 在对照序列号填写明细表的时候，可以选择【视图】选项卡，然后在【视口配置】下拉选项中选择【两个：水平】选项，模型视图便从屏幕中间一分为二，且两个视图都可以独立运作。这时将一个视图移动至模型的序列号上，另一个视图移动至明细表处进行填写，如图 15-65 所示，这种填写方式就显得十分便捷了。

图 15-65　多视图对照填写明细表

15.3.4　添加技术要求

减速器的装配图中，除了常规的技术要求外，还要有技术特性，即写明减速器的主要参数，如输入功率、传动比等，类似于齿轮零件图中的技术参数表。

操作实例 15-7　添加装配图的技术要求

① 填写技术特性。绘制一简易表格，然后在其中输入文字如图 15-66 所示，尺寸大小任意。

技术特性

输入功率 /kW	输入轴转速 /(r/min)	传动比
2.09	376	4

图 15-66　输入技术特性

② 单击【默认】选项卡中【注释】面板上的【多行文字】按钮 **A**，在图标题栏上方的空白部分插入多行文字，输入技术要求如图 15-67 所示。

技术要求

1. 装配前，滚动轴承用汽油清洗，其他零件用煤油清洗，箱体内不允许有任何杂物存在，箱体内壁涂耐磨油漆；

2. 齿轮副的测隙用铅丝检验，测隙值应不小于0.14mm；

3. 滚动轴承的轴向调整间隙均为0.05～0.1mm；

4. 齿轮装配后，用涂色法检验齿面接触斑点，沿齿高不小于45%，沿齿长不小于60%；

5. 减速器剖面分面涂密封胶或水玻璃，不允许使用任何填料；

6. 减速器内装 L-AN15(GB 443—89)，油量应达到规定高度；

7. 减速器外表面涂绿色油漆。

图 15-67　输入技术要求

③ 减速器的装配图绘制完成，最终的效果如图 15-68 所示（详见素材文件"15-1 减速器装配图-OK"）。

图 15-68　减速器装配图

第 16 章

由装配图拆画箱体零件图

（扫码获取配套资源）

在工程设计实践中，往往是先根据功能需要设计出方案简图，然后根据功率、负载、扭矩等工况条件细化成装配图，最后由装配图拆画零件图。

16.1　拆画零件图概述

在设计部件时，需要根据装配图拆画零件图，简称拆图。拆图时应该对所拆零件的作用进行分析，然后从装配图中分离出该零件的轮廓（即把零件从装配图中与其组装的其他零件中分离出来）。具体方法是在各视图的投影轮廓中划出该零件的范围，结合分析，补齐所缺的轮廓线。有时还需要根据零件图的视图表达方法重新安排视图。选定和画出视图以后，应按零件图的要求，标注公差尺寸与技术要求。

此处介绍几个在拆画零件图时需要注意的问题。

（1）对拆画零件图的要求

➢ 画图前，必须认真审读装配图，全面深入地了解设计意图，弄清楚工作原理、装配关系、技术要求和每个零件的结构形状。

➢ 画图时，不但要从设计方面考虑零件的作用和要求，而且还要从工艺方面考虑零件的制造和装配，应使所画的零件图符合设计与工艺要求。如果发现需要改进的地方，需及时改正，并修改装配图。

（2）拆画零件图时需要处理的问题

❑ 零件分类

按照对零件的要求，可将零件分成 4 类：

➢ 标准件：如螺钉、螺母等，标准件大多属于外购件，因此不需单独画出零件图，只需在装配图上有所表示，并在明细表中按规定的标记代号列出即可。

➢ 借用件：比如多个不同型号的减速器，可能使用同一规格的油口塞，即该油口塞设计加工好后，可用于多种减速器上。因此借用件便是借用定型产品上的零件，对于这类零件，可利用现有的图样，而不必另行画图。

➢ 特殊零件：特殊零件是设计时所确定下来的重要零件，在设计说明书中都附有这类零件的图样或重要数据，如汽轮机的叶片、喷嘴，以及本减速器中的齿轮与轴。这些零件的图纸由计算出的数据绘制，不由装配图拆画。

➢ 一般零件：这类零件基本上是按照装配图所体现的形状、大小和有关的技术要求来画图，是拆画零件图的主要对象。

❑ 对表达方案的处理

拆画零件图时，零件的表达方案是根据零件的结构形状特点考虑的，不强求与装配图一致。在多数情况下，壳体、箱座类零件主视图所选的位置可以与装配图一致。这样做的好处是装配机器时便于对照，如减速器箱座。而对于轴套类零件，一般按加工位置选取主视图。

❑ 对零件结构形状的处理

在装配图中，对零件上某些局部结构，往往未完全给出；对零件上某些标准结构（如倒角、倒圆、退刀槽等），也未完全表达。拆画零件图时，应结合考虑设计和工艺的要求补画这些结构，如果是零件上某部分需要与某零件装配时一起加工，则应在零件图上注明配做。

❑ 对零件图上尺寸的处理

装配图上的尺寸不是很多，各零件结构形状的大小已经过设计人员的考虑，虽未标明尺寸数值，但基本上是合适的。因此，根据装配图拆画零件图，可以从图样上按比例直接量取尺寸。尺寸大小必须根据不同的情况分别处理。

➢ 装配图上已注明的尺寸，在有关的零件图上直接注明。对于配合尺寸，某些相对位置尺寸要注出偏差数值。

➢ 与标准件相连接或配合的有关尺寸，如螺纹的有关尺寸、销孔直径等，要从相应标准中查取。

➢ 某些零件在明细表中给出了尺寸，如弹簧尺寸、垫片厚度等，要按给定的尺寸注写。

➢ 根据装配图所给出的数据进行计算的尺寸，如齿轮分度圆、齿顶圆直径尺寸等，要经过计算后注写。

➢ 相邻零件的接触面有关尺寸及连接件的有关定位尺寸要协调一致。

➢ 有关标准规定的尺寸，如倒角、沉孔、螺纹退刀槽等，要从《机械设计手册》中查取。

➢ 其他尺寸均从装配图中直接量取，但要注意尺寸数字的圆整和取标准化数值。

❑ 零件表面粗糙度的确定

零件上各表面粗糙度是根据其作用和要求确定的。一般接触面与配合面的表面粗糙度数值应较小，自由表面的表面粗糙度数值一般较大，但是有密封、耐蚀、美观要求的表面粗糙度数值应较小。

16.2 由减速器装配图拆画箱座零件图

箱座是减速器的基本零件，其主要就是为其他所有的功能零件提供支承和固定作用，同时盛装润滑散热的油液。在所有的零件中，其结构最复杂，绘制也最困难。下面便介绍由装配图拆画箱座零件图的方法。

16.2.1 由装配图的主视图拆画箱座零件的主视图

操作实例 16-1 由装配图的主视图拆画箱座零件的主视图

（1）从装配图中分离出箱座的主视图轮廓

① 打开素材文件"第 16 章\16-1 拆画箱座零件图.dwg"，素材中已经绘制好了一 1：1 大

小的 A1 图框，如图 16-1 所示。

② 使用 Ctrl+C【复制】、Ctrl+V【粘贴】命令从装配图的主视图中分离出箱座的主视图轮廓，然后放置在图框的主视图位置上，如图 16-2 所示。

图 16-1　素材图形

图 16-2　从装配图中分离出来的箱座主视图

（2）补画轴承旁的螺栓通孔

① 将【轮廓线】图层设置为当前图层，执行 L【直线】命令，连接所缺的线段，并且绘制完整的螺栓孔，如图 16-3 所示。

图 16-3　绘制轴承旁螺栓通孔

② 单击【绘图】面板中的【样条曲线】按钮，在螺栓通孔旁边绘制剖切边线，并按该边线进行修剪，最后执行 H【图案填充】命令，选择图案为 ANSI31，比例为 1，角度为 90°，填充图案，结果如图 16-4 所示。

图 16-4　填充剖面线

（3）补画油标尺安装孔及放油孔

① 执行 L【直线】、TR【修剪】命令，修缮油标尺安装孔，注意螺纹的画法，如图 16-5 所示。

② 执行 L【直线】、TR【修剪】命令，修缮放油孔，注意螺纹的画法，如图 16-6 所示。

图 16-5　绘制油标尺安装孔

图 16-6　绘制放油孔

（4）补画其他图形

执行 L【直线】、TR【修剪】命令，补画主视图轮廓线，形成完整的箱体顶面，补画销孔以及和轴承端盖上的连接螺钉配合的螺纹孔，最终主视图效果如图 16-7 所示。

图 16-7　补全主视图

16.2.2　由装配图的俯视图拆画箱座零件的俯视图

操作实例 16-2　由装配图的俯视图拆画箱座零件的俯视图

① 从装配图中分离出箱座的俯视图轮廓。使用 Ctrl+C【复制】、Ctrl+V【粘贴】命令从装配图的主视图中分离出箱座的主视图轮廓，然后放置在图框的主视图位置上，如图 16-8 所示。

② 补画俯视图轮廓线线。由于装配图中的俯视图为剖视图形，因此遗漏的内容较多，需要多次使用 L【直线】命令进行修补。补全箱体顶面轮廓线、箱体底面轮廓线及中间膛轮廓线，如图 16-9 所示。

图 16-8　从装配图中分离出来的箱座俯视图

图 16-9　补画轮廓线

③ 补画轴承安装孔。轴承安装孔是箱座零件的重要部分，因此需重点绘制。由前面的章节可知，选用的轴承为深沟球轴承 6205、6207，因此对应的安装孔为 $\phi52$mm 与 $\phi72$mm，按此数据，使用 E【删除】和 S【延伸】命令对俯视图上的安装孔进行修改，并删除多余的线条，最终效果如图 16-10 所示。

图 16-10　补画轴承安装孔

图 16-11　箱座俯视图

④ 补画油槽、螺栓孔与销孔。执行 E【删除】命令，删除图 16-10 左下角多余的螺钉图形，以及其他的多余线段，然后单击【绘图】面板中的【圆】按钮◎，绘制俯视图下方的螺栓孔，删除多余的剖面线，最后补全俯视图左侧的油槽，最终图形如图 16-11 所示。

16.2.3　由装配图的左视图拆画箱座零件的左视图

操作实例 16-3　由装配图的左视图拆画箱座零件的左视图

（1）从装配图中分离出箱座的左视图轮廓

使用 Ctrl+C【复制】、Ctrl+V【粘贴】命令从装配图的主视图中分离出箱座的主视图轮廓，然后放置在图框的主视图位置上，如图 16-12 所示。

（2）修剪箱座左视图轮廓

切换到【轮廓线】图层，执行 L【直线】命令，修补左视图的轮廓，再执行 TR【修剪】命令，修剪多余图形，结果如图 16-13 所示。

图 16-12　从装配图中分离出来的箱座左视图

图 16-13　补画并修剪图形

（3）绘制剖面图

① 将图 16-14 中的竖直中心线右面部分进行剖切，并删除多余的部分，然后执行 L【直线】

图 16-14　绘制剖切轮廓

图 16-15　箱座左视图

命令，绘制右半部分剖切后的轮廓线，如图 16-14 所示。

② 执行 H【图案填充】命令，选择图案为 ANSI31，比例为 1，角度为 90°，填充图案，结果如图 16-15 所示。

③ 将创建好的箱座三视图放置在图框合适的位置处，注意按"长对正，高平齐，宽相等"的原则对齐，如图 16-16 所示。

图 16-16　箱座零件的三视图

16.2.4　标注箱座零件图

图形创建完毕后，就要对其进行标注，包括尺寸、形位公差、表面粗糙度等，还要填写有关的技术要求。

操作实例16-4　标注箱座零件图 🔲

（1）标注尺寸

① 将标注样式设置为【ISO-25】，可自行调整标注的【全局比例】，用以控制标注文字的显示大小。

② 标注主视图尺寸。切换到【标注线】图层，执行 DLI【线性】、DDI【直径】等标注命令，按之前介绍的方法标注主视图图形，最如图 16-17 所示。

图 16-17　标注主视图尺寸

③ 标注主视图的精度尺寸。主视图中仅轴承安装孔孔径（52、72）、中心距（120）三处重要尺寸需要添加精度，而轴承的安装孔公差为 H7，中心距可以取双向公差，对这些尺寸添加精度，如图 16-18 所示。

图 16-18　标注主视图的精度尺寸

图 16-19　标注俯视图尺寸

图 16-20　标注左视图尺寸

具体标注效果如图 16-21 所示。

④ 标注俯视图尺寸。俯视图的标注相对于主视图来说比较简单，没有很多重要尺寸，主要需标注一些在主视图上不好表示的轴、孔中心距尺寸，最后的标注效果如图 16-19 所示。

⑤ 标注左视图尺寸。左视图主要需标注箱座零件的高度尺寸，比如零件总高、底座高度等具体标注如图 16-20 所示。

（2）标注形位公差与表面粗糙度

① 标注俯视图形位公差与表面粗糙度。由于主视图上尺寸较多，因此此处选择俯视图作为放置基准符号的视图，

图 16-21　为俯视图添加形位公差与表面粗糙度

图 16-22　标注主视图的形位公差与表面粗糙度

② 标注主视图形位公差与表面粗糙度。按相同方法，标注箱座零件主视图上的形位公差与表面粗糙度，最终效果如图 16-22 所示。

③ 标注左视图形位公差与表面粗糙度。按相同方法，标注箱座零件左视图上的形位公差与表面粗糙度，最终效果如图 16-23 所示。

图 16-23　标注左视图的形位公差与表面粗糙度

（3）添加技术要求。

① 单击【默认】选项卡中【注释】面板上的【多行文字】按钮 **A**，在图标题栏上方的空白部分插入多行文字，输入技术要求如图 16-24 所示。

技术要求

1. 箱座铸成后，应清理并进行实效处理。

2. 箱盖和箱座合箱后，边缘应平齐，相互错位不大于2mm。

3. 应检查与箱盖接合面的密封性，用0.05mm塞尺塞入深度不得大于接合面宽度的1/3。用涂色法检查接触面积达一个斑点。

4. 与箱盖连接后，打上定位销进行镗孔，镗孔时结合面处禁放任何衬垫。

5. 轴承孔中心线对剖分面的位置度公差为0.3mm。

6. 两轴承孔中心线在水平面内的轴线平行度公差为0.020mm，两轴承中心线在垂直面内的轴线平行度公差为0.010mm。

7. 机械加工未注公差尺寸的公差等级为GB/T 1804-m。

8. 未注明的铸造圆角半径R=3～5mm。

9. 加工后应清除污垢，内表面涂漆，不得漏油。

图 16-24　输入技术要求

② 箱座零件图绘制完成，最终的图形效果如图 16-25 所示（详见素材文件"16-1 拆画箱座零件图-OK"）。

图 16-25　箱座零件图

16.3　由减速器装配图拆画箱盖零件图

箱盖与箱座一起构成了减速器的箱体，为减速器的基本结构，其主要作用便是封闭整个减速器，使里面的齿轮在一个密闭的工作空间中运动，以免外界的灰尘等污染物干扰齿轮运转，从而影响传动性能。下面便按照拆画箱座零件图的方法，从装配图中拆画箱盖零件图。

16.3.1　由装配图的主视图拆画箱盖零件的主视图

操作实例 16-5　由装配图的主视图拆画箱盖零件的主视图

（1）从装配图中分离出箱座的主视图轮廓

① 打开素材文件"第 16 章\16-5 拆画箱盖零件图.dwg"，素材中已经绘制好了一 1：1 大小的 A1 图框，如图 16-26 所示。

② 使用 Ctrl+C【复制】、Ctrl+V【粘贴】命令从装配图的主视图中分离出箱座的主视图轮廓，然后放置在图框的主视图位置上，如图 16-27 所示。

图 16-26　素材图形

图 16-27　从装配图中分离出来的箱盖主视图

（2）补画轴承旁的螺栓通孔

① 将【轮廓线】图层设置为当前图层，执行 L【直线】命令，连接所缺的线段，并且绘制完整的螺栓孔，如图 16-28 所示。

图 16-28　绘制轴承旁螺栓通孔

② 将【细实线】图层设置为当前图层，然后单击【绘图】面板中的【样条曲线】按钮 ，在螺栓通孔旁边绘制剖切边线，并按该边线进行修剪，最后执行 H【图案填充】命令，选择图案为 ANSI31，比例为 1，角度为 0°，填充图案，结果如图 16-29 所示。

图 16-29　填充剖面线

（3）补画观察孔部分

① 先删除多余部分，然后将【轮廓线】图层设置为当前图层，执行 O【偏移】命令，将箱盖外轮廓向内偏移 8mm，绘制出箱盖的内壁轮廓，观察口部分偏移 12mm，如图 16-30 所示。

② 执行 SPL【样条曲线】命令重新绘制观察孔部分的剖切边线，然后使用 L【直线】绘制出观察孔部分的截面图，并使用 E【删除】命令删除多余图形，如图 16-31 所示。

③ 将【轮廓线】图层设置为当前图层，执行 H【图案填充】命令，选择图案为 ANSI31，比例为 1，角度为 0°，填充图案，并将非剖切位置的内壁轮廓转换为【虚线】层，如图 16-32 所示。

467

图 16-30　绘制箱盖内壁轮廓

图 16-31　绘制观察孔细节

图 16-32　填充观察孔的剖面线

（4）补画其他部分

① 将【轮廓线】图层设置为当前图层，执行 C【圆】命令，绘制轴承安装孔上的 4 个 M6 螺纹孔，如图 16-33 所示。

图 16-33　绘制螺钉孔

② 使用 S【延伸】工具，延伸主视图左侧的螺钉，然后使用 TR【修剪】命令，删除多余的线段，最后绘制剖切边线，再填充即可得到螺钉孔的剖面图形，再按此方法操作得到右侧的销钉孔图形，最终效果如图 16-34 所示。

图 16-34　绘制螺栓孔及销钉孔

16.3.2　由装配图的俯视图拆画箱盖零件的俯视图

操作实例 16-6　由装配图的俯视图拆画箱盖零件的俯视图

（1）从装配图中分离出箱盖的俯视图轮廓

①　使用 Ctrl+C【复制】、Ctrl+V【粘贴】命令从装配图的主视图中分离出箱座的主视图轮廓，然后放置在图框的主视图位置上，如图 16-35 所示。

图 16-35　从装配图中分离出来的箱座俯视图

②　由于装配图的俯视图部分为剖切视图，箱盖部分遗漏的内容较多，因此需要通过从绘

图 16-36　绘制观察孔投影线

图 16-37　偏移水平中心线

制好的箱盖主视图上绘制投影线的方式来进行修补。将【虚线】图层设置为当前图层，执行 L【直线】命令，按"长对正，高平齐，宽相等"的原则绘制投影线，如图 16-36 所示。

③ 执行 O【偏移】命令，将俯视图位置的水平中心线对称偏移，结果如图 16-37 所示。

④ 切换到【轮廓线】图层，执行 L【直线】命令，绘制俯视图的轮廓，再执行 TR【修剪】命令，修剪多余的辅助线，得到俯视图的大致轮廓如图 16-38 所示。

（2）补画俯视图其他部分

① 补画俯视图的观察孔。按同样方法，将图层切换至【虚线】，然后执行 L【直线】命令，绘制观察孔部分的投影线，并偏移水平中心线，如图 16-39 所示。

图 16-38　绘制俯视图轮廓线　　　　　　　图 16-39　绘制观察孔投影线

② 切换到【轮廓线】图层，执行 L【直线】命令，绘制观察孔的轮廓，再执行 TR【修剪】命令，修剪多余的辅助线，得到观察孔的投影图形如图 16-40 所示。

图 16-40　绘制俯视图中的观察孔

③ 按相同方法，通过绘制投影辅助线的方式，补全俯视图上面的掉环、外壁、内壁等细节，如图 16-41 所示。

④ 按相同方法，通过绘制投影辅助线的方式，补全俯视图上面的螺栓孔、轴承安装孔拔模角度等细节，如图 16-42 所示。

图 16-41　绘制其他细节　　　　　　　　　图 16-42　箱盖俯视图

16.3.3　由装配图的左视图拆画箱盖零件的左视图

操作实例 16-7　由装配图的左视图拆画箱盖零件的左视图

（1）从装配图中分离出箱座的左视图轮廓

使用 Ctrl+C【复制】、Ctrl+V【粘贴】命令从装配图的主视图中分离出箱座的主视图轮廓，然后放置在图框的主视图位置上，如图 16-43 所示。

（2）修剪箱座左视图轮廓

切换到【轮廓线】图层，执行 L【直线】命令，修补左视图的轮廓，再执行 TR【修剪】命令，修剪多余图形，结果如图 16-44 所示。

图 16-43　从装配图中分离出来的箱盖左视图　　　　图 16-44　补画并修剪图形

（3）绘制剖面图

① 执行 L【直线】命令，绘制右半部分的剖切边线，如图 16-45 所示。
② 执行 H【图案填充】命令，选择图案为 ANSI31，比例为 1，角度为 0°，填充图案，并删除多余的图形，结果如图 16-46 所示。
③ 将创建好的箱盖三视图放置在图框合适的位置处，注意按"长对正，高平齐，宽相等"的原则对齐，如图 16-47 所示。

16.3.4　标注箱盖零件图

图形创建完毕后，就要对其进行标注，包括尺寸、形位公差、表面粗糙度等，还要填写有关的技术要求。

图 16-45　绘制剖切轮廓　　　　　　　　　　图 16-46　箱盖左视图

图 16-47　箱盖零件的三视图

操作实例 16-8　标注箱盖零件图

（1）标注尺寸

① 将标注样式设置为【ISO-25】，可自行调整标注的【全局比例】，用以控制标注文字的显示大小。

② 标注主视图尺寸。切换到【标注线】图层，执行 DLI【线性】、DDI【直径】等标注命令，按之前介绍的方法标注主视图，如图 16-48 所示。

图 16-48　标注主视图尺寸

③ 标注主视图的精度尺寸。同箱座主视图，箱盖主视图中仅轴承安装孔孔径（52、72）、中心距（120）三处重要尺寸需要添加精度，精度尺寸同箱座，如图 16-49 所示。

图 16-49　标注主视图的精度尺寸

④ 标注俯视图尺寸。俯视图的标注相对于主视图来说比较简单，没有很多重要尺寸，主要需标注一些在主视图上不好表示的轴、孔中心距尺寸，最后的标注效果如图 16-50 所示。

图 16-50　标注俯视图尺寸

⑤ 标注左视图尺寸。由于箱盖零件的外围轮廓是一段圆弧，因此很难精确检测它的高度尺寸，所以在左视图可以不注明；在箱盖的左视图上，主要需标注箱盖零件的总宽尺寸，以及其他的标高等，具体标注如图 16-51 所示。

图 16-51　标注左视图尺寸

（2）标注形位公差与表面粗糙度

① 标注俯视图形位公差与表面粗糙度。由于主视图上尺寸较多，因此此处选择俯视图作为放置基准符号的视图，具体标注效果如图 16-52 所示。

图 16-52　为俯视图添加形位公差与表面粗糙度

② 标注主视图形位公差与表面粗糙度。按相同方法，标注箱盖零件主视图上的形位公差与表面粗糙度，最终效果如图 16-53 所示。

③ 标注左视图形位公差与表面粗糙度。按相同方法，标注箱座零件左视图上的形位公差与表面粗糙度，最终效果如图 16-54 所示。

（3）添加技术要求

① 执行【多行文字】命令，在图标题栏上方的空白部分插入多行文字，输入技术要求如图 16-55 所示。

② 箱座零件图绘制完成，最终的图形效果如图 16-25 所示（详见素材文件"16.3 箱盖零件图-OK"）。

图 16-53　标注主视图的形位公差与表面粗糙度

图 16-54　标注左视图的形位公差与表面粗糙度

技术要求

1. 箱盖铸成后，应清理并进行实效处理。

2. 箱盖和箱座合箱后，边缘应平齐，相互错位不得大于2mm。

3. 应检查与箱座接合面的密封性，用0.05mm塞尺塞入深度不得大于接合面宽度的1/3。用涂色法检查接触面积达一个斑点。

4. 与箱座连接后，打上定位销进行镗孔，镗孔时结合面处禁放任何衬垫。

5. 轴承孔中心线对剖分面的位置度公差为0.3mm。

6. 两轴承孔中心线在水平面内的轴线平行度公差为0.020mm，两轴承孔中心线在垂直面内的轴线平行度公差为0.010mm。

7. 机械加工未注公差尺寸的公差等级为GB/T1804-m。

8. 未注明的铸造圆角半径R=3～5mm。

9. 加工后应清除污垢，内表面涂漆，不得漏油。

图 16-55　输入技术要求

图 16-56　箱盖零件图

第五篇

三维绘图篇

第 17 章

三维绘图基础

（扫码阅读）

第18章

创建和编辑三维实体

（扫码阅读）

第 19 章

创建减速器的三维模型

（扫码阅读）